Konstruktionsbücher

Herausgegeben von Professor Dr.-Ing. K. Kollmann

Band 30

Steife Blech- und Kunststoffkonstruktionen

G. Oehler · A. Weber

Springer-Verlag Berlin Heidelberg GmbH 1972

Dr.-Ing. KARL KOLLMANN
o. Professor und Direktor des Instituts für
Maschinenkonstruktionslehre und Kraftfahrzeugbau
der Universität (TH) Karlsruhe

Dr.-Ing. habil. GERHARD OEHLER
ehem. apl. Professor der
Technischen Universität (TH) Hannover
Beratender Ing. (VDI u. DFBO)
Bad Dürkheim

Dr.-Ing. ANTON WEBER
Badische Anilin- & Sodafabrik AG.
Anwendungstechnische Abteilung
Kunststoffe
Ludwigshafen/Rhein

Mit 202 Abbildungen

ISBN 978-3-540-05635-5   ISBN 978-3-642-99997-0 (eBook)
DOI 10.1007/978-3-642-99997-0

Vorwort

Heute bedarf es nicht mehr besonderer Hinweise auf die große Bedeutung des Leichtbaues auch außerhalb des Flugzeugbaues. Fahrzeuge, sowie alle fahrbaren, tragbaren und zu transportierenden Geräte werden schon seit Jahrzehnten unter dem Gesichtspunkt konstruiert, an Gewicht zu sparen ohne dabei an Festigkeit zu verlieren. Dabei mag die Kostenfrage hintenanstehen, wenn Handhabung und Gebrauchsdauer eine Gewichtsersparnis empfehlen oder gar erfordern. So bringt, bei vorgegebener zulässiger Belastung eine Einsparung von 75 kg an einem Omnibusaufbau einen zusätzlichen Fahrgast mit durchschnittlich DM 10,– an 200 Tagen = DM 2000,– jährlich. Unter Verwendung von Leichtbauelementen und bei einer Stabilitätserhöhung richtig angeordneter Sicken bzw. anderer versteifender Maßnahmen sind an vielen Aufbauten allein am Boden Einsparungen bis 300 kg und darüber durchaus möglich. Bei vielen zu tragenden Geräten wie Behältern, Stativen, Schlitten usw. bedeutet bereits 1 kg Gewichtsersparnis eine spürbare Erleichterung, eine geringere Ermüdung und eine hiernach gesteigerte Leistung für Träger oder Trägerin. Dem Konstrukteur stehen zur Lösung derartiger Aufgaben verschiedene Wege offen. Hierzu mag in erster Linie neben einer Beschränkung auf das Notwendigste an Ausrüstung und auf möglichst geringe Abmessungen die Auswahl eines dafür geeigneten Werkstoffes gehören. Wichtig ist weiterhin eine ausreichende Stabilität, die ihrerseits wieder von den Abmessungen und insbesondere der richtigen Gestaltung eingeprägter Versteifungssicken, aufgesetzter Sickenleisten oder anderer Versteifungsmaßnahmen abhängig ist. In der Konstruktionspraxis besteht sowohl über die Anordnung als auch über die Gestaltung von Versteifungen noch manche Unklarheit. Hinzu kommt, daß bei Konstruktionen in Blech und in Kunststoff sehr oft der Formgestalter – meist ein Innenarchitekt oder Kunstgewerbler – ein gewichtiges Wort mitzureden hat, dem kaum eine wirtschaftliche Fertigung geschweige das Stabilitätsverhalten der von ihm vorgeschlagenen Bauform bekannt ist bzw. bekannt sein kann. So mag eine Versteifung mittels parallel in gleichem Abstand voneinander geführter Sicken gleichen Querschnittes dem Auge besser gefallen als unregelmäßig verteilte verschiedener Gestalt, obwohl letztere bei richtiger Anordnung eine wesentlich höhere Stabilität gewährleisten. Hier herrscht selbst bei sonst erfahrenen Konstrukteuren noch oft völlige Unklarheit, deren Beseitigung Ziel dieses Buches ist. Da mit den bisherigen Erkenntnissen und Gesetzen der Festigkeitslehre bei der Vielgestaltigkeit der in der Praxis vorkommenden Formen sich ein Rechenwerk zum Nachweis des Stabilitätsverhaltens nur in wenigen Fällen aufstellen läßt, wollen die beiden Verfasser aufgrund ihrer bisherigen Erkenntnisse sowie eigener Erfahrungen und Forschung mit diesem Buch dem Konstrukteur eine Hilfe geben. Text und Darstellungen sind deshalb so gehalten, daß nicht allein der wissenschaftlich vorgebildete Ingenieur, sondern auch der Praktiker hieraus seinen Nutzen zu ziehen vermag und zur Gestaltung zu versteifender Teile aus Blech und Kunststoff Hinweise und Anregungen empfängt.

Eine derart stoffliche Zusammenfassung von Blech- und Kunststoffkonstruktionen zu einem Buch ergibt sich nicht zuletzt daraus, daß die an dünnen Blechen –

worunter Dicken im Feinblechbereich bis 3 mm verstanden werden – gewonnenen
Erkenntnisse zur Gestaltung von Sickenform und Sickenanordnung ebenfalls für
dünnwandige Kunststoffkonstruktionen gelten. Sie brauchten daher im zweiten
Teil dieses Buches nicht wiederholt zu werden. Dieser erläutert dünnwandige und
auch robustere Kunststofferzeugnisse in Bezug auf ihr Festigkeitsverhalten, hierbei
werden dem Konstrukteur, der bisher noch nicht über ausreichende Kenntnisse
und Erfahrungen auf diesem Gebiet verfügt, auch Hinweise für richtig zu bemes-
sende Wanddicken und für zweckentsprechende Versteifungsmaßnahmen gegeben,
sowie die Ergebnisse neuester Gestaltfestigkeitsversuche vermittelt.

Wir danken allen denen, die sich am Gelingen dieses Buches beteiligten, insbesondere Herrn Dipl.-Ing. *Friedrich Garbers* für seine Stabilitätsuntersuchungen
an profilierten Blechstreifen, sowie den Herren Dipl.-Ing. *Dieter Blankart* und Ing.
grad. *Erich Strickle* für ihre Mitwirkung an den Versuchen zur Erforschung des
Stabilitätsverhaltens versteifter Kunststoffteile.

Bad Dürkheim/Frankenthal,
im Sommer 1972

Gerhard Oehler   Anton Weber

Inhaltsverzeichnis

Sickenversteifte Blechkonstruktionen
(G. Oehler)

Maßnahmen zur Versteifung von Kunststoffkonstruktionen
(A. Weber)

Kurzzeichen zu den Gleichungen und Schaubildern

a — Prägetiefe

b — Breite

b_i — Ersatzbreite nach Abzug der unverfestigten Bereiche

c — Beiwert $c = r_{i\,min}/s$

d — Dicke der Deckschicht

d_p — Ziehstempeldurchmesser

f — Durchbiegung

f_B — Durchbiegung des Balkens bzw. der Rippe

f_{UV}, f_p — Durchbiegung der unversteiften Platte

f_V — Durchbiegung der versteiften Platte

f_{th} — nach Euler theoretisch berechnete Durchbiegung

g — Gurtbreite bzw. Stegabstand

h — Höhe, Steghöhe, Rippenhöhe, Balkendicke

i — Trägheitsradius

k — Dicke der Kernschicht

k — Steigung

l — Länge

p — Kraft je Flächeneinheit, Druck

r — Radius

$r_{i\,min}$ — innerer Mindestbiegehalbmesser

s — Blechdicke, Plattendicke

t — Teilungsabstand

x, y — Variable

A — Konstante, Plattenbiegung quadratische Platte

B — Breite des profilierten Stabes bzw. Bandes

C — Konstante

E — Elastizitätsmodul

E_c — Kriechmodul

F — Blechfläche

G — Schubmodul

I — Äquatoriales Flächenträgheitsmoment

I_p — Polares Flächenträgheitsmoment

K — Beiwert

L — Länge des profilierten Stabes bzw. Bandes

L — Statisches Moment des Querschnitts

L_k — freie Knicklänge

M — Biegemoment

N — Steifigkeit

N_B — Biegesteifigkeit des Balkens

P — Kraft

P_b — Biegekraft

P_k — Knickkraft, Eulersche Knicklast

Q — Querkraft

R — plastische Anisotropie oder Radius

S — Schubsteifigkeit

W — Widerstandsmoment

α — Sickenwinkel zur Kraftrichtung

β — $= D/d_p$ Ziehdurchmesser- oder Ziehverhältnis

γ — spez. Gewicht

δ_5 — Bruchdehnung

ε — Dehnung

ε_t — Zeitabhängige Dehnung

ε_q — Querdehnung

ζ — $= \lambda^2$

η — Versteifungsverhältnis

λ — $= L/B$, Schlankheitsgrad

ν — Poissonsche Verhältniszahl

ξ — Korrekturfaktor f/f_{th}

σ_B — Bruchspannung

σ_k — Knickspannung

σ_o — Ausgangsspannung

σ_s — Streckgrenzspannung

σ_{02} — desgl. bei $\varepsilon = 0{,}2\,\%$

σ_v — Vergleichsspannung

τ — Schubspannung

φ — Ähnlichkeitsverhältnis nach Garbers

ψ — $= I/\xi \cdot F^2$

ω — Zipfelungsverhältnis $(h_{max} - h_{min})/h_{min}$

Sickenversteifte Blechkonstruktionen

Von Gerhard Oehler

1. Das Stabilitätsverhalten des Halbzeuges

Bevor auf die zweckmäßige Gestaltung und Anordnung eingeprägter und aufgesetzter Sicken zur Versteifung von Blechkonstruktionen eingegangen wird, sind einige Vorbemerkungen zum Stabilitätsverhalten der aus metallischen Werkstoffen gefertigten Bleche notwendig. Im Gegensatz zu den im zweiten Teil dieses Buches behandelten Kunststoffen haben wir es beim Blech mit einer Anhäufung von Kristallen zu tun, die infolge des vorausgegangenen Walzvorganges bereits eine gewiße Ordnung ihrer Lage durch Gleiten und mechanische Zwillingsbildung erfahren haben. Auf dem Gebiet der mit einer Umformung oder Verformung verbundenen Kristallorientierung und Anisotropie wurde in jüngster Zeit und wird auch heute geforscht mit dem Ziel, durch Einflußnahme auf die Walzstruktur die Halbzeuge derart zu verbessern, daß sich diese leichter verarbeiten lassen und ihre Endprodukte in bezug auf Festigkeit und andere physikalische Eigenschaften höheren Ansprüchen genügen. Im Rahmen dieses Buches kann hierauf nicht näher eingegangen werden, daher sei auf das Schrifttum verwiesen[1]. Nur einige Begriffe mögen einleitend kurz erläutert werden. Eine gezielte und erwünschte Formänderung, wie beispielsweise das Biegen oder das Tiefziehen von Blechen, wird als Umformen, eine unerwünschte, aber oft unvermeidbare Formänderung als Verformen bezeichnet. Sehr oft sind Umformvorgänge mit Verformungen zwangsläufig verbunden.

Ausführlicher sei auf den Begriff anisotrop bzw. Anisotropie und anisotropes Verhalten eingegangen. Anisotrop nennt man Kristalle, die nach verschiedenen Richtungen verschiedene physikalische Eigenschaften besitzen. In der Botanik heißt Anisotropie die Eigentümlichkeit mancher Pflanzenorgane, unter Einwirkung gleicher äußerer Kräfte verschiedene Wachstumsrichtungen anzunehmen. Diese Definition läßt sich insofern auf das Blech anwenden, als unter Einwirkung gleicher äußerer Kräfte bei verschieden großen Winkeln zur Walzrichtung das Blech sich unterschiedlich streckt. Ein aus einem kreisrunden Blechzuschnitt tiefgezogener zylindrischer Napf weist eine unterschiedliche Randhöhe h auf, so daß beim sogenannten Napfzugversuch eine größte Höhe h_{max} und eine kleinste h_{min} gemessen wird. Hierbei treten unter 90° zueinander versetzt vier Zipfel auf. Neben der ohne Rißeintritt äußerst erreichbaren Ziehtiefe bzw. dem höchst erreichbaren Durchmesserverhältnis $\beta = D/d_p$ (D = Zuschnittdurchmesser; d_p = Ziehstempeldurchmesser) stellt das Zipfelungsverhältnis $\omega = (h_{max} - h_{min})/h_{min}$ einen weiteren Gütemaßstab dar. Mitunter wird $(h_{max} - h_{min})$ nicht auf h_{min}, sondern auf einen Mittelwert $0{,}5 (h_{max} + h_{min})$ bezogen. Je kleiner dieses Verhältnis ω ist, um so weniger ist mit unerwünschten Verformungen beim künftigen Umform-

---

[1] *Grewen, J., Wassermann, G.:* Texturen in Forschung und Praxis, Berlin–Heidelberg–New York: Springer 1969. Dieses Buch enthält zahlreiche Aufsätze verschiedener Autoren nebst vielen Schrifttumshinweisen.

vorgang zu rechnen und um so gleichmäßiger ist das Gefüge des Werkstoffes. Auch für durch Einprägen von Sicken zu versteifenden Bleche sollte ein möglichst wenig anisotropes Material verarbeitet werden.

Diese durch Zipfelbildung gekennzeichnete Anisotropie darf nicht mit der aus dem Zerreißversuch bei 20% Gleichmaßdehnung sich ergebenden sogenannten plastischen Anisotropie R nach *Lankhard*, *Whiteley* und anderen[2] gleichgesetzt werden, die dem logarithmierten Breiten- (= b) und Dicken- (= s) Verhältnis vor (= b_0, s_0) und nach (= b_{20}, s_{20}) Einschnürung des Zerreißstabes entspricht:

$$R = \frac{\ln \dfrac{b_0}{b_{20}}}{\ln \dfrac{s_0}{s_{20}}} \,. \tag{1}$$

Für eine gute Tiefziehfähigkeit ist ein möglichst hoher R-Wert erwünscht. Dabei wird gern ein Durchschnittswert R_m aus vier Zerreißstäben gewählt, die parallel (= R_0), senkrecht (= R_{90}) und unter 45° (= R_{45}) zur Walzrichtung entnommen werden:

$$R_m = 0{,}25 \, (R_0 + R_{90} + 2 R_{45}) \,. \tag{2}$$

Dieser Mittelwert R_m wird als plastische Anisotropie bezeichnet.

In bezug auf ein anisotropes Verhalten weisen die verschiedenen Bleche unterschiedliche Eigenschaften auf. Die obige Regel, wonach eine starke Zipfelbildung auf ungünstige Umformeigenschaften schließen läßt, gilt auch nicht allgemein, so beispielsweise nicht bzw. nur unter Einschränkung für Kupferbleche und Bleche aus Legierungen mit hohem Cu-Gehalt. Da gewichtsmäßig etwa 98% und flächenmäßig etwa 95% aller Blechkonstruktionen aus Stahl gefertigt werden, wird in den folgenden Ausführungen hinsichtlich des Steifigkeitsverhaltens allein auf Stahlblechkonstruktionen eingegangen. Im allgemeinen lassen sich die dort gewonnenen Erkenntnisse und Erfahrungen auch auf Bleche aus anderen Metallen, ja sogar teilweise auch auf Kunststoffkonstruktionen anwenden, worauf im einzelnen später noch hingewiesen wird.

Zur Beurteilung des Einflusses der Walzstruktur auf die Biegesteifigkeit wurden verschieden dicke, quadratisch zugeschnittene Bleche von 100 mm Seitenlänge und eines $\sigma_B = 35{-}40$ kp/mm² unter Beachtung der Walzrichtung senkrecht zwischen die Druckbalken einer Materialprüfmaschine eingeklemmt und auf Knickung beansprucht. Die hierbei gemessenen Knickkraftwerte schwankten derart, daß die Streubereiche der in waagerechter Walzrichtung ermittelten Meßwerte diejenigen in senkrechter Richtung nahezu überdeckten. Immerhin konnte an den dünnen 1 mm dicken Blechen ein sehr deutlicher Unterschied wahrgenommen werden, wonach die Kraftmeßwerte bei den Blechen waagerechter Walzrichtung um 5−14% niedriger lagen als in senkrechter Walzrichtung. An 2,5 mm dicken Blechen, deren Güte gleichfalls USt 1303 entsprach, war der Unterschied schon sehr viel geringer und betrug etwa 3−8%, obwohl diese Bleche im Schliffbild eine sehr viel betontere Zeilenstruktur aufwiesen als die 1 mm dicken Bleche. An 6 mm dicken Blechen konnte ein solcher Einfluß der Walzrichtung auf die Knickkraft überhaupt nicht beobachtet werden. Hiernach darf aufgrund der wenigen Versuche, die gelegentlich einer späteren Forschungsarbeit auf Bleche verschiedener Festigkeit und anderer physikalischer Eigenschaften erweitert werden sollten,

---

[2] *Laska, R.*: Plastische Anisotropie von Blechen und Bändern aus beruhigten und unberuhigten Tiefziehstählen. Werkst. u. Betr. 103 (1970) H. 8, 557–564 mit zahlreichen Schrifttumshinweisen.

davon ausgegangen werden, daß nur an dünnen Stahlblechen eines $s < 2$ mm ein Einfluß der Walzrichtung auf das Stabilitätsverhalten von Blechkonstruktionen nachweisbar ist.

Eine weitere für das Stabilitätsverhalten der Bleche wichtige Eigenschaft ist deren Verfestigung als Folge aller Umform- und Verformungsvorgänge. *Siebel* und *Beisswänger*[3] beschrieben derartige Verfestigungen, die beim Tiefziehen, der Verfasser solche, die beim Blechbiegen[4], beim Rohrbiegen[5] und beim Pressen und Drücken von Behälterböden[6] auftreten. An dünnen Blechen wird eine solche Verfestigung durch Vickers-, an dicken durch Brinell-Härtemessungen nachgewiesen. Nicht nur an gebogenen, tiefgezogenen und gepreßten Blechteilen, auch an Schnittkanten sind Verfestigungen zu beobachten. Nach *Stromberger* und *Thomsen*[7] beträgt die an Stahlblechen in Mitte Lochleibung gemessene Festigkeitserhöhung 50—100%, an austenitischen Stahlblechen sogar bis zu 150%. Diese an gelochten besonders bei engem Schneidspalt auftretende Verfestigung beschränkt sich allerdings nur auf eine Randzone bis zu etwa 0,2 mm Tiefe. Darüber hinaus nimmt sie erheblich ab. Trotzdem begünstigt eine derartige Verfestigung der Lochleibung insbesondere an verzinkten Stahlblechen eine mitunter zu Unfällen führende Sprödbruchbildung. Deshalb dürfen nach DIN 1000 Schrauben- und Nietlöcher in Stahlbleche über 10 mm Dicke nicht gelocht, sondern nur gebohrt werden. Die Vorschriften der Bundesbahn, sowie die der meisten Schiffsklassifikationsgesellschaften und anderer technischer Überwachungsvereine sind teilweise noch strenger und begrenzen die Zulassung gestanzter Löcher auf 8 mm Blechdicke. Auch für die folgenden Betrachtungen gilt, daß scharfkantig eingeprägte Sicken wohl mehr zur Stabilitätserhöhung beitragen als leicht gerundete. Hier muß nun der Konstrukteur entscheiden, wie weit er bei Wahl einer scharfkantig gestalteten Sickenprägung unter Beachtung der Kerbwirkung gehen darf im Hinblick auf Sicherheit gegen Unfallgefahr, auf Neigung zu Ermüdungsrissen infolge Spannungswechsels durch Schwingungen (Resonanz!) sowie auf Umstände, die eine Reib-, Spannungsriß- und Schwingungsrißkorrosion begünstigen. In manchen Fällen mag nach Eintritt eines Längsrisses an einer eingeprägten Sickenbodenkante die Stabilität der ganzen Blechkonstruktion in Frage gestellt werden, in anderen Fällen ist der gleiche Riß völlig belanglos. *Hertel*[8] weist eingangs seines vorwiegend mit praktischen Beispielen aus dem Gebiet des Flugzeugbaus ausgestatteten Buches über die Ermüdungsfestigkeit der Konstruktionen darauf hin, daß eine optimale ermüdungsfeste Gestaltung einschließlich der Werkstoffwahl und der fertigungstechnischen Maßnahmen von der „Kunst“ des Konstrukteurs abhängt. Aufgabe dieses Heftes aus der Reihe der Konstruktionsbücher ist es daher, in bezug auf die Versteifung von Teilen aus Blech und Kunststoff mittels eingeprägter oder aufgesetzter Sicken sowie aufgebrachter Verstärkungen die Regeln dieser Kunst mit ihren vielen widersprechenden Forderungen anhand von Beispielen aus der Praxis so weit klarzulegen, daß der Konstrukteur diese überblicken und befolgen kann.

---

[3] *Siebel, E., Beisswänger, H.:* Tiefziehen, München: Hanser 1955, 55 ff.

[4] *Oehler, G.:* Biegen, München: Hanser 1963, 51–57 u. 81–85, Bild 59, 60, 62, 63, 64.

[5] *Oehler, G.:* Verfestigung $\sqcup$-förmig gebogener Rohre innerhalb des Biegebereiches. DFBO-Mitt. 19 (1968) Nr. 12, 199–201.

[6] *Oehler, G.:* Vergleich zwischen kalt und warm umgeformten Böden. Forschungsber. Land Nordrhein-Westf. Nr. 1613, Köln-Oplanden: Westdeutscher Verlag 1966, Abb. 1, 2, 15, 22, 29, 34, 45, 46, 68 u. 84.

[7] *Stromberger, C., Thomsen, T.:* Glatte Lochwände beim Lochen. Werkst. u. Betr. 98 (1965) H. 10, 739–747.

[8] *Hertel, H.:* Ermüdungsfestigkeit der Konstruktionen, Berlin–Heidelberg–New York: Springer 1969, 358–388.

1*

Um der Verfestigung Rechnung zu tragen, werden im Handbuch und Kommentar für die Berechnung von Bauteilen aus kaltgeformtem dünnwandigem Stahlblech[9] unverfestigte Querschnittsbereiche teilweise als nicht vorhanden betrachtet und bleiben in einem Rechenwerk unberücksichtigt, das sich auf Zahlentafeln und Schaubilder stützt. Auf ihnen ist teils die größte zulässige Spannung über den Schlankheitsgrad eines Profilträgers, teils die Beziehung b_i/s über b/s aufgetragen. Hierbei bedeuten b_i die Ersatzbreite nach Abzug der unverfestigten Bereiche, b die tatsächliche Breite ohne Eckenabrundungen und s die Blechdicke. Hiernach können nicht nur aufgesetzte, sondern auch eingeprägte Sicken im Rahmen eines Flächenbereichs $L/B > 10$ auf ihr Steifigkeitsverhalten hin berechnet werden, soweit es sich um Profile handelt, die die ganze Fläche durchlaufen.

Für das Festigkeitsverhalten ist nicht nur die Streckgrenze allein, sondern auch der Verlauf der Spannungs-Dehnungs-Charakteristik in Nähe der Streckgrenze von Einfluß. So hat sich gemäß Abb. 1 gezeigt, daß von zwei Werkstoffen A und B sich derjenige mit typischen Alterungsverhalten und ausgeprägter Streckgrenze (σ_{SB}) gegenüber Instabilitätserscheinungen wie Ausknicken häufig günstiger verhält als der mit undeutlich verlaufender Streckgrenze (σ_{SA}), die dann mit 0,2% angenommen wird. Diese zunächst erstaunlich anmutende Tatsache erklärt sich daraus, daß das Stabilitätsverhalten eines Bauteils vom Werkstoff her von dessen E-Modul beeinflußt wird. So ist die Knickspannung dem E-Modul proportional, dessen Größe sich in der Spannungs-Dehnungs-Charakteristik ausdrückt. In Abb. 1 verläuft die Spannungs-Dehnungs-Charakteristik B bis zur Streckgrenze

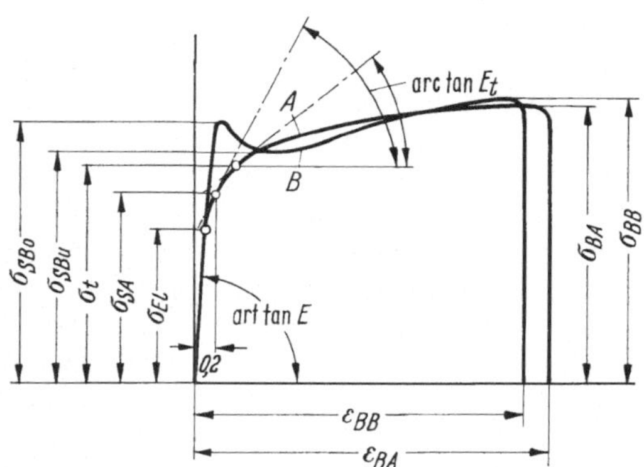

Abb. 1. Stabilitätserhöhung infolge Alterung.

fast geradlinig. In diesem Bereich gilt für das Stabilitätsverhalten der gleichgroße Wert des E-Moduls. Die Spannungs-Dehnungs-Linie A dagegen vermindert ihre ursprüngliche dem E-Modul entsprechende Neigung bereits vor σ_{SA}, nämlich bei der Elastizitätsgrenze σ_{El}. Der Werkstoff verhält sich oberhalb σ_{El} also so, als hätte er einen kleineren E-Modul. Dieser in Nähe von σ_{El} wirksame und in Abb. 1 durch schräge strichpunktierte Geraden gekennzeichnete Modul wird als Tangentenmodul E_t bezeichnet. Bei den Stahlblechen mit der Charakteristik A eines $E_t < E$ muß auf diesen die Stabilität beeinflussenden Umstand Rücksicht genommen werden. Hierzu ist allerdings zu sagen, daß sich ein Stahlblech der Charakteristik A im allgemeinen besser umformen läßt. Je stärker σ_{SBo} hervortritt – es wird in solchen Fällen von streckgrenzbetonten Werkstoffen gesprochen –, um so

[9] *Gladischefski, H., Odenhausen, H., Zessler, G.:* Kommentar zum Handbuch für die Berechnung von Bauteilen aus kaltgeformtem, dünnwandigem Stahlblech, Düsseldorf: Verlag Stahleisen 1962, S. 16, Bild 1.

höher ist seine Alterungsanfälligkeit, um so mehr fällt σ_B gegenüber σ_S ab und um so spröder wird der Werkstoff. Gerade bei tiefzuziehenden Stahlblechen ist eine Charakteristik nach A unbedingt der nach B vorzuziehen. Schließlich wird sich schon mit der Zeit nach der Umformung ein Alterungsvorgang bemerkbar machen, so daß sich die Charakteristik nach A immer mehr derjenigen von B angleicht, was letzten Endes auch dem Stabilitätsverhalten zugute kommen mag. Hinsichtlich des Alterungsvorgangs an dünnen, tiefziehbaren Blechen, wie sie gerade für sickenversteifte Konstruktionen häufig in Betracht kommen, wird angenommen, daß die Zwischengitteratome C und N zu den Versetzungen im Kristallgefüge diffundieren und jene blockieren. Hierdurch entsteht die im Spannungs-Dehnungs-Diagramm hornartig nach oben ausgeprägte Streckgrenzspannung, weil sich die Spannung bis auf die obere Streckgrenze erhöhen muß, damit die Versetzungen von den Zwischengitteratomen losgerissen werden. Danach laufen die Versetzungen im unteren Streckgrenzbereich weiter.

Als überraschendes Ergebnis vorstehender Betrachtungen darf davon ausgegangen werden, daß sich mit zunehmender Alterung das Stabilitätsverhalten eher verbessert als verschlechtert. Dies gilt selbstverständlich nicht für schwingungsbeanspruchte Teile, die gerade infolge einer solchen alterungsbedingten Verfestigung zu Ermüdungserscheinungen und zu Sprödbrüchen neigen.

In der folgenden Übersicht zu Tab. 1 seien die bekanntesten Blechsorten mit ihren Bruchfestigkeitswerten σ_B und Bruchdehnwerten δ_5 angegeben. Im allgemeinen gilt: Je höher die Bruchfestigkeit – zumeist nur als Festigkeit bezeichnet – und je geringer die Dehnung, um so besser ist das Stabilitätsverhalten des Bleches. Die Übersicht ist keinesfalls vollständig. Es vergeht kaum ein Monat, in dem nicht eine oder mehrere neue Blechsorten auf dem Markt erscheinen. Plattiertes mit Ausnahme von AlCuMg und AlZnMgCu und kunststoffbeschichtetes Blechmaterial wurde nicht aufgenommen. Hier richten sich im allgemeinen Festigkeit und Dehnung nach den entsprechenden Werten des tragenden Kernwerkstoffes, das meist Stahlblech ist. Bei einigen Werkstoffen, wie bei den rostfreien austenitischen Stahlblechen auf Cr-Ni-Basis, werden für Fein- und Mittelbleche ($s < 5$ mm) andere Werte als für Grobbleche ($s \geq 5$ mm) genannt. In bezug auf die Umformfähigkeit verhält es sich insofern anders, als dafür Blechwerkstoffe hoher Dehnung für die Hohlprägung von Versteifungssicken sich besser eignen. Insoweit sei auf das Fachschrifttum verwiesen[10]. Bei den Leichtmetallblechen aus Aluminium und Aluminiumlegierungen wurden nur die Mindestwerte und neben σ_B und δ_0 auch die Streckgrenze bzw. 0,2-Grenze $\sigma_{0,2}$ mit in die Tabelle aufgenommen.

2. Die Spannungs- und Dehnungsermittelung an sickenversteiften Blechteilen

In der Vorstellung des Praktikers wird die versteifende Wirkung eingeprägter Sicken meist überschätzt, zumal mit der Einprägung einer Sicke auch eine Materialschwächung verbunden ist. Berechnungen auf Biegung oder Knickung aufgrund der bekannten Gleichungen nach *Euler* unter Bezug auf das axiale Widerstands- oder Trägheitsmoment täuschen in den meisten Fällen an sickenversteiften Flächen, wie beispielsweise Kanisterböden, eine erheblich höhere Steifigkeit vor,

---

[10] *Oehler/Kaiser:* Schnitt-, Stanz- und Ziehwerkzeuge, 5. Aufl., Berlin–Heidelberg–New York: Springer 1966. Zu den hier in Tab. 1 angegebenen Blechen finden sich dort Bearbeitungsangaben wie Mindestbiege- und Rückfederungsfaktor, Tiefziehstufungsbeiwerte, Erichsentiefung sowie die zugehörigen DIN-Blätter in Tabelle 33 u. 34, S. 635–644.

Tabelle 1. *Bruchfestigkeit σ_B in kp/mm² und Bruchdehnung δ_5 in % verschiedener Blechwerkstoffe*

Werkstoff		σ_B kp/mm²	δ_5 %
Stahlblech	*Stahlband* $s < 3$ mm		
TSt 10	0,24, 1,24		
St 10	St 1,24	28···50	20···24
WUSt 12	St 2,24		
USt 12		28···42	24
USt 13			
RSt 13	St 3,24	28···40	27
USt 14			
RRSt 14	St 4,24	28···38	30
Stahlblech $s = 3$···4,75 mm			
Preßgüte St 34,22 P		34···42	29···26
Stahlblech $s \geq 5$ mm			
St 37,21		37···45	20···18
St 42,21		42···50	20···16
Cor-Ten-Stahlblech			
Standardgüte		50	25
Kaltumformgüte		45	28
Rostbeständige Bleche auf CrNi-Basis nach Werkstoff Nr.			
X 1.4310, X 1.4371	$s < 5$ mm	77	60
	$s \geq 5$ mm	74	55
X 1.4841	$s < 5$ mm	70	40
	$s \geq 5$ mm	70	35
X 1.4845	$s < 5$ mm	67	45
	$s \geq 5$ mm	67	40
X 1.4828	$s < 5$ mm	63	45
	$s \geq 5$ mm	67	45
X 1.4550	$s < 5$ mm	67	45
	$s \geq 5$ mm	63	50

Werkstoff		σ_B kp/mm²	δ_5 %
X 1.4300	$s < 5$ mm	63	50
	$s \geq 5$ mm	63	60
X 1.4401, X 1.4436	$s < 5$ mm	63	50
und X 1.4541	$s \geq 5$ mm	60	55
X 1.4449	$s < 5$ mm	63	45
	$s \geq 5$ mm	60	50
X 1.4301	$s < 5$ mm	60	50
	$s \geq 5$ mm	60	60
X 1.4306, X 1.4404		53	50
Hitzebeständige Stahlbleche			
ferritisch 18% Cr, 1% Al		55···70	15
austenitisch 25% Cr, 20% Ni		60···75	40
Nimonic 75 W-Nr 4630		70···90	35···25
Nimonic 90 W-Nr 4632		100···130	25···18
Titan 35		35···55	30···20
Titan 55		55···70	24···16
Kupferblech W (W = weich)		21···24	40···35
Zinnbronzeblech SnBz 2 W		25···35	40···30
desgl. SnBz 6 W		45···56	15···5
Aluminiumbronzeblech AlBz4 W		30···44	50···30
Nickelblech W		40···45	45···30
Neusilber (CuNiZn) und Monel (CuNi) W		35···45	40···20
Tombak (Ms90) W		28···32	50···40
Messingblech in Tiefziehgüte (Ms72) W		25···30	50···46
Messingdruckblech (Ms60, Ms63) W		29···41	45···25
desgl. $^1/_2$ H (H = hart)		45···55	35···15
Zinkblech (Feinzinkgüte) W		12···14	60···52
Zinklegierungsblech (ZnCu1 und 4) W		30···30	100···30
desgl. ZnAl1 W		18···25	80···40
Magnesiumlegierungsblech MgMn		19···23	10···5
desgl. MgAl6		28···32	15···10

Tabelle 1 (Fortsetzung)

Werkstoff	Mindestwerte für		
	σ_B	$\sigma_{0,2}$	δ_5
Leichtmetallbleche aus Aluminium und Aluminiumlegierungen			
Reinaluminium Al99,5 F7 W	7	2	35
desgl. F10 $^1/_2$ H	10	7	6
Reinaluminium Al99 F8 W	8	2	30
desgl. F11 $^1/_2$ H	11	8	5
AlMn und AlMg1 F10 W	10	4	22
desgl. F13 $^1/_2$ H	13	9	6
AlMg2 F15 W	15	6	19
desgl. F18 $^1/_2$ H	18	11	9
AlMg3 F18 W	18	8	17
desgl. F23 $^1/_2$ H	23	14	9
AlRMg0,5 und Al99,9Mg0,5 F7 W	7	3	20
desgl. F10 $^1/_2$ H	10	7	7
AlRMg1 und Al99,9Mg1 F10 W	10	4	20
desgl. F13 $^1/_2$ H	13	10	7
AlRMg2 und Al99,9Mg2 F13 W	13	5	20
desgl. F17 $^1/_2$ H	17	13	7
AlMg35Si und AlMgMn F18 W	18	8	17
desgl. F23 $^1/_2$ H	23	14	9
AlMgSi1 F15 W	15	—	18
desgl. F20 kalt ausgehärtet	20	10	16
desgl. warm ausgehärtet F28	28	20	12
desgl. F32	32	26	10
AlCuMg1 plattiert F21 W	21	—	14
desgl. kalt ausgehärtet F37	37	24	15
desgl. F39	39	26	16
AlCuMg2 plattiert F24 W	24	—	14
desgl. kalt ausgehärtet F41	41	27	14
desgl. F43	43	28	15
AlZnMgCu1,5 plattiert W	25	—	12
desgl. warm ausgehärtet F49	49	42	11
desgl. F51	51	44	8

als sie im Belastungsversuch nachgewiesen wird. Jene Gleichungen lassen sich weniger bei eingeprägten Sicken, sondern vielmehr bei aufgesetzten versteifenden Profilstäben anwenden unter der Voraussetzung, daß deren Längen/Breite-Verhältnis $L/B > 10$ ist, wie dies an den später beschriebenen und von *Garbers* durchgeführten Versuchen auf S. 17 bis 26 zu Abb. 8 und 9 noch erläutert wird. Wie *Bergmann*[11] anhand eigener Reißlackuntersuchungen nachwies, sind jene Gleichungen nicht auf Flächengebilde anzuwenden. Hier ist man vielmehr auf die nur für den elastischen Bereich geltenden Gesetze der Festigkeit quadratischer, rechteckiger und scheibenförmiger Körper angewiesen, die erstens kompliziert sind, zweitens sich nicht ohne weiteres auf den plastischen Bereich umgeformter Blechteile anisotropen Gefüges reproduzieren lassen und drittens bei der ungeheuren Vielfalt vorkommender Teilformen nur in seltenen Fällen in Betracht kämen. Auf einigen Teilgebieten des Leichtbaus – wie beispielsweise von *Schapitz*[12] und *Ebner*[13] für bestimmte Teilformen im Flugzeugzellenbau – wurden Berechnungsmethoden auf empirischer Grundlage nach vorausgegangenen Versuchen entwickelt, die für jene Sonderfälle brauchbare Richtwerte ergeben. *Kloth*[14] sowie seine Mitarbeiter *Bergmann, Thiel, Spangenberg* und andere haben aufgrund von Reißlack-

[11] *Bergmann, W.:* Spannungsfelder in Feinblechkonstruktionen. DFBO-Mitt. 7 (1956) Nr. 8, 85–91 u. Nr. 21/22, 233–242. – *Feiertag, R.:* Die Formsteifigkeit von dünnwandigen Bauelementen der Feinwerktechnik. Diss. T. U. Karlsruhe 1967. Verwiesen sei auf die dort zu diesem Thema genannten 74 Schrifttumshinweise S. 150–155.

[12] *Schapitz, E.:* Festigkeitslehre für den Leichtbau, 2. Aufl., Düsseldorf: VDI-Verlag 1963.

[13] *Ebner, H.:* Zur Berechnung statisch unbestimmter Raumfachwerke. Stahlbau 5 (1932) H. 1.

[14] *Kloth, W.:* Atlas der Spannungsfelder in technischen Bauteilen. Düsseldorf: Verlag Stahleisen 1961. Hieraus ist Abb. 2 entnommen.

untersuchungen in Verbindung mit Feindehnungsmessungen an Trägern, Rohren, Profilen und Blechen meist in Verbundbauweise und bei verschiedenen Belastungsfällen die hierbei auftretenden Dehnungen und Spannungen ermittelt. Die bei der Belastung entstehenden Risse im Lack geben die Richtung der Dehnbeanspruchung und die Feindehnungsmesser die Größe der Dehnung an[15]. Hierzu wurde ausschließlich Maybach-Lack verwendet. Dieser unter Zusätzen von Dammarharz und Kollophonium hergestellte Lack wird in warmem Zustand bei etwa 130 °C auf das vorher gründlich gesäuberte Bauteil aufgetragen. Nach Erkalten treten die Dehnungsrisse als Trennungsbruch auf und verlaufen stets senkrecht zur größten Zugspannung. Unter einachsigem Druckspannungszustand reagiert der Lack auf negative Querdehnung, was durch parallel zur Druckspannungsrichtung verlaufende Risse angezeigt wird. Bei einem auf Biegung beanspruchten Träger verlaufen daher die Lackrisse an der Zugspannungsseite senkrecht zur Stabachse und an der Druckspannungsseite parallel zu ihr. Nach einiger Übung und Erfahrungen lassen sich aus dem Verlauf der Dehnungslinien Rückschlüsse auf die Beanspruchung eines Bauteiles ziehen. Hingegen kann aus Linienverlauf und Linienhäufung über die Größe der hierbei auftretenden Spannungen nichts ausgesagt werden, wie dies bei dem anschließend beschriebenen röntgenographischen Spannungsmeßverfahren möglich ist. Nur unter Bezug auf vom betreffenden Blechwerkstoff entnommene Zerreißstäbe und deren Spannungs-Dehnungs-Diagramm lassen sich zu den Feindehnmeßwerten die zugehörigen Spannungen abgreifen.

Spangenberg[16] verwendete bei seinen Untersuchungen an Wellblechtrommeln mit unterschiedlichen Wanddicken und Versteifungssicken zur Dehnungsmessung eine statische Meßeinrichtung mit induktivem Dehnungsgeber. Da das Spannungsgefälle im Bereich der Sicken teilweise sehr steil war, konnten Feindehnungsmesser üblicher Bauart von 2 mm Meßlänge nicht verwendet werden. Sämtliche Messungen wurden daher mit einem induktiven Dehnungsmesser von 1 mm Meßlänge durchgeführt. Außer *Spangenberg* hat auch *Schmalenbach*[17] Blechfässer mittels des gleichen Reißlackverfahrens in Verbindung mit Feindehnungsmessungen untersucht. Auf die Ergebnisse jener Versuche wird später auf S. 56 noch näher eingegangen.

Das hier beschriebene Reißlackverfahren[18] – auch als Stress-Coat-Verfahren bekannt – bedarf einer sehr sorgfältigen Vorbereitung und langer Erfahrungen, um Fehlschlüsse zu vermeiden. Vor Auswertung der zwecks besseren Erkennens mittels weißer Farbe nachgezogenen Lackrißlinien muß ein Vergleichsstab mit Reißlack unter gleichen Bedingungen wie das zu untersuchende Blechteil bespritzt werden. Sowohl infolge ungleichmäßiger Beschaffenheit des Lackes als auch durch auf den Abkühlvorgang einwirkende Raumtemperatur, Luftfeuchtigkeit, Wärmeableitungsbedingungen u. a. wird die Entstehung der Rißlinienbilder mitunter unkontrollierbar beeinflußt. So führten Rißlinienuntersuchungen an mehreren gleichartigen Ziehteilen teilweise zu erheblichen Abweichungen. Ebenso wurde

---

[15] *Bergmann, W.:* Dehnungsmessung mit Reißlack. In: Handbuch der Spannungs- und Dehnungsmessung, Düsseldorf: VDI-Verlag 1958.

[16] *Spangenberg, D.:* Spannungsmessungen in Sicken. DFBO-Mitt. 9 (1958) Nr. 10/11, 113–121. – *Spangenberg, D.:* Festigkeitsuntersuchungen an Wellblechtrommeln mit unterschiedlichen Wandstärken und Sickenformen. DFBO-Mitt. 11 (1960) Nr. 19/20, 238–241.

[17] *Schmalenbach, K.:* Sickenprobleme in der Emballagenindustrie. DFBO-Mitt. 9 (1958) Nr. 15, 165–173.

[18] *Spangenberg, D.:* Arbeitsanleitung für Dehnungslinienlack. Merkblatt der Fa. BRAFA Braunschweig. – *Crites, N. A.:* Spannungsanalyse mit Reißlack. Techn. Rundschau Bern Nr. 45 v. 26. 10. 1962, 57–61.

nach einer Entfernung des Lacküberzuges und einer Neulackierung zwecks Wiederholung des Versuches mitunter ein anderer Rißlinienverlauf beobachtet. In manchen Fällen ist nicht ohne weiteres erkennbar, ob die Dehnungsrißlinien im Zug- oder Druckspannungsbereich liegen. In Zweifelsfällen muß dann dort das Blech angebohrt werden. Zeigen sich nach dem Bohren von Bohrlochmitte ausgehende radiale Risse, so zeugt dies von einer Zugspannung. Hingegen weisen das Bohrloch umgebende konzentrische Risse eine Druckspannung nach, wobei darauf zu achten ist, daß derartige konzentrische Risse nicht vcm abrollenden Bohrspan erzeugt wurden. In Abb. 2 ist ein aus 2 mm dickem Stahlblech in Ziehgüte her-

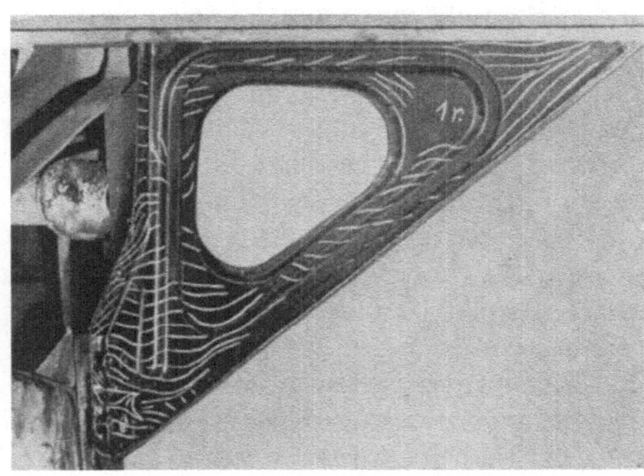

Abb. 2. Mit weißer Farbe hervorgehobene Lackrißlinien auf einer an einem Rahmenlängsträger angeschraubten Konsole nach einem Verwindungsversuch.

gestelltes dreieckiges Blechteil mit zwei umlaufenden Versteifungssicken dargestellt. Es handelt sich um eine an einen LKW-Rahmenlängsträger angeschraubte Konsole, die mit dem Kastenaufbau bzw. der Pritsche verbunden ist. Das Fahrzeug wurde Verwindungsversuchen unterworfen, wobei schließlich Risse an den Befestigungslöchern auftraten. Trotz der ziemlich scharfkantig eingeprägten Sicken überwiegt der Einfluß der Verwindungsbeanspruchung bei weitem die aufgrund des Prägevorganges entstandenen Spannungen, wie dies die die Sickeneinprägungen überlaufenden Rißlinien ohne Einknicke beweisen. An diesem Teil wurden Höchstzugspannungen bis zu 10 kp/mm^2 in Abb. 2 links unten ermittelt.

Neben dem Reißlackverfahren ist die röntgenographische Spannungsmessung bekannt[19]. Für Blechteile wurde das mit einer Debye-Scherrer-Kamera ausgerüstete Eroskop entwickelt[20]. Hierbei wird ein halbseitig abgedeckter Film durch Rückstrahlung halbkreisförmig belichtet. Anschließend wird nach einer Drehung um 180° die andere Seite belichtet und die vorhergehende abgedeckt, so daß nach Entwickeln des Filmes zwei Halbkreise zu einem Kreis vereint sichtbar werden. Treffen die beiden Halbkreise genau aufeinander, so ist die Spannung gleich Null. Sind sie zueinander verschoben, so kennzeichnet einmal die Verschubrichtung, ob es sich um eine Zug- oder Druckspannung handelt, und ferner das Maß des Verschubes die Größe der Spannung. Leider erscheinen die Halbkreise von 5—8 mm Breite nicht in Form scharfer Linien. Vielmehr verlaufen sie nach den Rändern zu allmählich verblassend. Da schon eine gegenseitige Verschiebung um nur 0,1 mm

---

[19] *Glocker, R.:* Materialprüfung mit Röntgenstrahlen, 5. Aufl., Berlin–Heidelberg–New York: Springer 1971.

[20] *Adler, G.:* Spannungsmessungen an Stahlblechteilen mittels Röntgenstrahlen. Ind. Anz. 76 (1955) Nr. 39, 543–545 u. Nr. 56, 812–815.

einem Spannungsunterschied von 7,1 kp/mm² entspricht, so daß bei etwa 1 mm dickem Tiefziehstahlblech schon nach 0,4–0,5 mm Versetzung die Fließgrenze erreicht ist, hängt die Zuverlässigkeit derartiger Messungen weitestgehend vom Beobachter ab und ist subjektiv bedingt. Diese Fehler infolge Ableseungenauigkeit lassen sich durch Einbau eines Goniometers mit Schreibwerk Bauart Berthold zwar einschränken, obwohl auch hier wiederholte Meßwerte streuen, so daß diesem Verfahren gegenüber dem zuvor beschriebenen Reißlackverfahren kaum ein Vorteil eingeräumt werden kann. In beiden Fällen handelt es sich nur um die Ermittelung der Oberflächenspannungen. Schon dicht unter der Oberfläche ist der Spannungszustand meist ein anderer, wovon man sich nach Abätzen der Oberfläche überzeugen kann.

Zu den Betrachtungen von *Kienzle* und *Schachtel* im folgenden Abschnitt, die zweifellos zur Gestaltung von Sickenquerschnittsformen von grundsätzlicher Bedeutung und daher wertvoll sind, bleiben Verfestigung, Anteil der Gleichmaßdehnung sowie die Dehnungsverhältnisse überhaupt in obigen Betrachtungen unberücksichtigt. Aber nicht allein die Abmessungen, sondern auch die Art der Fertigung sind für einen Eigenspannungszustand eines profilierten Bandes maßgebend. Dieser ist beim Abkanten ein anderer als beim Profilwalzen, was häufig übersehen wird. Zwar wird hierbei nach Möglichkeit die Streckung nur auf den elastischen Bereich beschränkt und nicht so weit getrieben, daß eine plastische Umformung eintritt, da hierdurch das profilierte Band mitunter unerwünschte Ausbauchungen und Falten aufweist. Leider läßt sich dies nicht in allen Fällen vermeiden, sondern muß durch eine aufgebrachte Streckung – die sogenannte Voreilung – nachträglich egalisiert werden[21]. Dies geschieht durch Zunahme der Rollendurchmesser von Stufe zu Stufe. Der sich hieraus ergebende Unterschied der senkrechten Rollenmittenabstände zwischen den Stufen, geteilt durch den waagerechten Abstand der Rollenpaare, ergibt die Voreilungsdehnung ε_v. Nach *Schulze*[22] darf dabei die Fließgrenzspannung keinesfalls erreicht und die Spannung an der Elastizitätsgrenze sowie die dazugehörige Dehnung nicht überschritten werden. Um für die Praxis einen bequemen Anhalt zu finden, empfiehlt man als Kriterium für Spannung und Dehnung das Verhältnis der Zunahme der Profiltiefe zur Biegelänge, wofür mitunter der gegenseitige Abstand der Rollenpaare beim Walzprofilieren verstanden wird. Hier werden Verhältniswerte von 1 : 40 von *Angel*[23] und Werte 1 : 36 beispielsweise von *Sachs*[24] empfohlen. Diese Überlegungen zeigen, daß für den jeweiligen Eigenspannungszustand, der die versteifende Wirkung des betreffenden Strebträgers beeinflußt, auch die Art seiner Herstellung mit maßgebend sein kann. Diese Ausführungen betreffen weniger die eingeprägte, sondern vielmehr die aufgesetzte Sicke, welche zumeist aus hutprofilartig gewalztem Stahlband besteht. Derartige Eigenspannungen sind aber von so geringem Einfluß, daß sie sich beim Ankleben, Anheften oder Anpunkten aufzusetzender Versteifungsleisten selten auswirken. An besonders gefährdeten wie beispielsweise schwingungsbruchanfälligen Teilen im Fahrzeugbau empfiehlt sich allerdings, durch vorausgegangenes Rekristallisationsglühen entspannte Sickenleisten zu verwenden.

---

[21] *Oehler, G.:* Biegen, München: Hanser 1963, 237–242.

[22] *Schulze, G.:* Kenngrößen für die Entwicklung und den Einsatz von Profiliermaschinen. Maschinenbautechnik 8 (1959) H. 4, 181–191.

[23] *Angel, R. T.:* Formung von Blech durch Kaltwalzen. Machine Design 28 (1956) Nr. 25, 101–112.

[24] *Sachs, G.:* Principien und Verfahren der Blechverarbeitung, New York: Reinhold 1951, 494–504.

3. Das Sickenprofil größtmöglichen Widerstandsmomentes

Unter Leitung von *Kienzle*[25] und unter Mitwirkung seiner Mitarbeiter, so auch der des Verfassers, wurden in den Jahren 1950 bis 1952 an der Technischen Hochschule Hannover profilierte Stahlbänder und Wellbleche untersucht, um neben anderen Profilformen insbesondere die versteifende Wirkung verschieden bemessener Hutprofile (= ⏌⎕⏌) nachzuweisen und für den Leichtbau Sickenprofile größtmöglichen Widerstandsmomentes bei sparsamstem Werkstoffverbrauch zu empfehlen. Für ⎣⎦-Profile werden die Außenteile als Schenkel, das verbindende Mittelteil als Steg bezeichnet. Hingegen werden bei Hutprofilen die parallel zur auftreffenden Belastung liegenden Blechteile als Stege, das diese verbindende Mittelteil und die abgewinkelten Außenflächen als Gurte gekennzeichnet, wobei zwischen Unter- und Obergurten unterschieden wird. Beim Vergleich einer Blechtafel der Dicke s mit einer aus aneinandergereihten Hutprofilen gebildeten Wellblechtafel der Höhe $h = 2s$ und dem Teilungsabstand $t = 3s$ von Hutprofilmitte zu Hutprofilmitte beträgt bei gleicher Länge und Breite sowie gleichen Belastungsbedingungen für die Wellblechtafel

a) die Blechdicke nur 0,13 s,

b) das Gewicht nur 31% und

c) die Durchbiegung unter Last nur 56%

der Vollblechtafel. Würde $h > 2s$ gewählt, so würde sich der Unterschied gegenüber der Vollblechtafel noch stärker auswirken. Natürlich sind der Wahl eines allzu dünnen Bleches schon aufgrund seiner Verarbeitungsmöglichkeit, Stoß- und Bruchempfindlichkeit, Korrosionsanfälligkeit und anderer Faktoren Grenzen gesetzt. Immerhin interessiert hier die grundsätzliche Frage, welche Profilform zur Erzielung eines größtmöglichen Widerstandsmomentes bei gegebener Dicke s, Länge L, Breite B und unter der Voraussetzung eines $L/B > 10$ die günstigste ist. Zur Beantwortung dieser Frage wurden Berechnungen und Versuche an gesickten Stahlblechstreifen von 1 mm Dicke, 400 mm Länge, 32–92 mm Breite und der Güte RRSt 14 04 nach DIN 1623 angestellt. Sie erstreckten sich auf den Einfluß der Steghöhe und der Sickenform. Dabei wurden drei Profilformen bei gleichem innerem Stegabstand g in Betracht gezogen, nämlich die scharfkantige Hutprofilform I, eine mittig halbrund gestaltete Hutprofilform II des Innenhalbmessers r und eine sogenannte Wellblechform III mit gleichfalls um $r = 0,5$ g gerundeten Obergurt-Außenansätzen. In Abb. 3 sind diese drei Formen dargestellt. Die zugehörigen Kurven kennzeichnen die Abhängigkeit des Widerstandsmomentes W von der Steghöhe h. Unter dem Diagramm sind in Abb. 3 die der jeweiligen Höhe h entsprechenden Profile bis zum völligen Durchzug des Hutprofils und seiner Umwandlung zum ⎣⎦-Profil angegeben. Die Kurve I weist ihren Höchstwert bei geringerer Steghöhe h auf als die der gerundeten Formen II und III, die erst nach 1,25facher Steghöhe ihr Maximum erreichen. Aber hinsichtlich des Höchstwertes selbst ist der Unterschied so gering, daß er praktisch vernachlässigt werden kann. Im Hinblick auf die größere Kantenschwächung bei der scharfkantigen Form I wie bei den anderen Formen empfiehlt *Kienzle* einen Abzug von 10% vom Widerstandsmoment des scharfkantigen Hutprofils I und einen Abzug von 5% für die anderen Formen II und III. Die gemessenen Werte streuten erheblich und ergaben keine Klarheit. Im Hinblick auf die größere Verfestigung bei scharfkantiger Einprägung

---

[25] *Kienzle, O.*: Versteifung ebener Böden und Wände. DFBO-Mitt. 6 (1955) Nr. 7, 77–83 u. Nr. 13, 153–160.

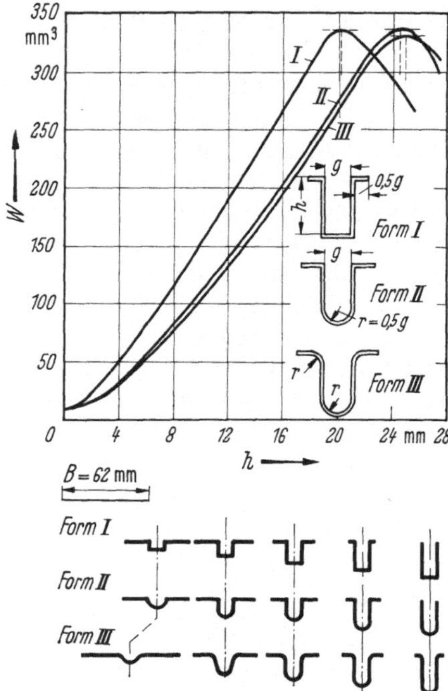

Abb. 3. Widerstandsmoment W in Abhängigkeit von der Profilhöhe h bei gleicher Querschnittsfläche und Sickenbreite (nach *Kienzle*); $a = 10$ mm, $s = 1$ mm, $B = 62$ mm.

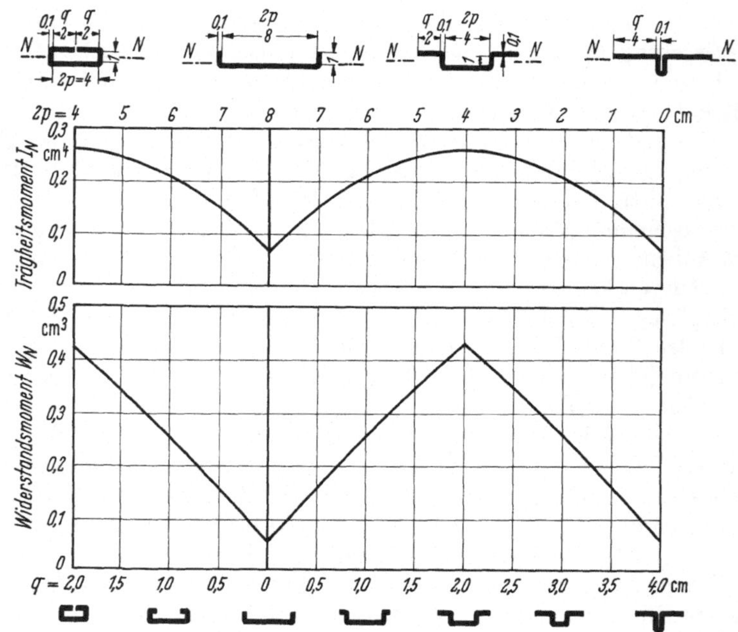

Abb. 4. Trägheits- und Widerstandsmomente hutprofilartiger offener und geschlossener Querschnitte (nach *Schachtel*).

dürfte hier wohl ein Ausgleich stattfinden. Jedenfalls bewies diese Untersuchung, daß im Hinblick auf das Steifigkeitsverhalten eine scharfkantige Sickenprägung gegenüber einer gerundeten Form keine allzu großen praktischen Vorteile bringt.

In teilweiser Übereinstimmung und Ergänzung obiger Ausführungen weist *Schachtel*[26] gemäß Abb. 4 nach, daß Wellbleche und Hutprofile mit gleichmäßiger Werkstoffverteilung auf Ober- und Untergurt das größte axiale Trägheitsmoment J_N und Widerstandsmoment W_N bei gleichbleibendem Werkstoffverbrauch und gegebener Profilhöhe ergeben. Dasselbe hohe Widerstandsmoment findet sich auch beim geschlossenen ⊏⊐-Profil. Ist dessen Stoßstelle beispielsweise durch Schweißung geschlossen, so ist dieses Profil besonders verwindungssteif. Hingegen liefern gemäß Abb. 4 das ⊔- und das T-Profil die geringsten J_N- und W_N-Werte. In Abb. 4 sind oben vier und unten sieben den jeweiligen Maßen von Untergurt = $2p$ und Obergurt = q in cm entsprechende 10 mm hohe und 1 mm dicke Profilquerschnitte dargestellt, wobei in der oberen Darstellung die Trägheitsachse $N-N$ angedeutet ist. Unter Voraussetzung gleicher Abmessungen des ursprünglich ebenen Blechstreifens faßt *Schachtel* seine Ergebnisse wie folgt zusammen:

1. Bei gleicher Profilhöhe weisen das gleichschenklige Hutprofil und das Rechteckprofil die größten Trägheits- und Widerstandsmomente auf.

2. Bei gegebenen Sickenbreiten ergibt das ⊔-Profil das höchste Trägheitsmoment und damit theoretisch die geringste Durchbiegung. Die Praxis wird jedoch prüfen müssen, ob mit einer reinen Biegebeanspruchung zu rechnen ist und die Steifigkeit in den Ecken ausreicht. Geschlossene Rechteckprofile können trotz geringeren Trägheitsmomentes den Vorzug verdienen.

3. Das größte Widerstandsmoment wird bei gegebener Sickenbreite durch das Verhältnis Sickenbreite b zur ursprünglichen Blechbreite B_0 bestimmt:

Verhältnis b/B_0	Größtes Widerstandsmoment W
a) = 1/4 (hohes Profil)	gleichschenkliges Hutprofil, Rechteckprofil
b) > 1/4 ≤ 5/6	ungleichschenkliges Hutprofil
c) nähert sich niederes Profil) > 5/6	⊐⊏-Profil

4. Bei gegebener Auflagebreite des Fußes ($q = 4$ cm) tritt an die Stelle des ⊔-Profils das T-Profil, wobei der Mittelsteg die doppelte Blechdicke aufweist.

5. Liegen Sickenbreite und Sickentiefe fest, so erzielt man bei gegebener Blechbreite die größte Steifigkeit durch die optimale Rippenzahl. Gleichmäßige Verteilung der Rippen vorausgesetzt, ist die optimale Rippenzahl erreicht, wenn der Abstand zwischen zwei Rippen gleich dem doppelten Rippenhalbmesser oder gleich der Rippenbreite wird. Dabei wird die höchste Wirkung erzielt, wenn Rippe und Zwischenraum gleiche Form erhalten (Wellblech).

6. Wenige hohe Rippen versteifen mehr als viele niedere Rippen; denn die Profilhöhe macht immer ihren überragenden Einfluß geltend.

7. Die scharfkantigen und zugleich rechtwinkligen Formen ergeben bei gleichem Materialverbrauch etwas größere Werte für das Trägheits- und Widerstandsmoment als abgerundete und schräge Formen. Bei Belastung neigt der rechtwinklige Profilquerschnitt weniger zu Deformationen, bleibt somit in den Ecken steifer.

---

[26] *Schachtel, F.:* Trägheitsmomente bei ⊔-Blechprofilen. DFBO-Mitt. 3 (1952) Nr. 12, 125–134; desgl. bei Hut- und ⊔-Blechprofilen Nr. 17, 189–196; Versteifung ebener Böden und Wände 6 (1955) Nr. 15, 185–190. – *Gut, H.:* Rechnerische Bestimmung des Widerstandsmomentes von Blechprofilen. Blech 18 (1971) H. 3, 89–93.

Die hier in Ziffer 7 von *Schachtel* geäußerte Ansicht steht in gewissem Widerspruch zu *Kienzle*, der unter dem rein geometrischen Blickwinkel der Wandschwächung des scharfkantigen Profils für dieses die Annahme eines um 10%, für gerundete eines um 5% geringeren Widerstandsmomentes als nach Rechnung empfiehlt. Wie bereits zuvor auf S. 10 angegeben blieben hierbei Verfestigung und Dehnungsverhältnisse unberücksichtigt. Aufgrund eigener Untersuchungen und Erfahrungen kann der Verfasser den oben zu Ziffer 7 von *Schachtel* vertretenen Standpunkt vollauf bestätigen.

Aus den zuvor beschriebenen Ausführungen von *Kienzle* nach Abb. 3 und von *Schachtel* nach Abb. 4 geht hervor, daß das höchst erreichbare Widerstandsmoment bei gleich breiten Bändern im Hutprofil mit Senkrechtsteg sich dort findet, wo die Summe der beiden nach außen vorstehenden gleich großen Obergurtbreiten gleich der mittigen Untergurtbreite ist. *Garbers* und *Gessner*[27] haben an 350 mm langen, 230 mm breiten und 1 mm dicken Stahlblechtafeln untersucht, inwieweit dies für zwei in diese Tafeln in Längsrichtung eingewalzte bzw. eingeprägte Sicken trapezförmigen Querschnittes zutrifft. Dabei wurde der Abstand a beider Sickenmittellinien voneinander verändert, wobei deren Abstand zur Mittellinie der Tafel zur Erhaltung der Symmetrie gleichgroß blieb. Die Untergurte der Sickenprofile lagen auf Querleisten an beiden Enden der Tafel, die in der Mitte von oben durch eine dritte Querleiste belastet wurde. Dabei weiteten sich die unter 60° abgewinkelten Sickenstege auf. Die äußeren Obergurte und der zwischenliegende Obergurt wurden nach unten durchgebogen. Rein theoretisch wäre nach *Kienzle* und *Schachtel* das größte Widerstandsmoment und die kleinste Durchbiegung unter einer gleichmäßig auf die Obergurtflächen verteilten Last bei $a/B = 0,5$ aufgetreten. Die Versuche ergaben jedoch ein Optimum bei $a/B = 0,42-0,45$. Ferner zeigte sich, daß bei diesem günstig gewählten Sickenabstand die Durchbiegung um etwa 13% größer ist gegenüber der Berechnung nach der einfachen Stabtheorie gemäß der im folgenden angegebenen Gl. (3), sofern die Sicken durch Abkanten hergestellt sind. Bei eingewalzten Sicken ist infolge der Querschnittsschwächung die Abweichung größer. Nun mag eine solche Abweichung um 13% und darüber nicht allgemein, sondern nur für jenen Versuch gelten. Denn der im folgenden von *Garbers* nachgewiesene Geltungsbereich für ein solches Rechenwerk nach der Stabtheorie war hier nicht gegeben, d. h., für die bei diesen Versuchen verwendeten 1 mm dicken Blechtafeln 350×230 mm war die Bedingung $L/B > 10$ nicht erfüllt. Für jede der beiden Sicken betrug das L/B-Verhältnis mit 350/115 nur 3. Bei einem schmäleren und längeren Streifen wäre die Abweichung der Rechnung vom Versuchsergebnis zweifellos sehr viel geringer ausgefallen. Auch mögen sich die Abweichungen der Rechnung vom Versuch bei Wahl anderer Blechdicken, Trapezwinkel, Sickentiefen außerdem ändern. Ebenso mag sich das obige Ergebnis eines günstigsten a/B-Verhältnisses zu $0,42-0,45$ auf die Abmaße der hierbei verwendeten Versuchsbleche beschränken. Es ist durchaus möglich, daß für $L/B > 10$ die von *Kienzle* und *Schachtel* empfohlenen a/B-Werte zu 0,5 gelten. Immerhin interessiert dieses von *Garbers* und *Gessner* ermittelte Ergebnis insofern, als bei von zwei parallelen Sicken durchzogenen Böden eines $L/B = 3/2$ das a/B-Verhältnis etwas kleiner als 0,5 zu wählen ist und dies bei der Sickenanordnung für Rechteckflächen eines ähnlichen L/B-Verhältnisses von etwa 1,5 beachtet werden sollte.

In dem hier genannten Bericht von *Garbers* und *Gessner*[27] wurde mitgeteilt, wie sich das Verhalten eines gesickten Blechstreifens bei Biegebeanspruchung mit Hilfe der Faltwerktheorie berechnen läßt. Dort wurde an einigen Beispielen ge-

---

[27] *Garbers, F., Gessner, G.:* Beitrag zur Versteifung ebener Platten durch Sicken. DFBO-Mitt. 7 (1956) Nr. 13, 146–152.

zeigt, welche Abweichungen sich hierbei gegenüber der Stabtheorie ergeben. Diese Abweichungen sind dadurch bedingt, daß die Spannungsverteilung über den Querschnitt des gesickten Blechstreifens zum Teil beträchtlich von der Verteilung abweicht, die nach den Annahmen der elementaren Stabtheorie zu erwarten ist. Durch Versuche konnte in mehreren Fällen bestätigt werden, daß die Anwendung der Faltwerktheorie zur Berechnung der Durchbiegung gesickter Blechstreifen bessere Ergebnisse liefert als die elementare Stabtheorie. Grundsätzlich ergeben sich größere Durchbiegungen, als sie nach der elementaren Theorie zu erwarten sind. Hieraus erklärt sich die häufige Überschätzung der versteifenden Wirkung von Sicken. Die Größe der Abweichungen hängt von einer ganzen Reihe von Einflüssen ab. Im folgenden wird untersucht, wie sich dieselben im einzelnen auf das Steifigkeitsverhalten auswirken. Dazu wurden Biegeversuche mit gesickten Blechstreifen verschiedener Querschnittsform, verschiedener Blechdicke und verschiedener Größenabmessungen durchgeführt.

Aufgrund der von *Euler* empfohlenen Gl. (3) gilt allgemein für die Durchbiegung eines Stabes an einer bestimmten Stelle

$$f_{\text{th}} = K \cdot \frac{P_b \cdot L^3}{E \cdot J} \, . \tag{3}$$

Der dimensionslose Beiwert K hängt nach dieser Theorie nur noch von der Belastungsverteilung, von den Auflagerbedingungen und von der Stelle ab, für die die Durchbiegung bestimmt werden soll. So beträgt beispielsweise für den auf zwei Stützen gelagerten Stab bei mittiger Einzellast für die Durchbiegung in Stabmitte $K = 1/48$ oder für den einseitig eingespannten Stab bei gleichmäßig verteilter Last für die Durchbiegung am freien Stabende $K = 1/8$. Die gleiche Darstellung gilt auch für alle anderen Belastungs- und Auflagerfälle.

Aus Gl. (3) folgt, daß sich der Einfluß der Belastungsgröße (dargestellt durch P_b) der Einfluß der Kraftverteilung (Belastungsverteilung und Auflagerbedingungen, dargestellt durch K), der Einfluß der Stablänge (L^3), der Einfluß des Werkstoffes ($1/E$) und der Einfluß der Querschnittsabmessungen ($1/J$) voneinander trennen lassen. Genauere theoretische Betrachtungen zeigen jedoch, daß dies nicht zutrifft, insbesondere dann nicht, wenn die Querschnittsabmessungen nicht mehr sehr klein gegenüber der Stablänge sind. Gl. (3) hat dann nur noch die Bedeutung einer überschlägigen Näherung. Trotzdem bleibt es sinnvoll, die wahre Durchbiegung f eines Stabes zu der theoretischen Durchbiegung f_{th} in Beziehung zu setzen:

$$\frac{f}{f_{\text{th}}} = f \cdot \frac{E \cdot J}{K \cdot P \cdot L^3} = \xi \quad \text{oder} \quad f = \xi \cdot f_{\text{th}} \tag{4}$$

oder die Abweichung von der Theorie auf den theoretischen Wert zu beziehen

$$\frac{f - f_{\text{th}}}{f_{\text{th}}} = \xi - 1, \tag{5}$$

da die elementare Theorie auch dann noch die wichtigsten Einflüsse, wenn auch nur angenähert, widerspiegelt. Gemäß Gl. (4) hat ξ die Bedeutung eines Korrekturfaktors, der immer größer als 1 ist. Die Aufgabe besteht darin, festzustellen, von welchen Größen ξ im einzelnen abhängt. Bei diesen Überlegungen sind die Ähnlichkeitsgesetze der Mechanik eine wesentliche Hilfe, hier insbesondere das Cauchysche Ähnlichkeitsgesetz. Es besagt: Zwei Körper aus dem gleichen Werkstoff sind gleich stark beansprucht und geometrisch ähnlich verformt, wenn die Körper selbst geometrisch ähnlich sind, die Kräfte ähnlich verteilt sind und wenn beim Vergleich der beiden Körper das Kräfteverhältnis ζ gleich dem Quadrat des Längenverhältnisses λ ist:

$$\zeta = \lambda^2 . \tag{6}$$

Ist diese Bedingung erfüllt, so spricht man von vollständiger Ähnlichkeit. „Geometrisch ähnlich" bedeutet, daß alle Längenabmessungen des einen Körpers sich von den entsprechenden des anderen Körpers nur um einen festen Faktor λ unterscheiden, während alle Winkel bei beiden gleich sind. „Ähnlichkeit der Kräfteverteilung" bedeutet, daß alle an dem einen Körper angreifenden Kräfte sich nur um einen festen Faktor ζ von den entsprechenden Kräften des anderen Körpers unterscheiden. Kraftangriffsstellen, Kraftrichtungen und die Verhältnisse der Kräfte zueinander müssen also genau einander entsprechen. Das Cauchysche Ähnlichkeitsgesetz ist nicht an eine elementare Theorie gebunden, sondern gilt ganz allgemein für elastische, statische und dynamische und unter gewissen Einschränkungen auch für plastische Verformungen. Für elastische Verformungen kann es noch auf unterschiedliche Werkstoffe erweitert werden. Ferner läßt es sich in Verbindung mit dem Newtonschen allgemeinen Ähnlichkeitsgesetz noch in verschiedener Weise spezialisieren[28]. Hier genügt die Feststellung, daß dieses Ähnlichkeitsgesetz sowohl für die wahren Verhältnisse als auch für die elementare Theorie streng gültig ist, wenn nicht noch andere Kräfte (zum Beispiel Reibungskräfte) im Spiel sind. Deshalb muß auch die Größe ξ gleichbleiben, wenn man zwei vollständig ähnliche Fälle (I und II) vergleicht; denn aus der Ähnlichkeit der Verformungen

$$\frac{f_{\mathrm{I}}}{L_{\mathrm{I}}} = \frac{f_{\mathrm{II}}}{L_{\mathrm{II}}} \quad \text{und} \quad \frac{f_{\mathrm{th\,I}}}{L_{\mathrm{I}}} = \frac{f_{\mathrm{th\,II}}}{L_{\mathrm{II}}}$$

folgt

$$\frac{f_{\mathrm{I}}}{f_{\mathrm{II}}} = \frac{L_{\mathrm{I}}}{L_{\mathrm{II}}} = \frac{f_{\mathrm{th\,I}}}{f_{\mathrm{th\,II}}} ,$$

also

$$\frac{f_{\mathrm{I}}}{f_{\mathrm{th\,I}}} = \frac{f_{\mathrm{II}}}{f_{\mathrm{th\,II}}} = \xi = \text{const.} \tag{7}$$

Mit anderen Worten: ξ kann sich beim Vergleich zweier Fälle nur unterscheiden, wenn die Ähnlichkeit nicht vollständig gewahrt ist. Die Änderung von ξ kann dabei nur von den Größen abhängen, deren Verhältnis von der vollständigen Ähnlichkeit abweicht. Zweckmäßig bezieht man bei einer solchen Betrachtung alle Längenabmessungen auf eine charakteristische Länge – hier auf die Profilbreite B –, da es stets nur auf die Längenverhältnisse und nicht auf die absoluten Werte ankommt.

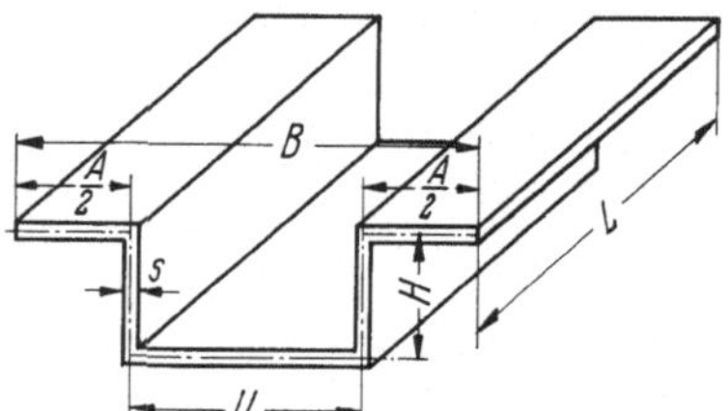

Abb. 5. Bezeichnung der Sickenabmessungen.

Zum besseren Vergleich sind im folgenden fünf durch Abb. 5 erläuterte Fälle I bis V teilweiser Ähnlichkeit gegenübergestellt:

I. Eine vollständige Ähnlichkeit umfaßt geometrische Ähnlichkeit und Ähnlichkeit der Kraftverteilung.

---

[28] Hütte I, 27. Aufl. 1949, S. 435 ff.

II. Eine Ähnlichkeit der Kraftverteilung bedeutet, daß alle an dem einen Körper angreifenden äußeren Kräfte (eingeprägte Kräfte und Reaktionskräfte) sich nur um einen festen Faktor ζ von den entsprechenden Kräften des anderen Körpers unterscheiden. Kraftangriffsstellen, Kraftrichtungen und die Verhältnisse der Kräfte zueinander müssen genau einander entsprechen.

III. Geometrische Ähnlichkeit bedeutet, daß alle Längsabmessungen des einen Körpers sich von den entsprechenden des anderen nur um einen festen Faktor λ unterscheiden. Alle entsprechenden Winkel müssen bei beiden Körpern gleich sein:

$$\frac{B_{\mathrm{I}}}{B_{\mathrm{II}}} = \frac{A_{\mathrm{I}}}{A_{\mathrm{II}}} = \frac{U_{\mathrm{I}}}{U_{\mathrm{II}}} = \frac{H_{\mathrm{I}}}{H_{\mathrm{II}}} = \frac{s_{\mathrm{I}}}{s_{\mathrm{II}}} = \frac{L_{\mathrm{I}}}{L_{\mathrm{II}}} = \lambda; \quad \varphi_{\mathrm{I}} = \varphi_{\mathrm{II}}. \tag{8}$$

IV. Die Querschnittsähnlichkeit beschränkt sich auf die geometrische Ähnlichkeit der Querschnitte senkrecht zur Stablängsachse. Das Verhältnis der Stablängen ist in die Ähnlichkeit nicht mit einbezogen.

$$\frac{B_{\mathrm{I}}}{B_{\mathrm{II}}} = \frac{A_{\mathrm{I}}}{A_{\mathrm{II}}} = \frac{U_{\mathrm{I}}}{U_{\mathrm{II}}} = \frac{H_{\mathrm{I}}}{H_{\mathrm{II}}} = \frac{s_{\mathrm{I}}}{s_{\mathrm{II}}} = \lambda; \quad \varphi_{\mathrm{I}} = \varphi_{\mathrm{II}}; \quad \frac{L_{\mathrm{I}}}{L_{\mathrm{II}}} \neq \lambda. \tag{9}$$

V. Eine Profilähnlichkeit setzt nur noch Ähnlichkeit der Profilmittellinien (Querschnitte durch Blechmittelflächen) voraus. Die Blechdicke ist in die Ähnlichkeit nicht mit einbezogen, im allgemeinen auch nicht die Stablänge:

$$\frac{B_{\mathrm{I}}}{B_{\mathrm{II}}} = \frac{A_{\mathrm{I}}}{A_{\mathrm{II}}} = \frac{U_{\mathrm{I}}}{U_{\mathrm{II}}} = \frac{H_{\mathrm{I}}}{H_{\mathrm{II}}} = \lambda; \quad \varphi_{\mathrm{I}} = \varphi_{\mathrm{II}}; \quad \frac{s_{\mathrm{I}}}{s_{\mathrm{II}}} \neq \lambda; \quad \frac{L_{\mathrm{I}}}{L_{\mathrm{II}}} \neq \text{ oder } = \lambda. \tag{10}$$

Vergleicht man zum Beispiel die Durchbiegung profilierter Stäbe der Länge L, der Breite B und der Blechdicke s mit Querschnittsähnlichkeit (oder -gleichheit) bei Kräfteähnlichkeit, so kann ξ nur eine Funktion von L/B sein, da sich lediglich dieses Verhältnis von Fall zu Fall ändert. Ist nur die Profilähnlichkeit gewahrt, so ist ξ außerdem auch eine Funktion von s/B. Es ist allerdings nicht zu erwarten, daß sich die Veränderung von ξ in Abhängigkeit von L/B und s/B multiplikativ aufspalten läßt, wie dies nach Gl. (3) möglich wäre. Für allgemeine Betrachtungen ist es bereits wesentlich zu wissen, daß bei diesem Vergleich ξ nur von diesen beiden Verhältnissen abhängen kann. Daß dies im allgemeinen nur unter der Voraussetzung der Ähnlichkeit der Kräfteverteilung gilt, sei noch einmal hervorgehoben.

Bei den im folgenden nur kurz beschriebenen Untersuchungen von *Garbers*[29] wurde der Profilstab auf zwei Schneiden gestützt und in der Mitte zwischen den Auflagern durch einen hakenförmigen Bügel belastet. Kräfte bis 100 kp wurden durch an den Bügel angehängte Gewichte, Kräfte über 100 kp mittels einer flachgängigen Spindel über eine mit aufgeklebten Dehnmeßstreifen ausgerüstete Kraftmeßvorrichtung und den Bügel auf den Profilstab übertragen. Zur Messung der Durchbiegung der Profilstäbe dienten Meßuhren. Da sich die Profile bei der Durchbiegung etwas verformten, wurden als Bezugspunkte für die Messung der Durchbiegung die Kanten des Untergurtes gewählt. Die Messung an zwei Stellen erlaubt außerdem eine Mittelwertbildung, die wegen der Unsymmetrie der Profile sich als ratsam erwies.

Durch Vorversuche sollte die Versuchseinrichtung erprobt, und es sollte dabei geklärt werden, wie sich Unterschiede der Stützung in den Auflagern und Unter-

---

[29] *Oehler, G., Garbers, F.:* Untersuchung der Steifigkeit und Tragfähigkeit von Sicken. Forschungsber. Land Nordrhein-Westf. Nr. 1918, Köln-Opladen: Westdeutscher Verlag 1968, 19–26, Abb. 13–28. Mit Genehmigung des Herausgebers Prof. Dr. h. e. Dr. E. h. *Brandt* und des Autors Dipl.-Ing. *Garbers* wurden Teile des Textes und des Bildmaterials übernommen.

schiede der Krafteinleitung in den Querschnitt der Probe auf die Durchbiegung auswirken. Ferner sollten die vorausgegangenen Ähnlichkeitsbetrachtungen durch den Versuch bestätigt oder Abweichungen hiervon nachgewiesen werden. Hierzu wurden gesickte Blechstreifen mit Querschnitten nach Abb. 6 ausgewählt. Es wurden zwei Profilarten (Rechteck- und Trapezprofile) mit unterschiedlichen Verhältnissen s/B verwendet, um einen gewissen Überblick über das Verhalten der Sickenstreifen zu gewinnen. Aus dem gleichen Grunde wurde auch bei den Vorversuchen die Stützweite L und damit das Verhältnis L/B variiert. Über den Einfluß von s/B auf die Steifigkeit wird in Zusammenhang mit den auf S. 21 bis 23 später zu Abb. 10, 11, 13 und 17 beschriebenen Hauptversuchen noch berichtet.

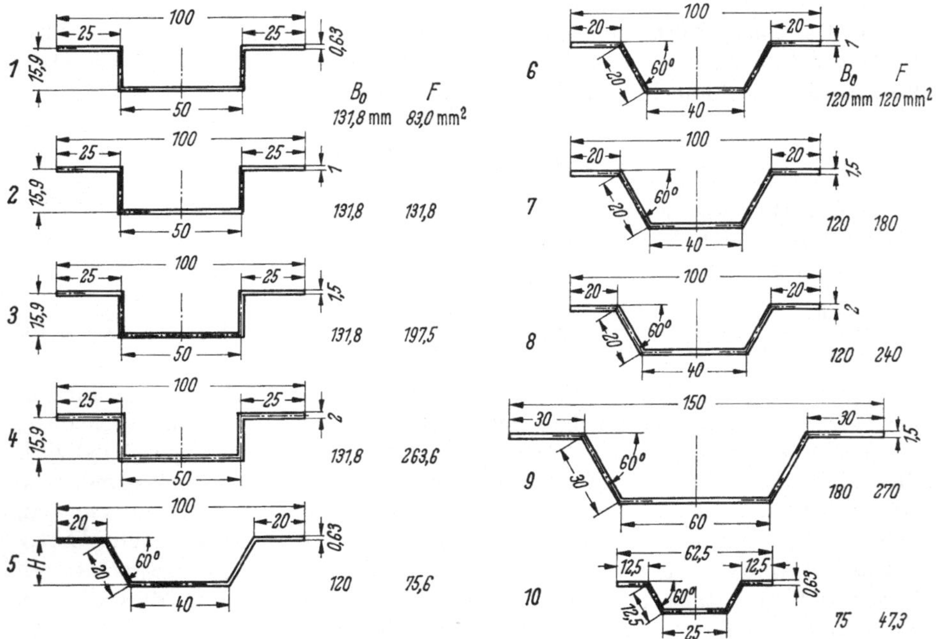

Abb. 6. Profilquerschnitte der Vorversuche.

Während der Vorversuche ließ sich feststellen, daß die Sickenstreifen nach der ersten Belastung nicht ganz in ihre Ausgangslage zurückkehren, sondern an den Meßstellen bis zu 0,05 mm und teilweise mehr unterhalb der Ausgangslage verbleiben. Vor den endgültigen Meßreihen wurde daher in der Folge stets eine Vorbelastung bis zur beabsichtigten Höchstlast durchgeführt. Es ist wichtig, daß zwischen Vorbelastung und Versuch der Sickenstreifen nicht mehr von seinen Auflagern entfernt wird, damit nicht neue Setzerscheinungen auftreten. Die Vorversuche am Sickenstreifen 9, der bereits Gegenstand anderer ausführlicher Untersuchungen[30] war, sollten den Einfluß verschiedener Auflagerungen klären. Dabei zeigte sich, daß die normale Auflagerung des Untergurtes auf Schneiden bei normaler Belastung (mittig zwischen beiden Auflagern) nur eine unwesentlich größere Durchbiegung liefert als eine Auflagerung zwischen profilangepaßten Schneiden, wie es zur Aufnahme von Auflagerdruck- und -zugkräften den Voraussetzungen der Faltwerktheorie entspricht. Ein Fortlassen der Oberschneiden (nur Aufnahme

---

[30] Fußnote s. S. 21.

von Auflagerdruckkräften) lieferte keine von der normalen Auflagerung abweichende Durchbiegung. Am gleichen Sickenstreifen wurden auch Versuche über den Einfluß verschiedener Krafteinleitungen durchgeführt. Gegenüber der üblichen Einleitung (im wesentlichen in die Obergurtkanten) zeigte sich bei Einleitung über eine profilangepaßte Stahlblechschablone eine Verringerung der Durchbiegung um etwa 15%. Es wurde aber in der Folge die einfache Krafteinleitung mit einem geraden Bügel beibehalten, da dieser Fall mehr der Praxis entspricht. Eine zwischen Bügel und Profilstab vorgesehene elastische Zwischenlage aus Gummi von 3 mm Dicke beeinflußte die Ergebnisse gegenüber üblicher Krafteinleitung ohne Gummi bei normaler Auflagerung nicht. Das konnte an den Sickenstreifen 2, 4, 6 und 8 nachgewiesen werden. Auf die Frage, ob die Lage des Kraftangriffspunktes längs der Stabachse eine wesentliche Rolle spielt, wird auf S. 25 noch eingegangen.

Der Einfluß der Lage der Profile wurde bei den Sickenstreifen 2, 4 und 6 untersucht. Es ergab sich bei dünnen Blechen ($s = 1$ mm) gegenüber der üblichen Auflagerung eine etwas größere Durchbiegung, wenn das Profil um 180° gedreht liegt, so daß es nach unten offen ist. Bei dem Sickenstreifen 4 ($s = 2$ mm) waren keine Unterschiede festzustellen. Die geringere Durchbiegung bei normaler Lage des Profiles (oben offen) ist vermutlich darauf zurückzuführen, daß in diesem Falle der Bügel an der Krafteinleitstelle die Verformung (Auffederung) des Profils etwas behindert, was bei umgekehrter Lage nicht der Fall ist. Es zeigte sich, daß im allgemeinen die Durchbiegungen nicht genau linear mit der Belastung ansteigen. Dies ist auf die mit der Belastung zunehmende Profilverformung zurückzuführen. Die Abweichung von der Linearität ist gering, muß aber bei Vergleichen berücksichtigt werden. Neben diesen regulären Abweichungen von der Linearität machten sich in einzelnen Fällen zu Beginn der Belastung weitere Abweichungen bemerkbar, die darauf zurückzuführen sind, daß der Sickenstreifen infolge Fertigungsungenauigkeit nicht gleichmäßig auf den Auflagern aufliegt. Diese Erscheinung läßt sich versuchstechnisch durch eine entsprechende Vorlast (nicht zu verwechseln mit der probeweisen Vorbelastung) oder auch rechnerisch bei der Auswertung eliminieren. An den Sickenstreifen 6, 9 und 10 konnten die Fälle vollständiger Ähnlichkeit nachgeprüft werden. Es bestätigte sich innerhalb der Versuchsgenauigkeit, daß bei vollständiger Ähnlichkeit der Korrekturfaktor ξ gleich ist.

Nach den Vorversuchen (Sickenstreifen 1—10) wurden die Untersuchungen auf weitere Querschnittsformen der Kennziffer 11—31 nach Abb. 7 ausgedehnt. Die Sickenstreifen wurden für drei verschiedene Stützlängen hergestellt, so daß in den meisten Fällen der Einfluß des Längen-Breiten-Verhältnisses für $L:B = 10, 8$ und 5 ermittelt werden konnte. Wie bereits erwähnt, wurden die Sickenstreifen vor Beginn der Meßreihen vorbelastet, damit plastische Verformungen an den Auflagern („Setzen" der Profile) das Meßergebnis später nicht mehr fälschen konnten. Eine sehr wichtige Bedeutung erhält diese Erscheinung bei dünnen Halbrundprofilen, weil in diesem Falle außer plastischen Verformungen an den Auflagern noch elastische auftreten. Da diese Halbrundsicken im allgemeinen größere oder kleinere Radien besaßen als die für diese Versuche verwendeten ausgerundeten Auflagerschneiden, rutschten im ersten Falle die Profilstäbe bei Belastung in die Auflager hinein, im zweiten Falle kam es zu einer leichten Beulung. Diese elastischen Verformungen müssen eliminiert werden, weshalb die Durchbiegung nicht nur in der Mitte, sondern auch in der Nähe der Auflager bestimmt wurde. Die zweite Meßstelle wurde $0{,}1\,L$ von den Auflagern entfernt gewählt, damit sich dann die Meßwerte leicht auf die Auflager umrechnen lassen. Zur Umrechnung wurde von der bei $0{,}1\,L$ gemessenen Durchsenkung der Betrag abgezogen, der auf die

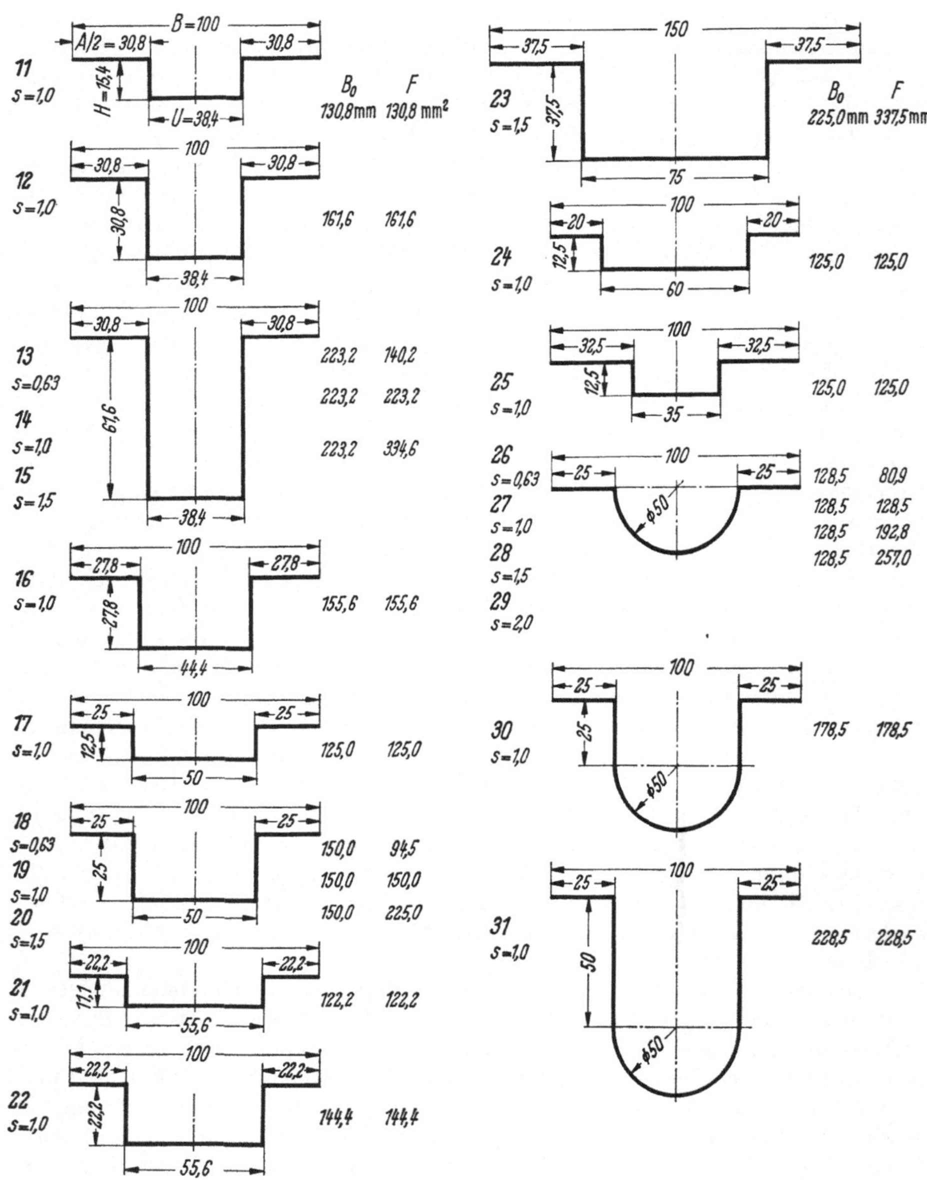

Abb. 7. Profilquerschnitte der Hauptversuche.

Biegung zurückzuführen ist und mit Hilfe der Stabtheorie unter Berücksichtigung des Korrekturfaktors ξ nach Gl. (4) berechnet wurde. Außerdem trat bei Halbrundprofilen in verschiedenen Fällen eine erhebliche Torsion während der Belastung auf, die vermutlich auf kleine Unsymmetrieen der Profile oder der Belastung zurückzuführen ist. Bei Rechteck- und Trapezprofilen wirkten sich solche kleine Unsymmetrieen der Profile nicht stark aus. Eine leichte Torsion dieser Profile läßt sich auch durch Mittelwertbildung der beiden gemessenen Durchbiegungen gut eliminieren. Desgleichen wirken sich bei diesen Profilen geringe Unsymmetrieen der Belastung durch Verschiebung des Belastungsbügels senkrecht zur Stabachse oder durch eine nicht ganz gleichmäßige Auflage des Bügels auf den Kanten kaum auf den Mittelwert der Durchbiegung aus.

Bei den oben beschriebenen Vorversuchen wurde schon darauf hingewiesen, daß der nicht ganz lineare Zusammenhang zwischen Durchbiegung und Belastung es erforderlich macht, eine genaue Vergleichsgrundlage zu schaffen. Diese gewinnt man, wenn man für die Durchbiegung f und die Belastung P in Gl. (4) nur solche Werte einsetzt, die zu ähnlichen Biegelinien, das heißt gleichen Werten f/L gehören. Hier wurde für die Auswertung einheitlich ein Verhältnis $f/L = 0,001$ zugrunde gelegt. Einen Überblick über die versteifende Wirkung eines Profiles erhält man, wenn man

$$\psi = \frac{J}{\xi \cdot F^2} \tag{11}$$

bildet. ψ ist eine dimensionslose Größe, die sich deshalb bei vollständiger Ähnlichkeit nicht ändert. ψ setzt die erzielte Versteifung (dargestellt durch J/ξ) in Beziehung zum Blechaufwand (F^2). Je größer ψ ist, um so günstiger ist das Verhältnis. Bei Querschnittsähnlichkeit ändert sich ψ proportional $1/\xi$, da J/F^2 konstant bleibt.

Für Sickenstreifen mit Profilähnlichkeit zeigen Abb. 8—11 den Einfluß der Stützweite und der Blechdicke auf die Abweichungen von der theoretischen Biegesteifigkeit. Man erkennt, daß sowohl bei Rechteckprofilen nach Abb. 8 wie auch bei Trapezprofilen[30] nach Abb. 9 die Abweichungen von der elementaren Theorie mit abnehmender Stützweite beträchtlich zunehmen, und zwar in einem Maße, das weit über den bei Vollquerschnitten bekannten Querkrafteinfluß hinausgeht. Die Ursachen für diese Erscheinung sind bei solchen dünnwandigen Sickenstreifen auch weniger Querkrafteinflüsse als vielmehr die allgemein von der elementaren Theorie stark abweichende Spannungsverteilung. Die Abweichungen nehmen ferner mit abnehmender Blechdicke zu, besonders bei kleinen Stützweiten, wie dies Abb.8—11 erkennen lassen.

Abb. 12–14 zeigen den Einfluß der Profilhöhe und des Verhältnisses der Obergurtbreiten (A) zur Untergurtbreite (U) auf die Abweichungen von der elementaren Theorie. Bei kleinen Profilhöhen ist das Verhältnis A/U ohne großen Einfluß auf diese Abweichungen, wie aus dem Vergleich der Querschnitte 17, 24 und 25 in Abb. 12 zu ersehen ist. Dagegen ist der Einfluß der Profilhöhe wesentlich größer. In Abb. 12 ist das noch nicht so ausgeprägt. Die Korrekturbeiwerte ξ der Profile 2 und 17 gehen bei verschiedenen Stützweiten noch ein wenig durcheinander, während die höheren Querschnitte 19 und 23 schon eindeutig schlechter liegen. Besonders stark tritt aber der Einfluß der Profilhöhe in Abb. 13 und 14 zutage. Wenn auch bei diesen Querschnitten das Verhältnis A/U teilweise unterschiedlich ist, so beeinflußt dies doch den Vergleich nicht wesentlich, wie Abb. 12 zeigt. Abb. 13 erläutert außerdem noch einmal den bereits bekannten Einfluß der Blechdicke. Ferner ist aus Abb. 12–14 wiederum der Einfluß der Stützweite zu entnehmen. Er zeigt hier und in allen anderen Fällen das gewohnte Bild. Deshalb wird er im folgenden nicht mehr besonders hervorgehoben. Nach der elementaren Theorie zu Abb. 4 ergibt sich die beste Werkstoffausnutzung dort, wo der Werkstoff symmetrisch zur neutralen Faser angeordnet ist, das heißt, wenn die Summe der Obergurtbreiten gleich der Untergurtbreite ist, also $A/U = 1$. Die Versuchsergebnisse zu Abb. 15 zeigen, daß die beste Ausnutzung bei etwas größeren Ober-

---

[30] *Kienzle, O., Lehmann, F., Garbers, F.*: Festigkeitsberechnung eines Blechstreifens mit durchlaufender, trapezförmiger Einzelsicke nach der Faltwerktheorie. Bericht FB 26 des Inst. f. Werkzeugmasch. T. U. Hannover 1956.

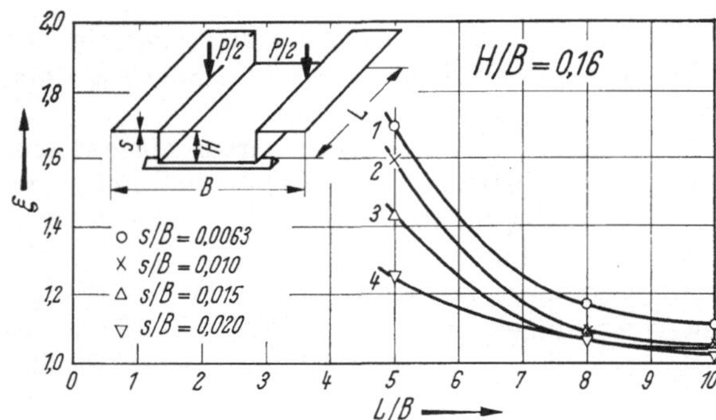

Abb. 8. Einfluß der Stützweite auf die Abweichungen von der theoretischen Durchbiegung bei Rechteckprofilen.

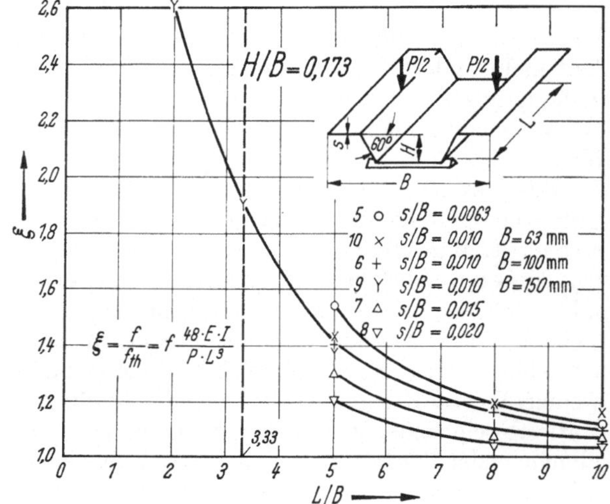

$$\xi = \frac{f}{f_{th}} = f\,\frac{48 \cdot E \cdot I}{P \cdot L^3}$$

Abb. 9. Einfluß der Stützweite auf die Abweichungen von der theoretischen Durchbiegung bei Trapezprofilen; Nachweis der Gültigkeit des Ähnlichkeitsgesetzes.

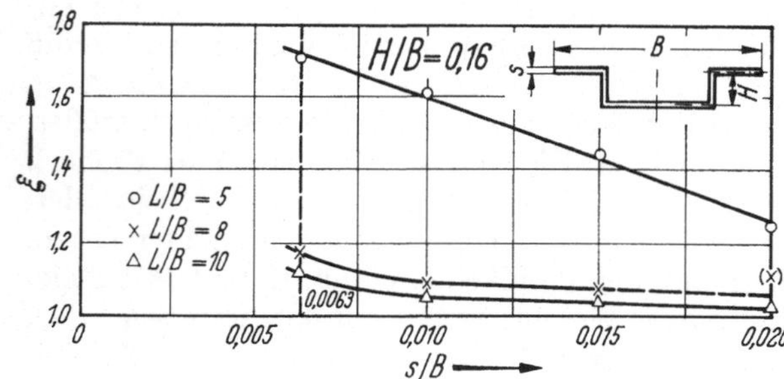

Abb. 10. Einfluß der Blechdicke auf die Abweichungen von der theoretischen Durchbiegung bei Rechteckprofilen.

Abb. 11. Einfluß der Blechdicke auf die Abweichungen von der theoretischen Durchbiegung bei Trapezprofilen.

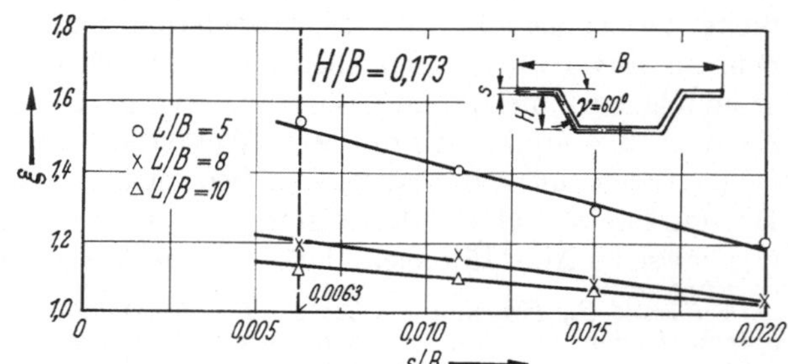

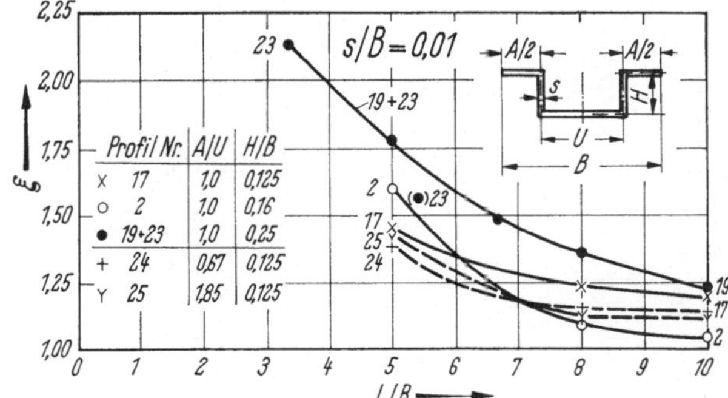

Abb. 12. Einfluß verschiedener Querschnittsabmessungen auf ξ bei Rechteckprofilen.

gurtbreiten liegt, wenn die Verschiebung bei kleinen Profilhöhen auch nicht groß ist. Sie ist aber durchaus verständlich; denn die offene Seite des Profiles ist eine schwache Stelle, so daß sich eine angemessene Verstärkung an dieser Stelle vorteilhaft auswirken muß. Das gilt insbesondere für hohe Profile nach Abb. 16, bei denen Profile mit breiteren Obergurten ($A/U = 1,6$) den normalen Profilen ($A/U = 1$) hinsichtlich Werkstoffausnutzung überlegen sind. Bei niedrigen Profilen ($H/B < 0,2$) schneiden dagegen die normalen Profile besser ab.

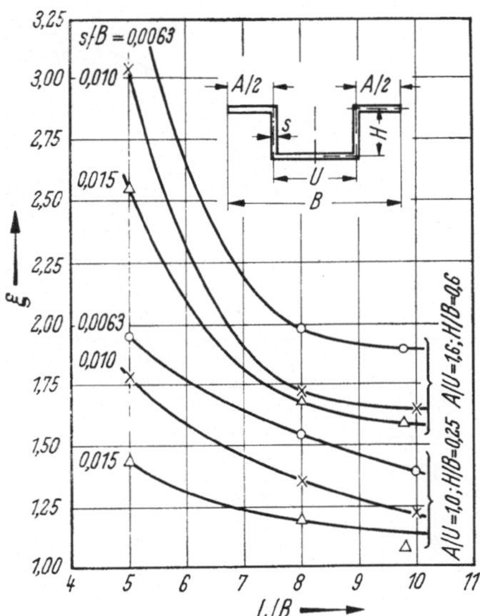

Abb. 13. Einfluß verschiedener Querschnittsabmessungen auf ξ bei Rechteckprofilen.

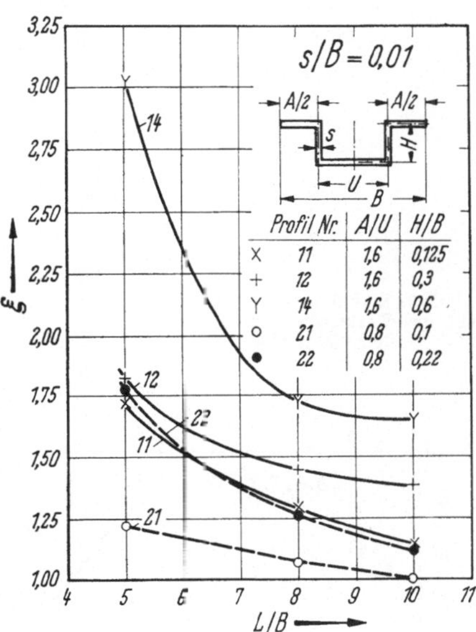

Abb. 14. Einfluß verschiedener Querschnittsabmessungen auf ξ bei Rechteckprofilen.

Für Halbrundprofile ergeben sich die gleichen Einflüsse. Die Abweichungen von der theoretischen Biegesteifigkeit werden gemäß Abb. 17 mit zunehmender Profilhöhe, mit abnehmender Blechdicke und mit abnehmender Stützweite größer. So führen nach Abb. 18 die zunehmenden Abweichungen von der Theorie mit steigender Profilhöhe dazu, daß für Verhältnisse $H/B > 0,5$ entgegen den Aussagen der elementaren Theorie praktisch kein Gewinn in der Werkstoffausnutzung mehr zu erzielen ist.

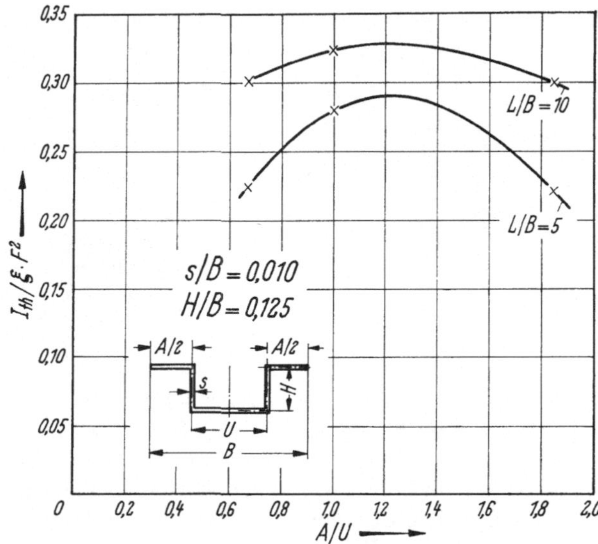

Abb. 15. Einfluß von A/U auf die Werkstoffausnutzung bei Rechteckprofilen.

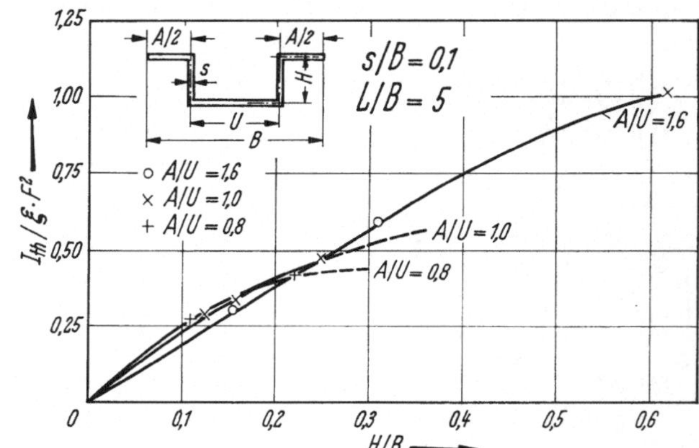

Abb. 16. Einfluß von A/U und H/B auf die Werkstoffausnutzung bei Rechteckprofilen.

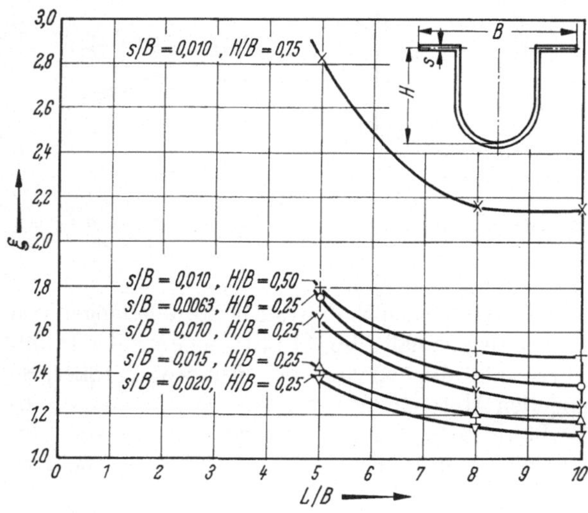

Abb. 17. Einfluß verschiedener Querschnittsabmessungen auf die theoretische Durchbiegung bei Halbrundprofilen.

In besonderen Versuchsreihen wurde schließlich noch untersucht, welche Abweichungen von der elementaren Theorie sich ergeben, wenn die Belastung nicht in Stabmitte, sondern näher an einem Auflager angreift. Dabei zeigte sich erwartungsgemäß, daß die Einflüsse grundsätzlich gleichbleiben. Daneben war aber folgendes festzustellen: An der Lastangriffsstelle im Abstand von $L/4$ waren die Abweichungen von den theoretischen Durchbiegungen bis zu 40% größer als die Abweichungen bei mittigem Lastangriff. Bei den gleichzeitig in Stabmitte gemessenen Durchbiegungen waren dagegen die Abweichungen von der Theorie nicht

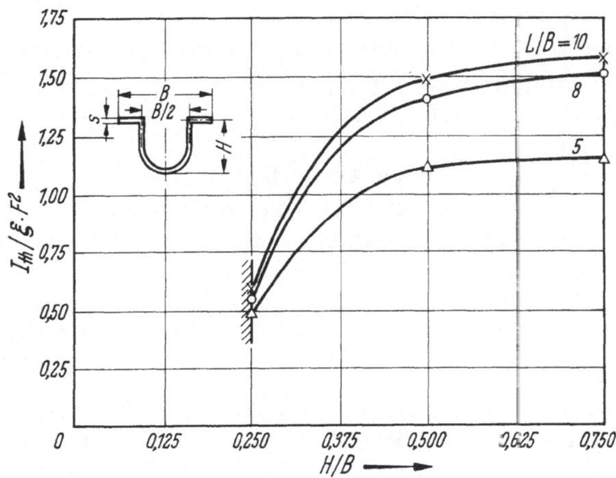

Abb. 18. Einfluß verschiedener Querschnittsabmessungen auf die Werkstoffausnutzung bei Halbrundprofilen.

größer. Dieses Ergebnis wird verständlich, wenn man bedenkt, daß sich bei außermittigem Lastangriff auf der einen Seite die Verkürzung des Abstandes zwischen Lastangriffsstelle und Auflager wie eine Verringerung der Stützweite auf den Spannungszustand auswirkt, während auf der anderen Seite Auswirkungen wie bei einer Vergrößerung der Stützweite vorhanden sind. So kommt man an der außermittigen Lastangriffsstelle zu größeren Abweichungen von der theoretischen Durchbiegung. In der Nähe der Stabmitte und damit in der Nähe des Ortes der maximalen Durchbiegung, der nur bei mittigem Lastangriff mit der Lastangriffsstelle zusammenfällt, bleiben die Abweichungen von der Theorie auch bei Verschiebung des Lastangriffes etwa gleich. Daher kann man die hier gefundenen Werte angenähert auch auf andere Belastungsfälle, zum Beispiel für gleichmäßig verteilte Belastungen übertragen. Eine genaue Übereinstimmung wird man freilich nicht erwarten dürfen.

Aus den von *Garbers* durchgeführten Untersuchungen ergibt sich zusammenfassend folgendes:

1. Bei einem auf Biegung beanspruchten Sickenstreifen ist im Hinblick auf die Steifigkeit im allgemeinen der Werkstoff um so besser ausgenutzt, je größer die Profilhöhe H und je kleiner die Blechdicke s im Verhältnis zur Profilbreite B gewählt werden.

2. Mit zunehmender Profilhöhe und abnehmender Blechdicke werden auch die Abweichungen von der theoretischen Steifigkeit größer.

3. Deshalb empfiehlt es sich nicht, das Verhältnis H/B größer als 0,5 zu wählen; mit dem Verhältnis s/B sollte man nicht unter den Wert von 0,01 gehen.

4. Die Abweichungen von der theoretischen Durchbiegung nehmen ferner mit kleiner werdender Stützweite L im Verhältnis zur Profilbreite B zu. Wenn möglich, sollte man L/B stets größer als 10 wählen, insbesondere, wenn man relativ hohe und dünnwandige Profile verwendet.

5. Die Gurte sind an der offenen Seite des Profiles etwas breiter zu machen als auf der geschlossenen Seite, und zwar um so breiter, je höher das Profil ist. Bei relativ flachen Profilen ist der Werkstoff ungefähr symmetrisch zur neutralen Faser zu verteilen, worunter die neue geometrische mittlere Faser hier verstanden werden soll.

6. Unter Beachtung dieser Gesichtspunkte ergibt sich bei einem gegebenen Problem folgender Weg zur Auswahl eines günstigen Querschnittes:

a) Festlegung der Profilbreite $B \leq 0,1\,L$,

b) Festlegung der Profilhöhe $H \leq 0,5\,B$,

c) Wahl der Profilform,

d) Abschätzung der zu erwartenden Abweichungen von der theoretischen Steifigkeit an Hand der hier durchgeführten Untersuchungen,

e) Festlegung der Blechdicke s auf Grund der geforderten Steifigkeit unter Berücksichtigung der Abweichungen von der Theorie,

f) Nachprüfung, ob $s \geq 0,01\,B$.

Ist dies nicht der Fall, dann B kleiner wählen und Gang der Rechnung wiederholen.

Die hier beschriebenen Untersuchungen und Versuchsergebnisse von *Garbers* interessieren in erster Linie den Konstrukteur beim Entwurf von auf Blechteile aufzusetzenden Sickenversteifungsleisten, auf die in Abschnitt 6 dieses Buches noch eingegangen wird. Immerhin verdienen diese Ergebnisse auch bei der Konstruktion einzuprägender Sicken Beachtung.

4. Die eingeprägte Sicke

In Blechteile eingeprägte Rippen und Sicken sind viel häufiger anzutreffen als aufgesetzte Versteifungsleisten, über die im Abschnitt 6 noch berichtet wird. Denn nur bei geringen Stückzahlen sind derartige meist hutprofilförmige aufgesetzte Leisten wirtschaftlicher, da die für das Hohlprägen oder Tiefziehen erforderlichen Werkzeuge etwas teurer sind, wenn mit der Blechumformung eine Einprägung von Versteifungssicken verbunden ist. Um hier eine Abgrenzung mittels der sogenannten wirtschaftlichen Stückzahl WSZ zu finden, sind für die miteinander zu vergleichenden beiden Verfahren die festen Kosten A und B und deren zugehörigen Stückkosten a und b zu ermitteln und ihre Differenzen einander ins Verhältnis zu setzen, so daß

$$\text{WSZ} = \frac{A - B}{b - a} \qquad (12)$$

diejenige Fertigungsmenge angibt, bis zu welcher das Verfahren B und ab welcher Verfahren A wirtschaftlicher ist. Das folgende Beispiel mag dies erläutern:

Beispiel 1. Ein tiefgezogenes Blechteil weist nicht die erforderliche Stabilität auf, weshalb man sich zur Versteifung durch Rippen entschließt. Es ist zu wählen zwischen einzuprägenden Sicken (Fall A) oder aufzupunktenden Hutprofilleisten (Fall B). Im ersten Fall ist dies mit einer Werkzeugänderung in DM 2500.– Kostenhöhe ($= A$) verbunden. Irgendwelche zusätzlichen Stückkosten entstehen dann nicht, da weder ein größerer Blechzuschnitt hierdurch bedingt ist, noch zusätzlicher Lohn anfällt, so daß die Stückkosten a entfallen und gleich Null werden. Zur schnellen und richtigen Auflage der aufzupunktenden Hutprofile dient eine über

das Blechteil zu setzende einfache Vorrichtung, deren behelfsmäßige Anfertigung DM 100.-
kostet. Die Stückkosten für das Profilmaterial, das Ablängen, Biegen und Anpunkten der
Abschnitte betragen DM 3,- (= b) pro Blechteil. Hiernach liegt die Grenze bei WSZ =
(2500 − 100)/3 = 800 Stück. Werden weniger Teile insgesamt gefertigt und ist auch nicht
mit einer Wiederholung des Auftrages zu rechnen, so wird man sich zur aufgesetzten Leiste
entschließen.

Unter in Blechen eingeprägte Sicken wird im Gegensatz zur Voll- oder Massivprägung in unserem Fall ein Hohlprägen mit näherungsweise unveränderter Blechdicke verstanden, obwohl eine solche Sickeneinprägung mit einer Schwächung bzw.
Blechdickenminderung infolge Dehnbeanspruchung verbunden ist. Eine scharfe
und klare Abgrenzung der hohlgeprägten Sicke zur tiefgezogenen Rippe oder Steg
läßt sich nicht leicht ziehen und hängt von den Sickenabmessungen weitestgehend
ab. Daher seien die tiefgezogenen Sicken, wie solche beispielsweise in Abb. 74 gezeigt werden, hier unter den eingeprägten Sicken mit abgehandelt.

4.1 Das Festigkeitsverhalten
der einfachen geradlinig eingeprägten Sicke gleicher Breite

In den meisten Fällen werden eingeprägte Sicken geradlinig und gleich breit
gestaltet, obwohl, wie später noch dargelegt, diese einfache Form keineswegs
immer zur günstigsten Versteifung führt. Gewiß läßt sich in eine ebene Fläche eine
geradlinige Sickengrube gleicher Breite leichter einfräsen und eine solche Sickenleiste billiger herstellen als für gekrümmte Formen sowie Sicken veränderlicher
Breite. Betrachten wir zunächst die einfache geradlinig verlaufende eingeprägte
Sicke, von der Abb. 19 nur einen mittigen Ausschnitt zeigt, so wird gemäß der dort

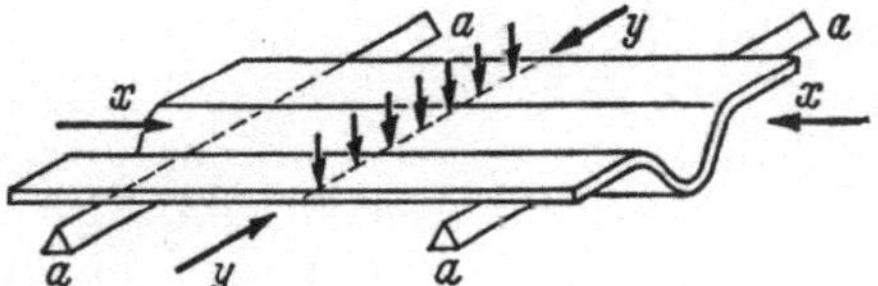

Abb. 19. Beanspruchungsrich-
tungen an einer eingeprägten
Sicke.

eingezeichneten senkrechten Pfeile zwischen den Auflagelinien $a - a$ quer zur
Sickenlängsrichtung die Biegefestigkeit und gemäß der dort waagerecht eingezeichneten Pfeile x die Knicksteifigkeit in Sickenlängsrichtung erhöht. Umgekehrt
wird senkrecht hierzu entsprechend der Pfeile y die Knickfestigkeit stark herab-
gesetzt und erst recht die Biegefestigkeit vermindert, würde die Belastungslinie
nebst den Auflageleisten $a-a$ in Richtung der Pfeile x, also parallel zur Sicke liegen.
Daher muß bei Anordnung geradliniger Sicken immer beachtet werden, inwieweit
eine Verbesserung der Steifigkeit in der einen Richtung nicht mit einer Verschlech-
terung in der anderen Richtung erkauft wird, wie dies bei den später zu Abb. 22
beschriebenen Knickversuchen an runden Blechscheiben mit einer mittig eingeprägten Längssicke noch dargelegt wird. Der Verfasser führte vor 15 Jahren
Versuche zur Nachprüfung der Steifigkeit rechteckiger und kreisrunder Blechscheiben mit eingeprägten Sicken aus. Dazu wurde als Werkstoff ein 0,88 mm
dickes Karosseriestahlblech unter der damaligen Bezeichnung St VIII 23k, entsprechend der heutigen Bezeichnung RR St 14-04, verwendet. Die Tiefziehstahl-
bleche wurden zu jener Zeit nicht auf kontinuierlichen Bandstraßen, sondern noch
nach den alten Verfahren hergestellt, bei denen vielfach gedoppelt und die Walzrichtung in den einzelnen Stufen teilweise um 90° zur vorhergehenden verändert
wurde. Wenn also hier von Walzrichtung die Rede ist, so bezieht sich dies auf die

letzten Kaltwalzstiche. Dies ist insofern von Bedeutung, als bei einer Wiederholung der Versuche mit auf kontinuierlichen Straßen hergestellten Bändern die Ergebnisse anders ausfallen können, da bei diesen die Walzstruktur eine einheitlich ausgerichtete ist, so daß möglicherweise der Einfluß der Walzrichtung heute stärker hervortritt, als dies bei den hier beschriebenen Ergebnissen der Fall ist. Andererseits fallen die Stahlbleche und Stahlbänder infolge des technischen Fortschrittes der Regeleinrichtungen an den Walzstraßen heute gleichmäßiger aus, was sowohl für die Dickenabweichungen als auch für das Gefügebild und die Werkstoffgüte gilt. Ebenso dürften schädliche Eisenbegleiter sowie Einschlüsse (Gasblasen und dergleichen) nur noch seltener zu finden sein. Diese Verbesserung der Güte mag sich in einer geringeren Streubreite als bei den hier geschilderten Versuchen auswirken. Immerhin dürften sich beide Einflüsse, nämlich der ungünstige in bezug auf die einseitige Walzstruktur und der günstige in bezug auf die Gleichmäßigkeit und Güte heutiger Erzeugnisse so ziemlich gegenseitig aufheben, so daß die Versuchsergebnisse auch jetzt noch gelten dürften. Schließlich handelt es sich um Vergleiche verschiedener Sickenformen in bezug auf ihr Festigkeitsverhalten. Die hier beim Stahlblech gewonnenen Erkenntnisse können daher unbedenklich auf andere Blechwerkstoffe übertragen werden.

Für die Versuche standen eine 50-Mp-Spindelpresse, eine Trumpf-Aushauschere von 3 PS Antriebsleistung mit einer Sickenschlageinrichtung sowie eine ölhydraulisch betriebene Druck- und Zerreißmaschine der Firma Mohr & Federhaff bis zu 6 Mp Stößelkraft zur Verfügung. Um die Anzahl der Versuche zu beschränken, wurde nur eine Sickenabmessung, und zwar eine Sickenlänge l von 100 mm und eine Sickenbreite b von 10 mm gewählt. Die Sicke wurde nach drei verschiedenen Verfahren hergestellt, und zwar durch Tiefziehen, durch Streckziehen und durch Schlagen unter der Aushauschere, wofür ein Sonderwerkzeug vorhanden war. Das Tief- und Streckziehen geschah unter der 50-Mp-Spindelpresse. Beim Tiefziehen wurde auf die 200 mm lange und 160 mm breite Auflagefläche für das Blech eine Blechhalterplatte mittels vier Schrauben aufgeschraubt. Zwischen die Unterlegscheiben dieser Schrauben und die Niederhalteplatte wurden je vier Tellerfedern von 1,2 mm Dicke, 50 mm Außendurchmesser und 18 mm Bohrung über die Schraubenbolzen gesteckt, so daß durch Anzug dieser Schrauben bis zu einer Verkürzung der vierteiligen Tellerfedersäule um 2,2 mm nach Lehre das rechteckig zugeschnittene Blech von 160 mm × 130 mm = 208 cm² mit 20 kp/cm² Blechhalterdruck belastet wurde. Bei diesen Versuchen wurde die 100 mm lange Sicke meist in der Mitte parallel zur Walzrichtung und zur Zuschnittslänge von 160 mm eingepreßt. Daneben wurden auch Versuche mit diagonal eingeprägter Sicke durchgeführt. Hierbei ergab sich in bezug auf die Verfestigung der Sicke und Schwächung des gedehnten Werkstoffes kein Unterschied, weshalb im weiteren Verlauf der Versuche auf eine schräge Anordnung der Sicke zur Walzrichtung kein Wert gelegt wurde.

Die Werkzeuge selbst wurden aus naturhartem Stahl von $\sigma_B = 60$ kp/mm² Festigkeit hergestellt. Sie blieben ungehärtet, was für die nicht übermäßig hohe Herstellungsmenge an Versuchsteilen genügte. Bemerkenswerte Abnützungserscheinungen wurden dabei nicht beobachtet. Die Blechhalterplatte war 20 mm dick und wies in der Mitte einen schlitzförmigen Durchbruch zum Durchtritt des schmalen Ziehstempels für die Sickenprägung auf. Das Sickengesenk war etwa 40 mm hoch und ebenso wie die Niederhalterplatte 200 mm lang sowie 160 mm breit. Die Gesenkplatte war beiderseits mit einer Sickenausfräsung versehen, da zwei Sickenformen, und zwar eine scharfkantige (II) mit $r = 0,8$ mm und eine stärker gerundete (III) mit $r = 4$ mm (siehe hierzu Abb. 20 und 21) untersucht wurden. Die Sickentiefe h wurde durch Aufschlagklötze begrenzt, da die vorhandene Spindelpresse nicht mit einer Stößelendeinstellung versehen war. So saß nur in der Endstellung bei einer Sickentiefe von 4 mm der Stempel auf dem Gesenk hart auf.

Bei den Versuchen wurde eine starke Streuung beobachtet, wie sie bei allen derartigen Untersuchungen an Blechteilen auf Festigkeit hin leider unvermeidlich ist. Dies ist auf die Anisotropie des Halbzeuges Stahlblech zurückzuführen. Die Streufeldbreite konnte etwa mit ± 15% auf den Mittelwert bezogen geschätzt werden. Darüber hinaus gab es selten Ausreißer. Andererseits war jedoch innerhalb dieses Streufeldes eine scharfe und klare Abzeichnung einer Mittelwertkurve leider nur selten zu beobachten. Abb. 20 zeigt drei untersuchte Sickenformen, von denen

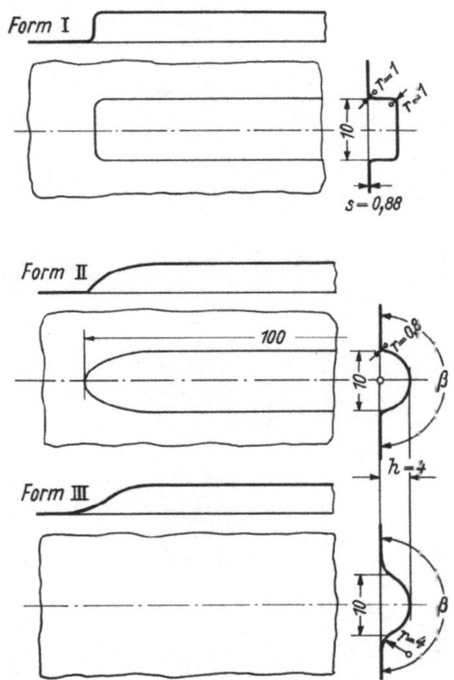

Abb. 20. Geradlinige Sickenformen.

die am wenigsten angewandte Ausführung I nur auf der Aushauschere angefertigt wurde. Die meist verbreitete Ausführung II wurde sowohl auf der Aushauschere und im Tiefziehwerkzeug als auch im Abstreckring gefertigt. Bei den Versuchsreihen mit durch Abstreckring gezogenen Sicken wurden als Proben für alle miteinander zu vergleichenden Fertigungsarten schmale Streifen mit dem Sickenprofil über die volle Länge verwendet. Die Ausführung III wurde nur im Tiefziehwerkzeug und im Abstreckring hergestellt. In bezug auf die Verfestigungen zeigten sich kaum wesentliche Unterschiede, soweit nicht das Gesenk hart aufsaß, das heißt, soweit nicht bis zur größten Sickentiefe von 4 mm ausgeprägt wurde. In diesem Falle war die Verfestigung an der eingeprägten Sickenkante bei der unter der Aushauschere gehämmerten Ausführung am größten. Hier wurde eine Verfestigung von über 32–35% gegenüber der Ursprungshärte erreicht, und zwar in der Ausführung I und an den Kanten der Ausführung II. Im Bodenbereich waren die Verfestigungen bei Ausführung I mittels Hämmern um etwa 5% größer als be$_i$

der Ausführung II. Hingegen wurde bei der Ausführung III – unabhängig vom Verfahren – eine Verfestigung von 12–18% gegenüber der Ursprungshärte ermittelt. Die Ursprungshärte schwankte bei diesen Blechen zwischen 115 und 133 kp/mm² HP 30 entsprechend einer Bruchfestigkeit $\sigma_B = 34$–39 kp/mm².

Das Ergebnis dieser Versuchsreihe läßt sich dahingehend zusammenfassen, daß bei gleicher Sickentiefe die stark gerundete Ausführung III noch nicht die halbe Verfestigung erreichte wie dies bei der Ausführung nach II der Fall war. Es wurden daher bei der Ausführung III keine Risse bemerkt, welche bei II doch zuweilen – insbesondere beim Ausprägen im Gesenk auf volle Sickenhöhe $h = 4$ mm – beob-

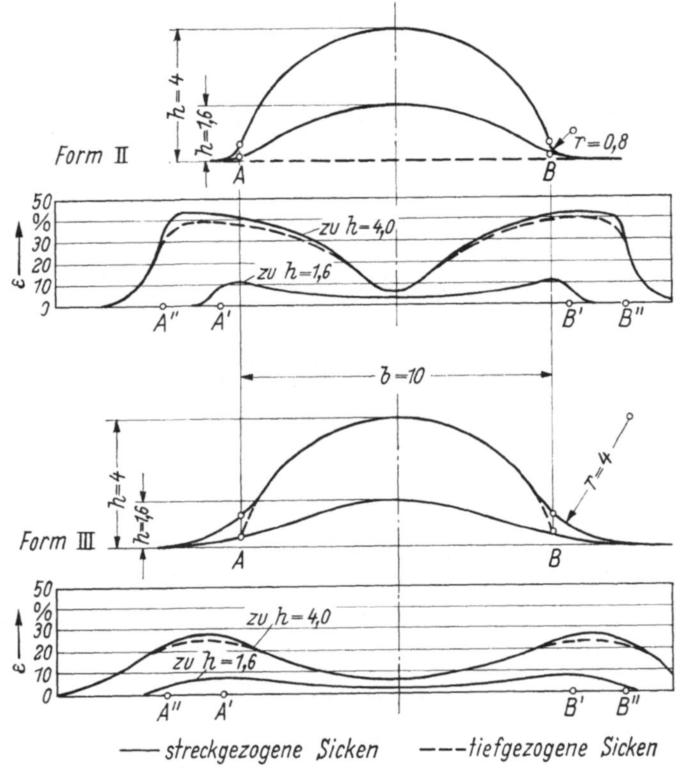

Abb. 21. Dehnung im Sickenquerschnitt der Formen II und III nach Abb. 20.

achtet wurden und somit auch sogar bei nicht hart aufsetzenden Stempeln zuweilen, wenn auch selten, eintraten. Rein wirtschaftlich betrachtet ist die Ausführung III kaum teurer als die Ausführung II, denn zur stärkeren Einrundung bedarf es nur einer entsprechenden Ausrundung der Ziehkanten im Gesenk. Der Stempel bleibt dabei unverändert. Das dürfte noch nicht einmal 4% der Gesamtwerkzeugkosten ausmachen. Der wirtschaftliche Vorteil von II gegenüber III ist also gering.

Die Dehnungsverhältnisse in den häufiger vorkommenden eingeprägten Sickenprofilen II und III wurden durch in Abständen von 1 mm zuvor eingeritzten Linien unter dem Mikroskop ausgemessen. Abb. 21 zeigt zwei Eindrücktiefen h, und zwar von $h = 4$ mm als Endtiefe sowie $h = 1,6$ mm. Nicht eingezeichnet sind die Ergebnisse einer zwischenliegenden Tiefe von 2,5 mm, da diese die Übersicht nur erschwerten. Unter den Profilformen II und III mit den Profilendpunkten A und B sind in die Ebene abgewickelten Längen entsprechend $A'–B'$ für $h = 1,6$ mm und $A''–B''$ für $h = 4$ mm als Abszisse der Dehnungsdiagramme gewählt, deren Ordinatenmaßstab die gemessene Dehnung ε in Prozent aufweist. Die Dehnungsübergänge zu II und III unterscheiden sich erheblich voneinander insofern, als bei der größten Tiefe $h = 4$ mm die Dehnung an den Kanten Werte bis zu 43% anzeigt, während bei der ausgeglicheneren Form mit verrundeten Kanten nach III nur 27% erreicht wurden. Bei der geringeren Prägetiefe von $h = 1,6$ mm ist der Unterschied nicht so groß. Hier bedeuten die Höchstwerte für II 11% und für III 7%. Der Unterschied zwischen streckgezogenen und tiefgezogenen Sicken, wobei die letzteren in den Schaubildern als gestrichelte Linien angedeutet sind, ist unerheblich und liegt bei der größten Prägetiefe $h = 4$ mm etwa um 2–3% unter den Endwerten. Es sei aber nochmals darauf hingewiesen, daß die Streubreite erheblich war und daher ein klarer Unterschied zwischen beiden Herstellungsarten nicht eindeutig nachgewiesen werden konnte. Jedenfalls erscheint hiernach die Ausführung nach Abb. 20 unten zu III wesentlich weniger rißanfällig und auch mit geringwertigeren Blechen durchführbar als die scharfkantige Form zu II. Die Form I wurde hier nicht untersucht, da sie als Versteifungssicke praktisch keine Bedeutung hat.

Um das Stehvermögen der Sicke, das heißt um ihren Knickwiderstand zu beurteilen, wurden zunächst quadratische Zuschnitte von 116 mm Seitenlänge zwischen den Druckflächen der Materialprüfmaschine in senkrechter Lage zum Einknicken gebracht. In sehr vielen Fällen rutschten die ungesickten, also völlig ebenen Bleche dabei ab, ohne daß ein bemerkenswerter Kraftaufwand zu verzeichnen war. Bei einer größeren Anzahl von etwa 40 Versuchen wurde ein Maximum ermittelt, das bei ungesickten Teilen etwa bei 280 kp lag. Die gesickten Bleche wiesen einen höheren Knickwiderstand auf, soweit die Sicke mittig senkrecht lag. Dabei zeigte sich, daß der etwa 8 mm breite Randstreifen zwischen Sickenende und Außenseite des quadratischen Zuschnittes anfangs häufig umklappte und erst anschließend unter wieder wachsendem Widerstand die senkrechte Sickenversteifung unter der Knicklast zusammenbrach. Ob ein Einfluß der Herstellungsart vorhanden war, das heißt, ob von Hämmern, Tiefziehen oder Streckziehen die Größe der Knickkraft abhing, konnte hierbei nicht nachgewiesen werden. Ein solcher Einfluß wurde also nicht beobachtet, hingegen zeigte sich unabhängig von der Herstellungsart ein Einfluß der Sickentiefe h, der aber längst nicht so starke Auswirkungen hatte wie bei der Dehnung nach Abb. 21. Der Knickwiderstand betrug beim quadratischen Zuschnitt etwa 560 kp für die größte Tiefe $h = 4$ mm und etwa 450 kp für eine Sickentiefe von $h = 1,6$ mm. Es handelt sich hierbei allerdings um Werte, bei denen die Knickung ziemlich in der mittleren Waagerechten des Zuschnittes sich als Scheitellinie einer Biegung darstellt. In den meisten Fällen war der Knickwiderstand geringer und die Teile rutschten seitlich ab bzw. geschah die Biegung unregelmäßig. Ein Einfluß der Walzrichtung wurde weder bei diesen noch bei den im folgenden beschriebenen Versuchen an kreisrunden Proben beobachtet, was aber möglicherweise auf die eingangs dieses Abschnittes beschriebene Walzrichtungsänderung und auf den weiten Streubereich zurückzuführen ist im Gegensatz zu den Knickversuchen an ebenen ungesickten quadratischen Ausschnitten gemäß S. 2 unten. Die Mittelwerte für den Knickwiderstand der kreisförmigen und quadratischen Zuschnitte sind als Waagerechte in Abb. 22 gestrichelt eingetragen. Über Besonderheiten durch gegenseitige Wellung wird im letzten Abschnitt 9. unter Wellenversteifung noch berichtet.

Die Untersuchungen an eingeprägten Sicken wurden weiterhin mit kreisrunden Zuschnitten eines Durchmessers von 116 mm fortgesetzt. Auch hier zeigten sich gemäß Abb. 22 A Umklappungen um das Maß $e = 8$ mm. Es wurde nun an diesen runden Zuschnitten die Knickkraft P_k bei verschiedenen Sickenwinkeln α gemessen, worunter der zwischen Kraftrichtung und Sickenlage eingeschlossene Winkel zu verstehen ist. Dieser Winkel beträgt beispielsweise in Abb. 22 A $\alpha = 0$, nach Abb. 22 B $\alpha = 60°$ und nach Abb. 22 C $\alpha = 15°$. Es wurden runde ungesickte

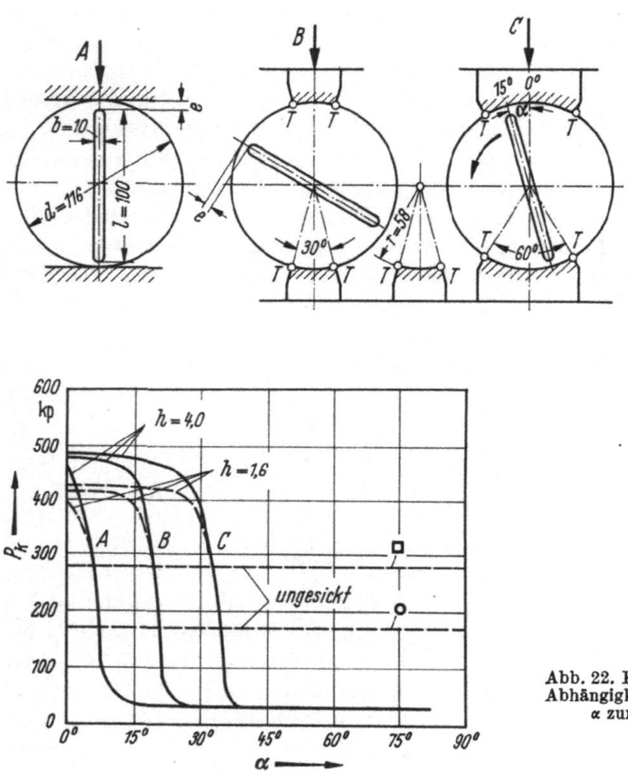

Abb. 22. Knickwiderstand P_k in Abhängigkeit vom Sickenwinkel α zur Kraftrichtung.

Scheiben und solche mit einer 100 mm langen und 10 mm breiten Sicke entsprechend den Maßen nach Abb. 20 ebenso wie die zuvor geschilderten quadratischen Zuschnitte mit und ohne Sicke auf ihre höchste Widerstandskraft gegen Knickung hin geprüft, wobei sich bei einer Anordnung nach Abb. 22 A ein Kraftaufwand von etwa 170 kp für die ungesickte glatte Scheibe ergab. Die gesickten Scheiben wiesen höhere Werte auf, und zwar betrug der Widerstand bei einer Sickentiefe $h = 1{,}6$ mm etwa 380 kp und bei $h = 4$ mm etwa 450 kp. Schon nach geringer Drehung fiel die Kraft bereits von $\alpha = 10°$ bis etwa auf 30 kp ab. In noch schrägerer Lage zeigte eine gesickte Probe ein wesentlich ungünstigeres Bild als ein ungesicktes Blech. Es kommt also sehr auf die Lage der Sicke zur gegen sie wirkenden Kraftrichtung an. Nun ist der Belastungsfall A nach Abb. 22 praktisch sehr selten. Daher wurden zwei weitere Belastungsfälle B und C untersucht, wonach der Rundzuschnitt durch entsprechend ausgerundete Backen beiderseits des Kraftangriffs gefaßt wird. Der Radius r für die gerundeten Backeninnenflächen betrug zunächst 0,5 d, also 58 mm. Nun zeigte sich allerdings sehr bald bei den

Versuchen, daß nur die Außenkanten der Backen bei T trugen. Es wurde daher auch versucht, r nicht = 0,5 d, sondern etwas größer zu wählen, das heißt an Stelle eines r = 58 mm ein r = 60 mm. Auch hier fielen die Versuche zum Teil recht unbefriedigend aus. So platzten die Teile vor Erreichung ihrer Höchstlast beiseite, so daß nur etwa 20% aller Messungen zur Auswertung im Diagramm zu Abb. 22 unten benutzt werden konnten, wo der Knickwiderstand P_k über dem Winkel α aufgetragen ist. Die Endkraft, welche hier mit 30 kp erscheint, ist kaum genau zu ermitteln, da bei dem gewählten Kraftbereich von 0 bis 600 kp der Maschine die Kraftanzeigen plötzlich bis auf Null herunterfielen. Auch hier zeigte sich ein häufiges Umlegen des äußeren etwa 8 mm breiten Randabschnittes e zwischen Zuschnitt und Sickenbeginn bei geringerer Kraft als P_k. Diese Erscheinung wurde bei A häufiger als bei den Belastungsfällen B und C beobachtet.

Ein Einfluß der Sickenform selbst – entsprechend II und III nach Abb. 20 – konnte infolge der Streuung bei diesen Versuchsreihen nicht nachgewiesen werden. Im Gegensatz zur theoretischen Berechnung des Widerstandsmomentes, wonach bei der Sickenform III ein größeres Stehvermögen hier hätte erwartet werden dürfen, scheint dies tatsächlich nicht der Fall zu sein. Offenbar scheint die sonst aus Gründen der Rißanfälligkeit unerwünschte Verfestigung, worauf bereits zu 1.3 eingegangen wurde, hier eher eine Erhöhung des Stehvermögens zu bewirken. Diese Erhöhung ist aber nicht so groß, als daß man von einem bemerkenswerten Unterschied zwischen der Form II und III sprechen darf. Ein Unterschied ist in anderer Beziehung zu bemerken, als ein Hochklappen der Sickenseiten in weit stärkerem Maße bei der Form III als bei der Form II zu bemerken war. Dieser in Abb. 20 rechts eingezeichnete Winkel β betrug nach diesen Stauchversuchen zur Ermittlung der Knickfestigkeit nicht mehr 180°, sondern bei Form II etwa

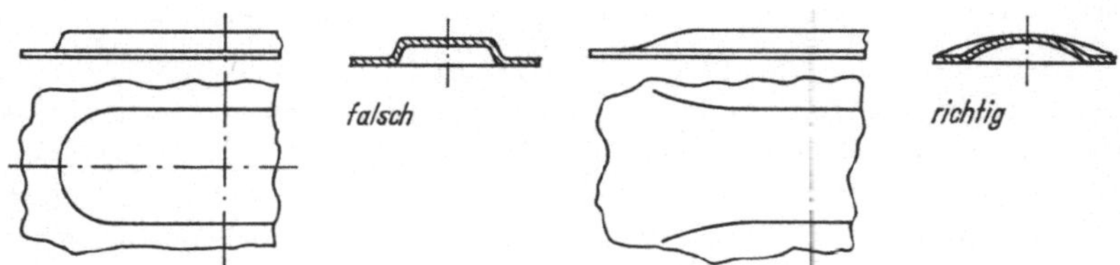

Abb. 23. Gestaltung der Enden geradliniger Versteifungssicken.

160–170° und bei Form III etwa 145–160°. Diesem Umstand braucht allerdings im Rahmen dieser Untersuchung kaum Bedeutung beigemessen zu werden, da beim Einprägen der Sicken die Bleche zwischen dem Blechhalter und der Prägeplattenunterlage eben gehalten wurden. Hingegen ist dieses Rückfederungsverhalten an schmalen mit Längssicken versehenen Teilen, so auch bei der Versteifung dienenden hutprofilförmigen Aufsatzleisten zu beachten, worauf auf S. 75/76 noch hingewiesen wird.

Im Hinblick auf eine unerwünschte Wandschwächung bei scharfkantiger Ausführung empfiehlt wie zuvor beschrieben *Kienzle* die in Abb. 23 rechts dargestellte gerundete Ausführung gegenüber dem dort links angegebenen scharfkantigen Profil. Andererseits weist, wie von *Schachtel* hervorgehoben, die scharfkantige Form trotz Wandschwächung ein wenn auch nur wenig größeres Widerstandsmoment und eine höhere Verfestigung auf, die zwar der Versteifung dienen mag, aber bei Alterung zu Sprödbruch und Spannungskorrosion neigt. Gerade im Hinblick auf die beiden letzt erwähnten Umstände sollte man sich für den gerundeten Sickenquerschnitt entscheiden und zum Ausgleich ein nicht zu flaches Profil einer

Tiefe $h = 0{,}25\text{--}0{,}35\,b$ wählen, wobei unter b die Sickenbreite verstanden wird, die etwa je nach Größe des Blechteiles zu $10\text{--}25\,s$ ($s =$ Blechdicke) bemessen wird. Dabei kann der innere Kantenhalbmesser $r_i = 2{,}5\text{--}4\,s$ betragen. Aus Gründen der Rückfederung sollte er nicht größer sein. Immerhin kann zur Beseitigung von Falten, worauf zu Abb. 66 und 67 auf S. 64 noch eingegangen wird, oder bei hohlgeprägter Schrift eine scharfe Kante bis herab zum zulässigen Mindestbiegehalbmesser eines $r_{i\,\mathrm{min}} = c \cdot s$ erforderlichenfalls gewählt werden[31]. Günstig ist ferner ein allmählicher Auslauf des Sickenendes nach Abb. 23 rechts. Keinesfalls sollten wie in Abb. 23 links angedeutet die eingeprägten Sicken schroff senkrecht abfallend enden, da an diesen Stellen Spannungsspitzen auftreten.

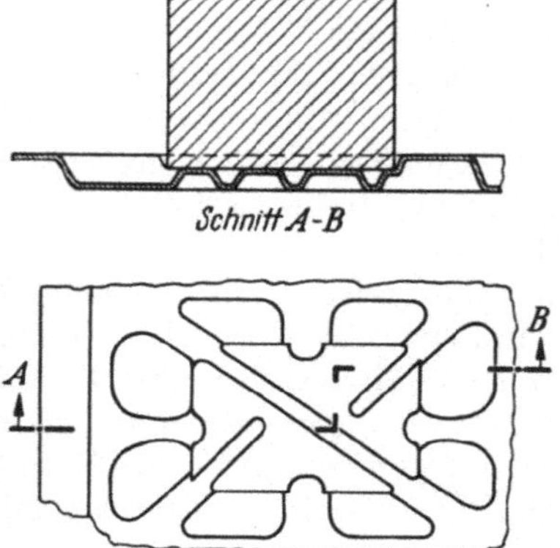

Abb. 24. Ungünstige Anordnung paralleler Sicken außerhalb der Batteriemulde eines Bodenbleches.

Abb. 25. Zweckvollere Versteifung des Bodenbleches als nach Abb. 24.

Eine derart verhängnisvoll scharfkantig eingeprägte Sickenkonstruktion, die zu Sprödbruch und Spannungsrißkorrosion führte, ist in Abb. 24 dargestellt. Hierbei handelt es sich um die Ansicht eines mit einer Batteriemulde versehenen Bodenbleches zu einem Personenkraftwagen von unten. Die Anordnung der im gleichen Abstand voneinander liegenden gleichgroßen Sicken quer zur Fahrtrichtung begünstigt ein Durchschwingen des Bodens und führt infolge dieser schädlichen Dauerbeanspruchung notwendigerweise zur Rißbildung nicht nur an den durch Umformversprödung und infolge der hohen Belastung schon an sich gefährdeten Muldenrändern, sondern auch an den Quersicken selbst. Deren Randkanten und der Muldenrand waren infolge Spannungsrißkorrosion bereits vom Bodenblech teilweise getrennt. Daher sollte das Sickenbild derartiger Bodenbleche gemäß Abb. 25 so gestaltet werden, daß sich keine bevorzugte Trägheitsachsen durch alle möglich auftretenden Schnittebenen ergeben. Dabei dürfen sich die schrägen Sicken innerhalb des Muldenbodens nicht kreuzen. Nur eine Schrägsicke läuft durch, wie dies im folgenden Abschnitt in Abb. 28 r an der Rückwand des Frigidaire-Kühlschrankes erläutert wird. Die beiden anderen Schrägsicken enden in geringem Querabstand voneinander kurz vor der durchlaufenden Sicke. Vom rein ästhetischen Gesichtspunkt aus betrachtet mag eine in gleichen Abständen parallele Anordnung geradlinig verlaufender Sicken das Auge mehr befriedi-

---

[31] *Oehler/Kaiser:* Schnitt-, Stanz- u. Ziehwerkzeuge, 5. Aufl., Berlin–Heidelberg–New York: Springer 1966. Tabelle 33, S. 635–643 enthält für die meisten gebräuchlichen Blechwerkstoffe neben anderen Werkstoffkennwerten auch den Beiwert c zur Ermittelung des Mindestbiegehalbmessers.

gen. Im Hinblick auf Stabilität ist dies aber durchaus nicht zu empfehlen, wie es dieser Befund nach Abb. 24 beweist.

In diesem Buch wird die Sicke als versteifendes Element gewürdigt, wobei gemäß Abb. 19 und 22 sie nur dann diese Funktion erfüllt, wenn die Sicke in Richtung der Knickkraft und senkrecht zu den Auflagekanten bei gegen die Blechfläche gerichteter Biegekraft liegt. Befindet sich hingegen die Sicke in ihrer Länge quer zur Knickbelastung, dann ist der Widerstand des Blechausschnittes gegenüber einer Knickkraft sehr viel geringer, als wenn überhaupt keine Sicke vorhanden wäre. Dies gilt insbesondere für ebene Blechteile mit auf deren voller Breite geradlinig durchlaufender Sicke. Solche Sicken versteifen nicht, sondern sie entsteifen und setzen die Stabilität herab. Doch kann gerade diese Eigenschaft der entsteifenden Sicke mitunter nützlich sein, weshalb sie hier kurz erwähnt wird. Im Fahrzeugbau führt eine zu starre Konstruktion oft zu Brüchen, denen durch Einbau federnder Elemente oder Vermeidung zu schroffer Querschnittsübergänge oder andere Maßnahmen wie beispielsweise die Anordnung derartiger Entsteifungssicken begegnet werden kann. Als Beispiel dafür zeigt Abb. 26 die Ecke eines

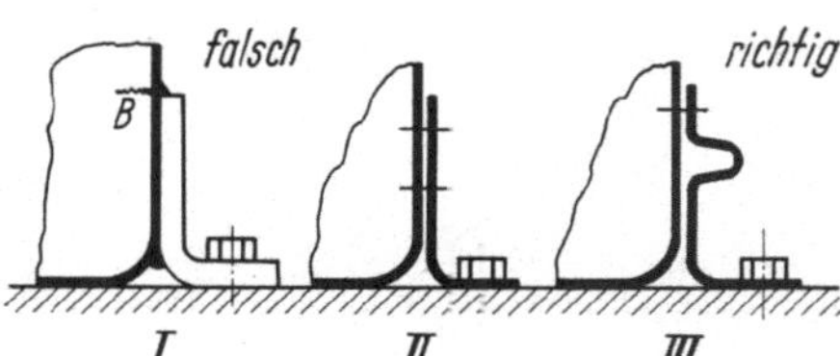

Abb. 26. Rißverhütung bei B mittels durchlaufender Entsteifungssicke.

Blechbehälters, der auf dem Rahmen eines landwirtschaftlichen Nutzfahrzeuges aufgeschraubt war. Ursprünglich diente gemäß I eine kräftig bemessene kehlnahtgeschweißte Winkelschiene zur Befestigung. Schon nach kurzer Betriebsdauer riß der Behälter an der Bruchstelle B auf. Daraufhin wählte man anstelle der Winkelschiene ein dünneres rundgebogenes Blech, das an den Behälter angepunktet war. Diese Verbindung II hielt schon länger, doch lösten sich mit der Zeit zunächst die unteren, später die oberen Schweißpunkte. Schließlich wurde gemäß Abb. 26-III das an den Rahmen angeschraubte Halteblech mit einer durchlaufenden Sicke versehen und darüber mit dem Behälter verpunktet, wobei für dieses stark gerundete Winkelblech die gleiche Blechdicke wie die des Behälters gewählt wurde. Erst hierdurch wurde eine dauerhafte Verbindung hergestellt. Gewiß ist das Einprägen derartiger durchlaufender Sicken kein allgemeingültiges Rezept zur Verhütung von Rissen in Blechkonstruktionen. Es kommt immer auf den Einzelfall an, ob Entsteifungssicken die wirklich geeignete Maßnahme bedeuten, zumal ein zu weitgehender Abbau der Stabilität eine Rißbildung begünstigen kann.

4.2 Die Sickenversteifung auf ebenem Blech

In den einleitenden Ausführungen zu 1.1 wurde bereits erwähnt, daß die versteifende Wirkung von nur flach eingeprägten Sickenmustern meist überschätzt wird und der nach *Euler* berechnete Widerstand gegenüber Biege- und Knickbeanspruchungen in der Praxis bei weitem nicht erreicht wird, soweit das Verhältnis L/B kleiner als 10 ist. Eingeprägte Sicken oder Versteifungsmuster unter einer Tiefe, die einer doppelten Blechdicke entspricht, bringen praktisch keine bemerkenswerte Versteifung.

Eine der wichtigsten Regeln für die Anlage von Versteifungssicken – ob aufgesetzt oder eingeprägt – lautet: Eine Sicke braucht weder geradlinig zu verlaufen noch über ihre Länge gleich breit oder gleich hoch zu sein. Im Gegenteil haben sich gekrümmte Sicken mit nicht gleichbleibendem Profil in Höhe und Breite gerade in Blechkonstruktionen sehr viel besser bewährt, wobei die Querschnittsveränderungen allmählich verlaufen sollten. Als Beispiel für eine derartige unregelmäßige Form sei auf Abb. 27 und 28 f, m, q und s hingewiesen. Wie Abb. 27 zeigt, brauchen derartige Sicken auch nicht von gleicher Höhe sein. Eine Sicke ungleichen Profils kann halbkugeliger oder elliptisch-muldenförmiger Gestalt sein.

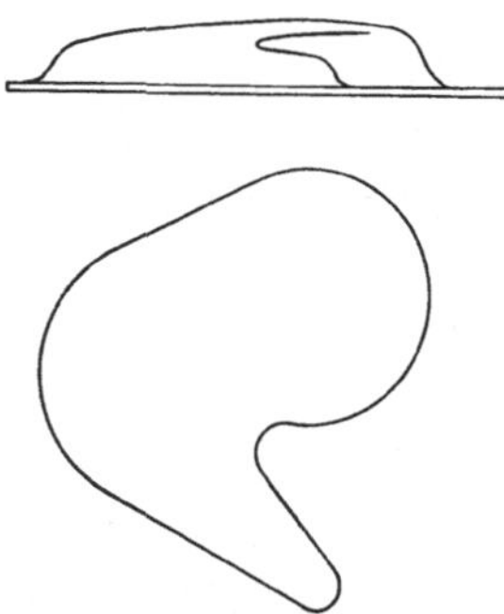

Abb. 27. Unregelmäßige Sickenform.

Als eine weitere noch wichtigere Regel gilt: Das sogenannte Sickenbild, d. h. die Lage der verschiedenen Sicken auf einer Blechtafel darf nicht zulassen, daß sogenannte trägheitsaxialbevorzugte Geraden den ungesickten Bereich in der Blechebene durchkreuzen.

Werden beide Regeln befolgt, so finden die aus verschiedenen Richtungen angreifenden Kräfte sehr viel höheren Widerstand gegenüber Knicken und Biegen, bevor sie zu einer unerwünschten Verformung führen. Es werden sich hierbei Knick- und Biegekanten nicht von vornherein deutlich abzeichnen.

Abbildung 28 zeigt 18 Sickenbilder in runden, quadratischen und rechteckigen Tafelformen, wobei von links nach rechts das Steifigkeitsverhalten verbessert wird. So sind die linken Sickenbilder bezüglich der Versteifung ausgesprochen schlechte, die rechten zeigen günstige Lösungen, was durchaus im Widerspruch zu Vorschlägen mancher Formgestalter stehen mag, die ein Erzeugnis vom Gesichtspunkt einer schönen Form betrachten.

Die Beispiele a, g, h und n sind infolge der parallel angeordneten geradlinigen gleich breiten Sicken als Versteifungsmuster ausgesprochen ungeeignet. Etwas günstiger sind die Lösungen nach b, k und o, bei denen neben den geradlinigen Sicken mit gleichbleibendem Profil eine runde oder ovale Linienführung in der Kreuzungsmitte vorhanden ist. Beliebt und in der Werkzeugherstellung billig sind kreisrunde Sicken entsprechend c und l. Im rechteckigen Tafelzuschnitt entspricht der Kreisform mitunter eine Ovalform nach p. Eine allerdings nicht in allen Fällen zu empfehlende, aber häufig angewendete Regel besagt, daß runde Tafeln eckige, quadratische Zuschnitte, kreisförmige und rechteckige Tafeln ovalförmige Sickenbilder aufweisen sollten, wie dies in d, l und p angegeben ist. Dabei hat sich – wie in d und f dargestellt – eine Ausrundung der Ecken, d. h. keine einfache Abrundung, bewährt, so daß die Sickenaußenkanten des Quadrats oder Sechsecks in der Mitte nach einwärts gebogen erscheinen. Doch ist auch eine nach auswärts gerichtete Kantenführung gemäß *e* möglich. Eine unregelmäßige Form ungleicher Breite in den Ecken zeigt die quadratische Tafel in Sickenbild *m*. Rechteckige Tafeln sollten keine in die Ecken gerichtete, diagonal angeordnete Sicken aufweisen, weil damit ein anisotrop bedingtes Klappen übereck – in der Werkstattsprache auch als „Frosch'' oder als „Schneider'' bezeichnet – hervorgerufen wird, worauf zu Abb. 72 (S. 68) noch eingegangen wird. Aus diesem Grunde sind die Sickenbilder *i*, *k* und *o* ungünstig, hingegen *q*, *r* und *s* zu empfehlen. Bei einer Lösung nach *q*, wie sie an Kraftstoffbehältern mitunter angewendet wird, zielen die Spitzen des Sickenkranzes nicht nach den Zuschnittsecken, sondern daran vorbei.

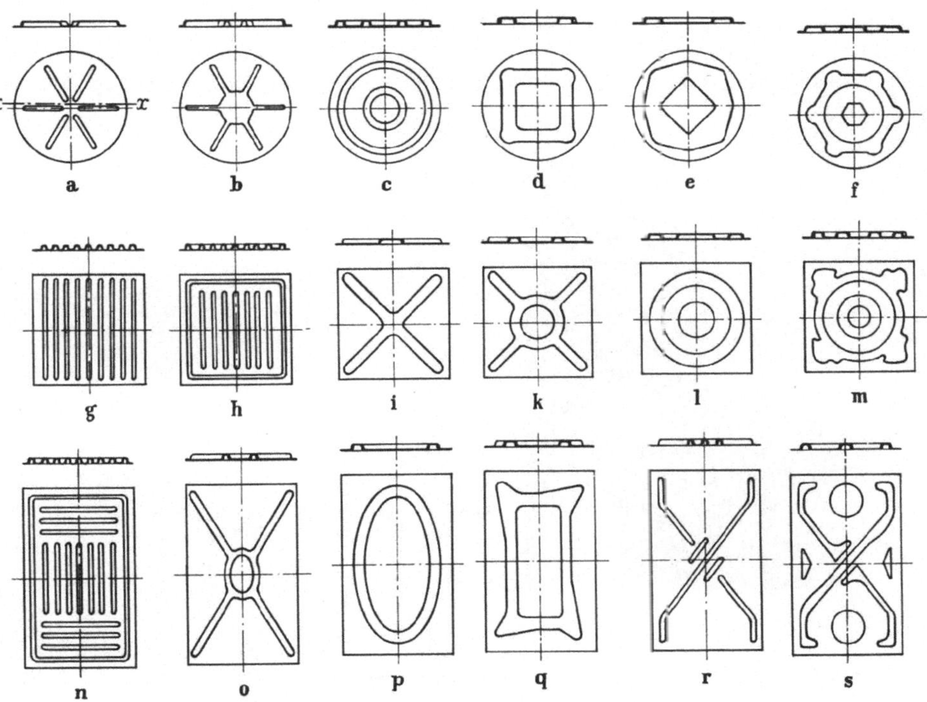

Abb. 28. Sickenbilder auf runden, quadratischen und rechteckigen Tafeln.

Die Rückwand des Frigidaire-Kühlschranks hat die Sickenform gemäß Abb. 28 *r*. Bei dieser experimentell ermittelten Bestform zielen die Diagonalsicken gleichfalls nicht in die Zuschnittsecken, sondern biegen zuvor in kurz auslaufende Enden parallel zur Tafellängsseite ab. Außerdem wird ein mittiges Kreuzen wie in *i* vermieden, indem nur eine Sicke durchläuft, die andere unterbrochen und beiderseits der durchlaufenden von je einer kurzen Sicke blockiert wird. Diese Anordnung ist im Sickenbild *s* noch verbessert, indem dreieckige und kreisförmige Sicken die freien Flächen besetzen und die Sicken gleicher Breite gegen solche ungleichen Profilquerschnitts ausgetauscht werden. Die Sickenbilder *f*, *m*, *q* und *s* sind Beispiele für gekrümmte Sickenformen ungleichen Profilquerschnitts über ihre Länge. Sie sind in bezug auf ihre Steifigkeit wesentlich günstiger als geradlinig parallel geführte Sicken gleicher Breite.

Abbildung 29 zeigt die etwa 6 mm (= 1/4″) dicke warmgepreßte Stirnwand eines in Butler gefertigten Pullman-Güterwagens für Schüttgüter. Ursprünglich bestand diese Stirnwand aus ebenem Blech, das sich insbesondere bei schneller Bremsung des mit Schüttgut beladenen Güterwagens sehr viel mehr als die Seitenwände durchbog. Man half sich zunächst mit dickeren und später mit hutprofilartigem dickem Wellblech nach Abb. 30 links. Da diese aber nicht ausreichte, entschloß man sich zur in Abb. 29 dargestellten Ausführung mit mittig besonders tiefen und breiten versteifenden Sicken. Sicher ist diese Bauweise eine erhebliche Verbesserung gegenüber der früheren. Doch finden sich in der Ebene noch waagerechte trägheitsaxialbevorzugte Geraden zwischen den nach außen gewölbten Sicken. Daher sei hierfür eine Konstruktion nach Abb. 30 rechts vorgeschlagen, wo derartige Geraden vermieden werden. Dies wird durch die senkrechten Schnittlinien u–u, v–v und w–w erläutert. Hier finden sich keine die Blechebene kreuzenden Geraden, ohne daß diese Sickenprofile anschneiden. In Übereinstimmung mit Abb. 29 sind auch hier die Sicken im mittleren Bereich stärker ausgebaucht als an

Abb. 29. Versteifte Stirnwand amerikanischer Güterwagen für Schüttgut.

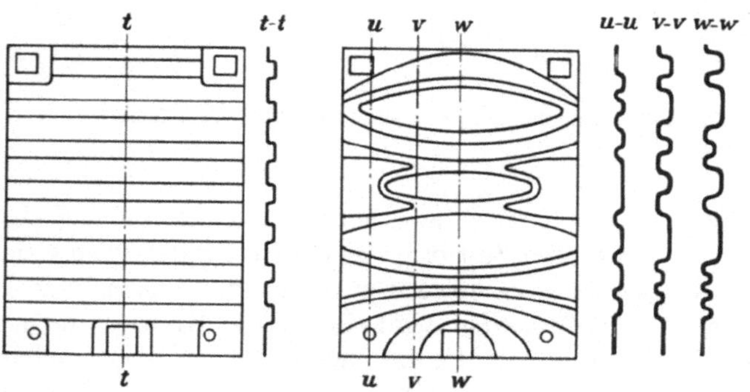

Abb. 30. Stirnwandversteifung an Container.

ihren Enden. Eine solche Art der Versteifung beschränkt sich durchaus nicht auf Güterwagenstirnwände, sie ist beispielsweise auch für Container sowie andere Transportbehälter zu empfehlen, zumal hierdurch erhebliche Gewichtseinsparungen erzielt werden, was bei wiederholtem Gebrauch derartiger Behälter wirtschaftlich zu Buche schlägt.

4.3 Sickengemusterte Bleche in Einschicht- und Mehrschichtanordnung

Zu Wänden und Böden von Transportbehältern und Fahrzeugen jeder Art, also vom Container bis zum Flugzeug, wo die Gewichtsersparnis eine reine Wirtschaftlichkeitsfrage ist und über einen längeren Zeitraum der Verwendung betrachtet ihr gegenüber die Herstellungskosten in den Hintergrund treten, werden Bleche mit eingeprägten Sicken häufig verwendet. Eine solche Sickenversteifung ist jedoch dann fragwürdig und ergibt mitunter infolge Schwächung des Profilquerschnitts an den geprägten Sickenbodenkanten eine noch geringere Stabilität als das ungeprägte Blech, wenn trägheitsaxialbevorzugte Geraden das Sickenmuster im ebenen Bereich kreuzen. Derart ungünstige Sickenmuster sind Abb. 28 a und g, Abb. 30 links sowie Abb. 31, 32 und 33 links. In den genannten Bildern sind jene Geraden x–x und y–y strichpunktiert gezeichnet. Wenn die kreuzweise angeordneten Sicken verlängert werden (Abb. 33 rechts), kann die links gezeichnete Gerade x–x nunmehr rechts als x'–x' dargestellte Gerade keine Ebene durchlaufen, sondern schneidet die schraffierten waagerechten Sicken, ist also keine trägheitsaxialbevorzugte Gerade mehr, so daß dieses Muster als genügend steif zu betrachten ist.

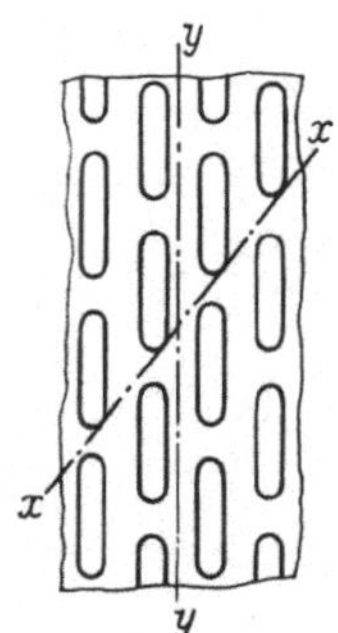

Abb. 31. Ungünstige Sickenversteifung.

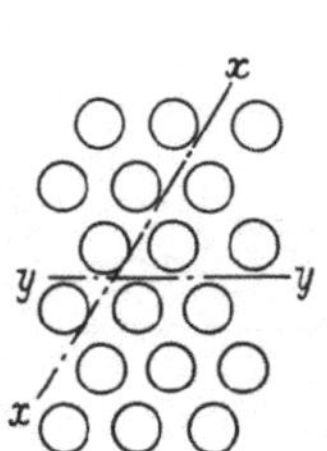

Abb. 32. Ungünstige Kalottenversteifung.

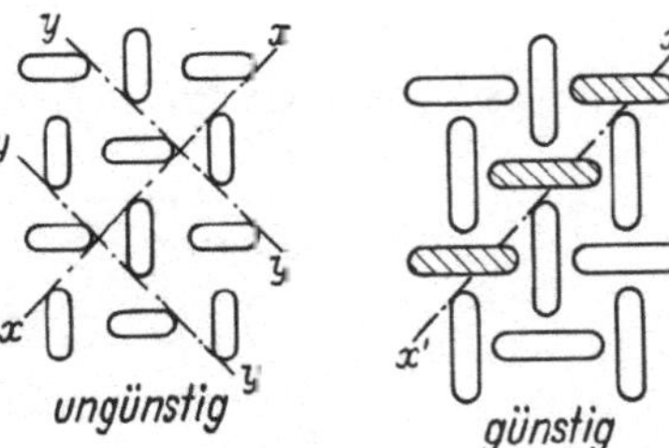

Abb. 33. Kreuzweise angeordnete Sicken ergeben ungünstige oder günstige Versteifung.

Ein nach Abb. 33 gleichzeitig angeordnetes Sickenmuster mit kantig ausgeprägter Sickenform ist in Abb. 34 dargestellt. Auch hier finden sich wie in Abb. 33 rechts trägheitsaxialbevorzugte Geraden nicht in der Ebene. Diese Art der Einprägung von kurzen Versteifungsrippen, die jeweils kreuzweise zueinander liegen, hat sich für Bodenplatten auch in Massivprägung bewährt und ist auf Laufbühnen in Walzwerksbetrieben, bei Krananlagen, in Kraftmaschinenhäusern und überall dort anzutreffen, wo es außer der Festigkeitserhöhung auch auf einen Schutz gegen Ausrutschen der Füße und Abgleiten der Transporträder ankommt. Andererseits gewährleisten die vereinzelt hoch stehenden Sickenkanten eine geringere Reibung und ein leichteres Verschieben schwerer Platten, weshalb sie als Bodenbleche in Regalen für schwere Teile wie beispielsweise für Stanzwerkzeuge gern verwendet werden. Hierzu eignen sich allerdings weniger hohlgeprägte, sondern eher massivgeprägte Bleche.

Eine andere günstige Sickenanordnung zeigt die beidseitige Prägung nach Abb. 35. Nach der einen Seite sind 8förmige Sicken in kreuzweiser Lage dicht beieinander angeordnet; nach der anderen Seite sind zwischenliegende kreisförmige,

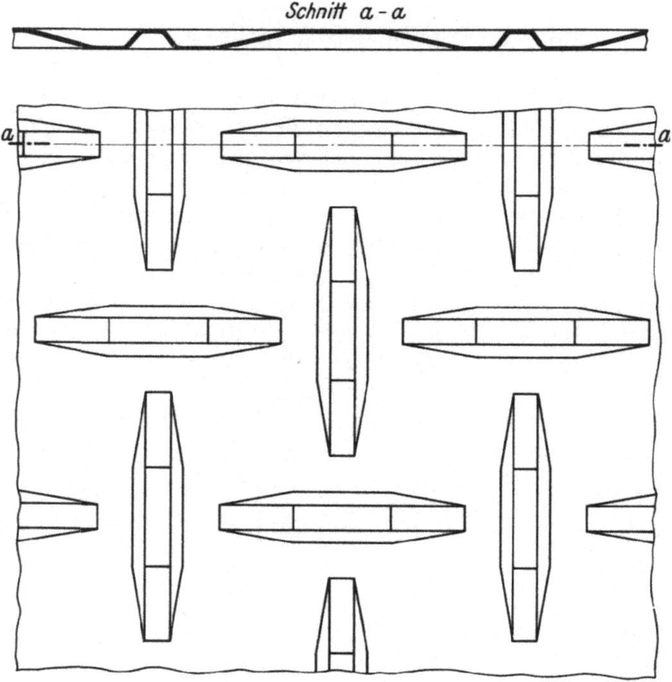

Abb. 34. Sickenanordnung nach Abb. 33 für ein scharfkantiges Versteifungsmuster.

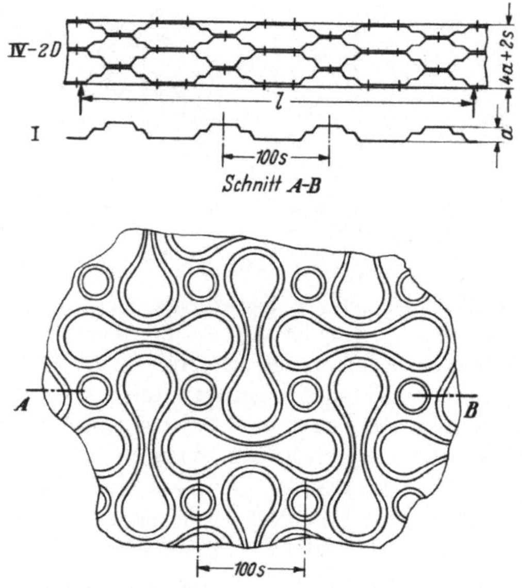

Abb. 35. Günstiges Versteifungsmuster für Einschicht- oder
Mehrschichtversteifung mit oder ohne Deckplatten.

abgeflachte Sicken ausgeprägt, die den Anschluß weiterer Blechlagen gestatten.
Über dem Prägemuster in Abb. 35 ist eine solche geprägte und hier als einschichtig
bezeichnete Platte (I) und darüber eine vierschichtige mit zwei äußeren Deckblechen (IV–2 D) dargestellt. Die Mehrschichtanordnung setzt ebene Anschluß-

flächen zum gegenseitigen Verkleben voraus. Punktschweißen ist nur bei zwei Platten möglich; mehrschichtige oder Anordnungen mit Deckblechen sind nur in den äußeren Randbereichen mit vorgebogenen Sonderelektroden schweißbar. Die heutige Metallklebetechnik gewährleistet temperaturbeständige sowie zug- und schubfeste Verbindungen.

Ein ebenes Blech habe Dicke s, Breite b, Auflagenweite oder Knicklänge l und bekannte Festigkeitswerte. Werden für dieses Blech nach den bekannten Euler-Gleichungen oder anderen Rechnungsarten die Biegekraft P_b für 1 mm Durchbiegung oder die größte Knickkraft P_k bis zum völligen Ausknicken ermittelt, so gilt im Dickenbereich von 0,8–2,0 mm und für eine Auflageweite bzw. Knicklänge von $l \approx 1000$ mm je nach Schichtzahl mit beiderseitigen Deckblechen und ohne sie der Beiwert $\varkappa$ (Tab. 2 bzw. Abb. 36 und 37), der die Steifigkeitsverbesserung kennzeichnet. Der Mindestabstand der Klebflächenmitten gemäß Abb. 35

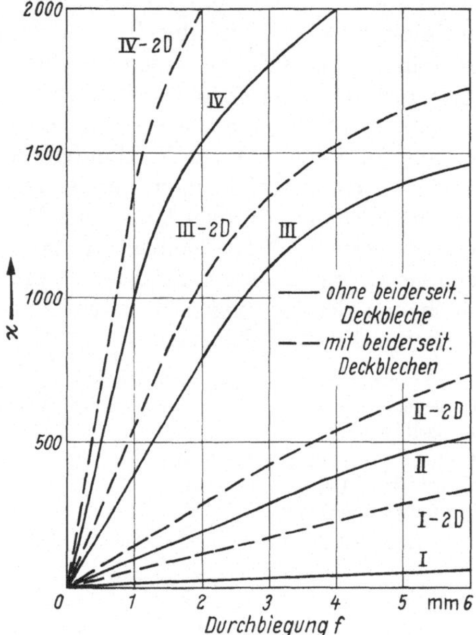

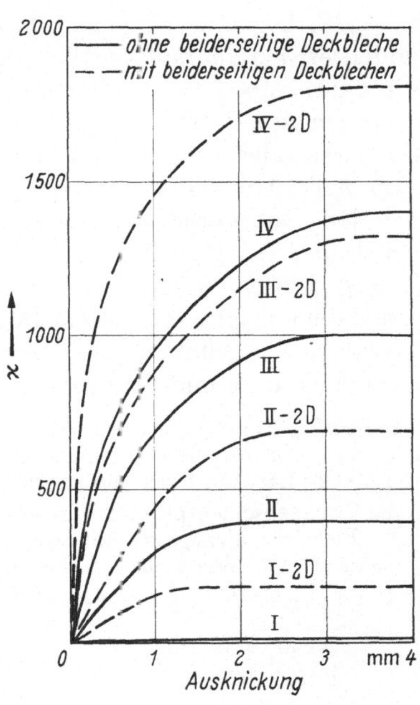

Abb. 36. Multiplikatorbeiwert $\varkappa$ für die Durchbiegung f beidseitig geprägter Platten auf 1000 mm Auflagenweite in einfacher (I), zweifacher (II), dreifacher (III) und vierfacher (IV) Schichtung.

Abb. 37. Multiplikatorbeiwert $\varkappa$ für die Knickfestigkeit beidseitig geprägter Platten auf 1000 mm Knicklänge in einfacher (I), zweifacher (II), dreifacher (III) und vierfacher (IV) Schichtung.

Tabelle 2. *Beiwert $\varkappa$ für sickengemusterte, beiderseits geprägte Versteifungsbleche*

Anzahl der Schichten	Bezeichnung der Kurven in Abb. 36 u. 37		Beanspruchung auf			
			Biegung bei 1 mm Durchbiegung		Knickung bis zur völligen Ausknickung	
	beiderseitige Deckbleche:					
	keine	vorhanden	keine	vorhanden	keine	vorhanden
1	I	I–2D	10	60	2	180
2	II	II–2D	100	150	400	690
3	III	III–3D	400	550	1000	1320
4	IV	IV–3D	1000	1350	1400	1800

oben $\leq 100\,s$ sollte eingehalten werden. Wird die Höhe der beidseitig geprägten Versteifungsplatte mit a bezeichnet und P_b oder $P_k = P_0$ gesetzt, so beträgt aufgrund von Versuchen des Verfassers, die mit an Calottanblechen durchgeführten Berechnungen[32] näherungsweise übereinstimmen, die zur gleichen Verformung erforderliche Kraft P für beiderseits geprägte sickenversteifte Bleche wie z. B. nach Abb. 35

$$P = \frac{\varkappa \cdot P_0 (a - s)^2}{600}. \tag{13}$$

Bei dünnen Blechen kann näherungsweise auf das s im Zähler verzichtet werden. Es gilt dann für die Blechdicke s' eines sickengeprägten Bleches in Einfach- oder Mehrfachschicht

$$s' = \sqrt[3]{\frac{600\,s^3}{\varkappa \cdot a^2}}. \tag{14}$$

Diese Gleichung läßt nur Näherungswerte ermitteln, die in einem Toleranzfeld von $\pm\,10\%$ liegen, da s' nicht zuletzt von der Gestalt der Einprägungen abhängt. Handelt es sich um halbkugelförmige Einprägungen bei Calottanblechen, so kann dafür ein engeres Toleranzfeld von $\pm\,5\%$ gelten, da obige Gleichung sich aus Untersuchungen an Calottanblechen ergab. Eine Schrumpfung des Zuschnitts nach dem Calottieren oder Einprägen anderer Versteifungsformen wie die der 8förmigen Sicken nach Abb. 35 ist unerheblich und beschränkt sich nur auf die Randreihen. Nach dem Calottieren bzw. Prägen verlaufen die Kanten nicht mehr gerade, sondern wellig, Bei Gewichtsvergleichen wie im folgenden Beispiel kann eine Verkürzung der Tafellänge und -breite daher unberücksichtigt bleiben. Hingegen werden die ungeprägten ebenen Deckbleche aus Gründen des Anschlusses oft breiter und länger gehalten. Dies hängt jedoch von den jeweiligen Konstruktionsgegebenheiten ab und bleibt im folgenden Beispiel unberücksichtigt.

Beispiel 2. Eine 15 mm dicke, 5 m lange und 2 m breite LKW-Bodenplatte aus Stahlblech, die in 1 m Längsabstand auf 5 quer liegenden Traversen abgestützt ist und die zwischen diesen unter 700 kg Last um 1 mm durchgebogen wird, soll durch
a) eine Zweifachschichtplatte mit zwei Deckblechen ($\varkappa = 150$, $a = 30$ mm),
b) eine Vierfachschichtplatte mit zwei Deckblechen ($\varkappa = 1350$, $a = 40$ mm)
   ersetzt werden. Wie groß sind Blechdicke und Gewichtsersparnis?
Die 15 mm dicke Bodenplatte wiegt $7{,}8 \cdot 20 \cdot 50 \cdot 0{,}15 = 1170$ kg.

a) $s' = \sqrt[3]{\dfrac{600 \cdot 3375}{150 \cdot 900}} = \sqrt[3]{15} = 2{,}46 \approx 2{,}5$ mm.

 II $- 2\,$D $= 4 \cdot 2{,}5 = 10$ mm .

Die Zweifachschichtplatte wiegt

 $7{,}8 \cdot 20 \cdot 50 \cdot 0{,}1 = 780$ kg,

Ersparnis: $1170 - 780 = 390$ kg.

b) $s' = \sqrt[3]{\dfrac{600 \cdot 3375}{1350 \cdot 1600}} = \sqrt[3]{0{,}935} = 0{,}98 \approx 1{,}0$ mm.

 IV $- 2\,$D $= 6 \cdot 1{,}0 = 6$ mm.

Die Vierfachschichtplatte wiegt:

 $7{,}8 \cdot 20 \cdot 50 \cdot 0{,}06 = 468$ kg,

Ersparnis: $1170 - 468 = 702$ kg.

---

[32] *Giencke, E.:* Die Berechnung von Calottan-Einzelblechen auf Biegung. (Unveröffentlichte Arbeit am Lehrstuhl für Konstruktionslehre T. U. Berlin 1967 im Auftrag der Fa. Calottan-Technik, Frankfurt a. M.) – DBP 1103550. – *Feiertag, R.:* Die Formsteifigkeit von dünnwandigen Bauelementen der Feinwerktechnik. Diss. T. U. Karlsruhe 1967, S. 132.

Vorstehendes Beispiel erläutert die Zweckmäßigkeit der Verwendung derart sickengeprägter Mehrschichtplatten. Da die errechneten ersparten Gewichte der zulässigen Belastung hinzugeschlagen werden können, so bedeutet das z. B. für einen Omnibus je ersparte 75 kg einen zusätzlichen Fahrgast.

Für den Anschluß derartiger Mehrschichtplatten nach Abb. 35 und der späteren Abb. 41 gibt es verschiedene konstruktive Lösungen. Diese meist im Klebeverfahren mehrschichtig verbundenen Bleche sind im einzelnen gegen hohe Drücke sehr empfindlich und lassen sich daher nur mittels schnell umlaufender Trennscheiben beschneiden. Aus gleichen Gründen ist ihre Montage schwierig. Am günstigsten ist ein rahmenförmiger Einbau solcher Platten, so daß eine Befestigung ganz entfällt. Gewiß lassen sie sich an ihren Enden verpressen oder mittels Hammer planschlagen, so daß eine Schraub- oder Nietverbindung mit anderen Teilen wie beispielsweise mit einem ⊔-Profil nach Abb. 33-I möglich ist. Diese

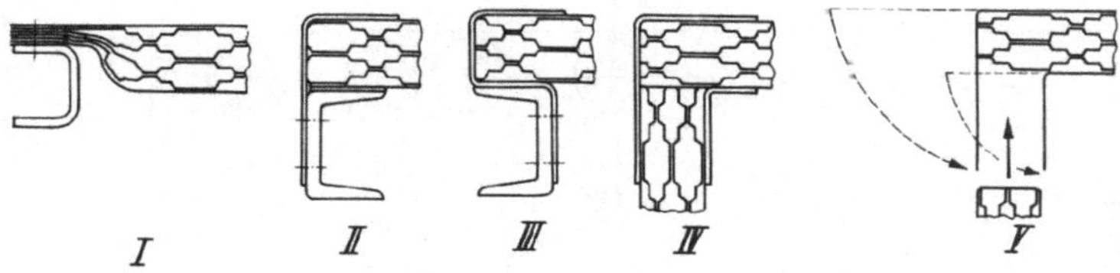

Abb. 38. Anschluß von Mehrschichtversteifungsplatten.

eingedrückte Stelle fällt infolge der Mehrschichtbauweise unsauber aus und läßt Raum an der Anschlußstelle frei, wodurch eine Durchbiegung gerade an einer kritischen Stelle begünstigt wird. Insofern sind die Lösungen Abb. 38-II bis V günstiger. Nach Abb. 38-II und III wird die Mehrschichttafel auf eine Unterlage aufgelegt und mittels eines übergreifenden Winkels mit dieser befestigt. Wie in Abb. 38-III dargestellt, ist dieser Winkel den Gegebenheiten anzupassen. Weiterhin schont gemäß Abb. 38-II ein zwischengelegtes Kunststoffband das empfindliche dünne Deckblech bei rauher Unterlage. Im Falle verschiedenartiger Metallwerkstoffe von Deckblech und Unterlage ist eine derartige Isolation zur Verhütung von Korrosion mitunter sogar notwendig. Auf die Verwendung von Mehrschichtblechstreifen zum Verzehr von Stoßenergie und zur Erhöhung der Unfallsicherheit wird auf S. 81 noch eingegangen.

Zuweilen werden Mehrschichtplatten direkt miteinander verbunden. Am besten geschieht dies mittels Außen- und Innenwinkel im Klebeverfahren nach Abb. 38-IV. Dies setzt allerdings die Möglichkeit einer gemeinsamen Verpressung von Innen- und Außenwinkel mit den zwischenliegenden Mehrschichttafeln voraus, was bei deren Druckempfindlichkeit große Preßflächen erfordert und sich bei verwickelten Konstruktionen infolge des gegen beide Winkelflächen anzusetzenden Drucks nicht immer verwirklichen läßt. In Betrieben, in denen die Mehrschichtplatten meist nach kombinierten Walzverfahren selbst hergestellt werden, läßt man, wie in Abb. 38-V gestrichelt angedeutet, die Deckbleche vorstehen und gemäß der Kreispfeile umlegen, so daß die anzuschließende Platte zwischen die umgeschlagenen Deckblechenden eingeführt und mit diesen verklebt wird. Hierbei sind die Vorrichtungen zum Verpressen während des Klebvorgangs leichter anzubringen als an einer Ausführung nach Abb. 38-IV.

Eine andere Art der Musterung besteht in eingeprägten halbkugelförmigen Vertiefungen, die zu gleichseitigen Dreiecken, also deren Mittelpunkte im Winkel

von 60° zueinander angeordnet sind. Die Zwischenräume dieser runden Einbeulun-
gen, deren Ränder am Übergang zur Ebene nicht scharfkantig, sondern gerundet
verlaufen sollten, entsprechen etwa einem Viertel des Durchmessers und weniger.
Diese Art der Versteifung ist insbesondere bei Glühgeräten aus hochhitzebeständi-
gen Stahlblechen beliebt und an Glühhauben und Durchlaufmuffeln zu finden, wo
derartige Vertiefungen oft von Hand und nur nach Augenmaß mittels kugelig ge-
rundetem Bossierhammer eingetrieben werden.

Derartige halbkugelförmige Vertiefungen und Erhebungen finden sich auf den
bereits erwähnten Calottanblechen[32], die gleichfalls unter dem zu den Abb. 33, 34
und 35 erläuterten Gesichtspunkt entwickelt wurden, daß deren Oberflächen keine
bevorzugten Trägheitsachsen aufweisen, und daß keine unverformten geraden
Linien entstehen, für die lediglich das Widerstands- bzw. Trägheitsmoment der
ebenen Platte gelten. In Abb. 39 ist das Schema der Verformung einer solchen

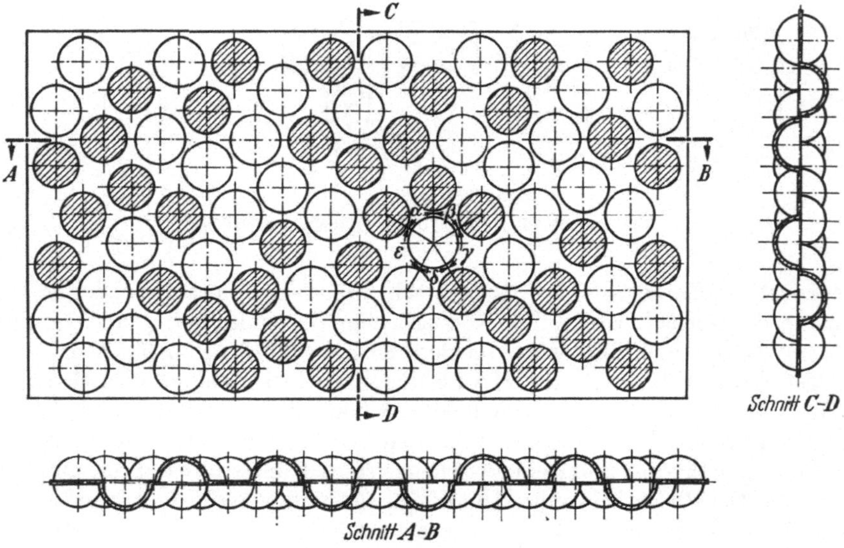

Abb. 39. Buckelblech ohne bevorzugte Trägheitsachsen.

Platte dargestellt. Nach einem bestimmten Verteilungsplan werden Platinen mit
kuppelförmigen, zweidimensional gewölbten Zellenwänden – vorzugsweise konkav/
konvex – mit definierten Kugeldurchmessern und Prägetiefen versehen. Die Einprägungen stehen zur Erreichung des Steifigkeitsoptimums in bestimmten Rela-
tionen zu den jeweiligen Werkstoffeigenschaften und -dicken; sie sind so verteilt,
daß kein Schnitt durch das Bauelement gelegt werden kann, ohne gekrümmte
Stellen zu schneiden, und daß auf die Plattenebene projizierte Verbindungslinien
der Scheitelpunkte benachbarter Calotten vorzugsweise bei jeder dieser Calotten
einen Winkel bilden. Bei dieser Anordnung sind alle denkbaren Geraden verformt,
und da keine unverformten Geraden mehr verbleiben, sind auch keine bevorzugten
Trägheitsachsen mehr vorhanden. Damit erhält das Bauelement eine vielfach
größere Steifigkeit als die bisher untersuchten Modelle.

Neben der Vergrößerung der statischen Höhe durch die Formgebung wird beim
kaltcalottierten Blech eine zusätzliche Kaltverfestigung erreicht, die weitere Festig-
keitsgewinne bringt. Bei punkt- oder linienförmigem Kraftangriff kommen infolge

des Ineinandergreifens der zellenförmigen Verformungen weit größere Flächen und Querschnitte zum Tragen. Selbst Zugbeanspruchungen, die die Normaldehnung des verwendeten Werkstoffes um ein Mehrfaches überschreiten, werden ohne Bruch oder Riß von der umgeformten Platte selbst aufgenommen. Abb. 40

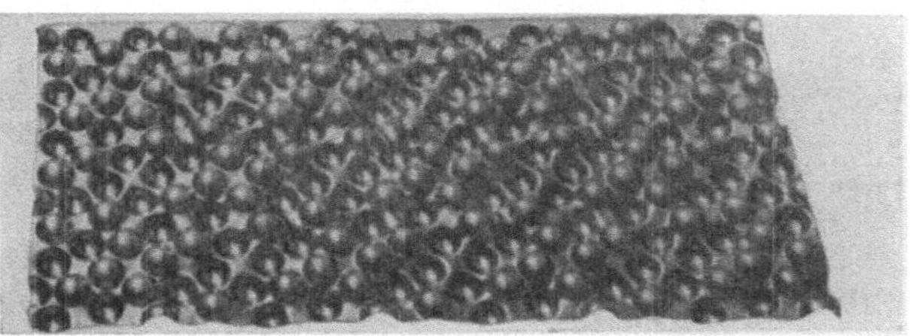

Abb. 40. Ansicht des Buckelbleches nach Abb. 39.

zeigt ein einschichtiges Buckelblech oder calottiertes Blech nach dem in Abb. 39 gezeichneten Verformungsschema. Die dort scheinbar auftretende Unregelmäßigkeit wiederholt sich in periodischer Ordnung, wie auch der Vergleich der linken mit der rechten Hälfte der in Abb. 39 oben gezeichneten Draufsicht zeigt, wo die erhabenen nach oben gerichteten Buckel durch runde Leerkreise, die nach unten durchgedrückten Buckel durch schraffierte Kreise gekennzeichnet sind. Infolge dieser periodischen Wiederholung lassen sich zwei oder mehr Bleche dieser Art übereinander anordnen, wodurch ein fachwerkartiges Hohlraumsystem entsteht. Dabei werden die Scheitelpunkte sich berührender Calotten zweier übereinanderliegender Platten so orientiert, daß sie sich schemagerecht in einigen oder allen Berührungspunkten fest miteinander verbinden lassen, beispielsweise durch Schweißen oder Nieten. Die sich in periodischer Ordnung wiederholende Unregelmäßigkeit der Anordnung der Calotten bringt bei überlappter fester und dichter Verbindung der Praxis weitere Vorteile, weil solche Verbindungselemente ausschließlich auf reinen Zug beansprucht sind. Demzufolge kann der Summenquerschnitt der Verbindungselemente wesentlich verringert werden.

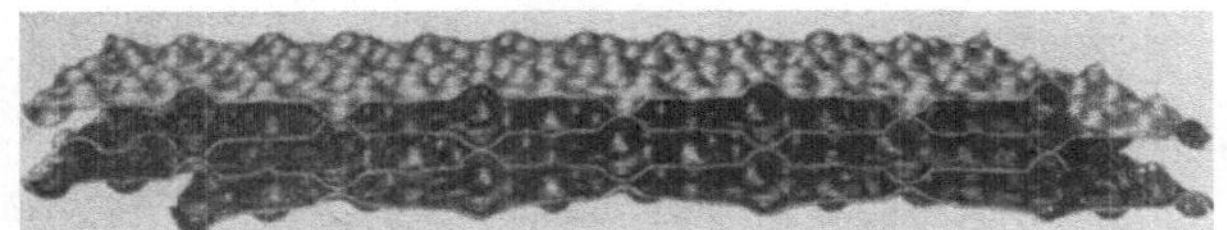

Abb. 41. Vierschichtiges Calottanblech nach Abb. 39 und 40.

Solche Verbindungselemente – Abb. 41 zeigt eine solche 4schichtige Calottanplatte – besitzen neben anderen besonderen physikalischen Eigenschaften im Verhältnis zu ihrem Gewicht ein hohes Widerstandsmoment; Einzelplatten zeichnen sich durch extrem hohe Werte der Biege- und Knicksteifigkeit aus. Einzel- und Verbundplatten sind trotzdem hochelastisch und können bis zur Faltung verbogen werden, ohne daß sich bruchprädestinierte Stellen abzeichnen. Die mögliche plastische Verformbarkeit innerhalb der Verbundplatten ist sogar so groß, daß nicht einmal die Punktschweißungen zum Bruch kommen.

In der Staatlichen Materialprüfungsanstalt an der Technischen Hochschule Darmstadt wurden verschiedene Biegeversuche und Knickversuche an derartigen Blechen durchgeführt. Gemäß Abb. 42 wurde zur Vermeidung des Flachdrückens einzelner Calotten an den Auflage- und Belastungsstellen eine Zwischenlage von Hartfaserplatten angebracht. Aus dem gleichen Grunde wurde bei den 3- und 4schichtigen Calottanblechen unter dem Belastungsstempel eine C-Schiene NP 10

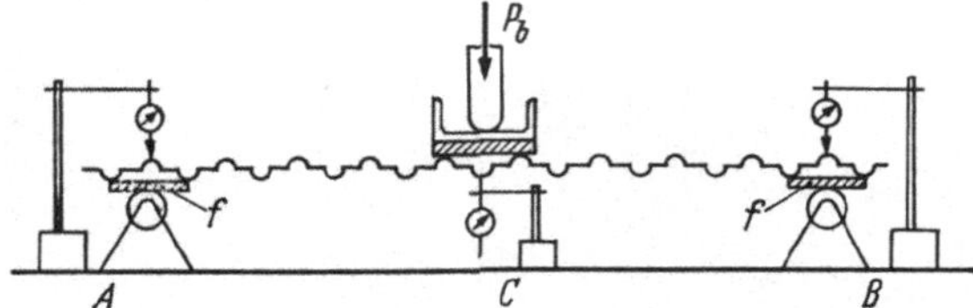

Abb. 42. Schema der Versuchsanordnung für den Biegeversuch zu Abb. 43 und 44; f Hartfaser, A, B und C Meßstellen.

von 4,6 kg Eigengewicht vorgesehen. An den Meßstellen A und B wurde die Zusammendrückung der Unterlage berücksichtigt und nach Mittelung von dem Durchbiegungswert an Meßstelle C in Abzug gebracht. Außerdem wurde durch mehrmaliges Be- und Entlasten die Biegelast ermittelt, bei der eine bleibende Durchbiegung von 0,5 bzw. 0,2% bezogen auf die Auflageweite nicht überschritten wurde. Die Auflageentfernung betrug bei den Versuchen zu Abb. 43 800 mm,

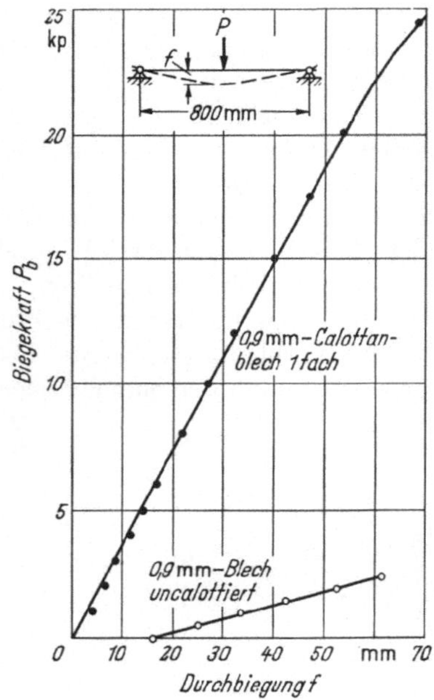

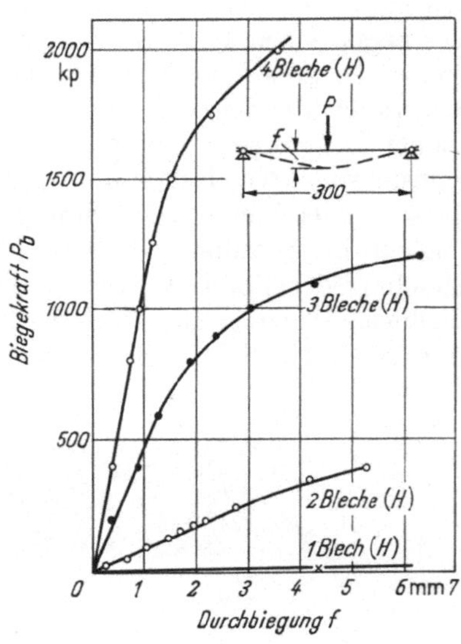

Abb. 43. Vergleich des ebenen unkalottierten Bleches mit dem Calottanblech nach Abb. 39 und 40 durch den Biegeversuch nach Abb. 42; U St 1203, $s = 0,9$ mm, $b = 500$ mm, $w = 800$ mm.

Abb. 44. Vergleich der Biegekräfte für das ein-, zwei-, drei- und vierschichtig kalottierte Stahlblech; U St 1203, $s = 0,9$ mm, $b = 215$ mm, $w = 300$ mm.

zu Abb. 44 300 mm. Abb. 43 zeigt eine vergleichende Gegenüberstellung zwischen einem 0,9 mm dicken uncalottierten Blech und einem 0,9 mm dicken calottierten Blech, die beide der Güteklasse U St 1203 entsprechen. Infolge des durch Eigengewicht bedingten Durchhanges beginnt die Biegelast beim uncalottierten Blech erst nach einer Durchbiegung von 16 mm. Die Biegecharakteristiken verlaufen ziemlich geradlinig ansteigend. Nur im letzten Bereich der Biegelastkurve für das calottierte Blech ist eine leichte Abbiegung nach rechts zu beobachten.

Wenn bereits hier zwischen dem uncalottierten und calottierten Blech ein erheblicher Unterschied zu finden ist, so tritt dieser noch viel auffälliger zutage bei den Mehrfachverbindungen von 2-, 3- und 4schichtig miteinander verschweißten Calottanblechen; ein solches Verbundelement ist in Abb. 41 dargestellt. Die in Abb. 44 aufgezeichneten Kurven beweisen, daß insbesondere im Durchbiegungsbereich bis zu 1,5 mm durch eine geradlinig steigende Tendenz die Steifigkeitserhöhung der Mehrfachverbindung gegenüber dem einschichtig calottierten Blech erheblich hervortritt. Im weiteren Verlauf biegen die Kurven nach unten ab.

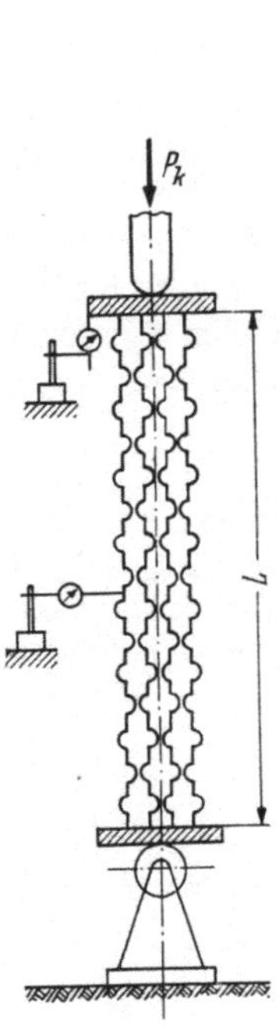

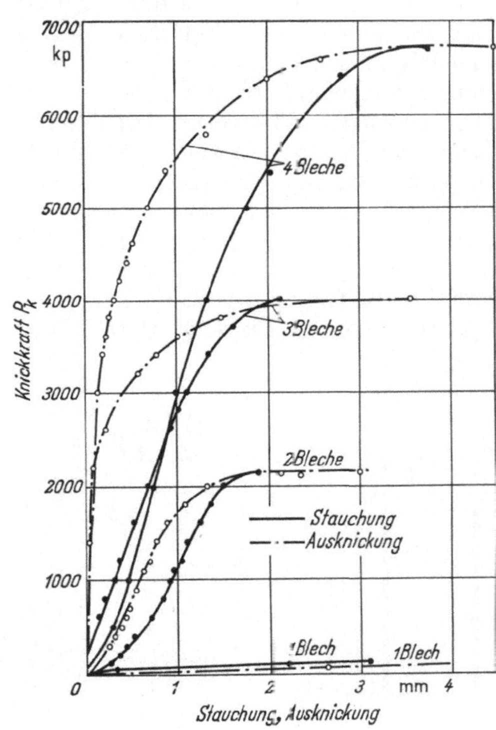

Abb. 45. Schema der Versuchsanordnung für den Knickversuch.

Abb. 46. Vergleich der Knickkräfte für das ein-, zwei-, drei- und vierschichtig kalottierte Stahlblech; U St 1203, $s = 0{,}9$ mm, $b = 235$ mm, $l = 410$ mm.

In Abb. 45 ist die Versuchsanordnung für die Knickversuche an Calottanblechen schematisch dargestellt. Infolge der Auflage starker Flacheisen auf Druckrollen ist der Knickfall 2 (beide Enden frei und in der ursprünglichen Probeachse geführt) gegeben. Es wurde die Ausknickung und die Zusammendrückung in Abhängigkeit von der Knicklast bestimmt. Infolge der Nachgiebigkeit der Einzelbleche zwischen Auflagfläche und den ersten Schweißpunkten weichen die aus den Meßwerten gezeichneten Kurven im Anfang etwas von der zu erwartenden Geradlinigkeit ab. Bei einer Knicklänge L von 410 mm und einer Probenbreite von 235 mm wurde sowohl die Ausknickung wie die Stauchung für die calottierten Bleche gemessen. Gerade hier zeigt sich die große Überlegenheit der 4fach verschweißten Calottanplatte nach Abb. 41 gegenüber den 1-, 2- und 3schichtig verbundenen Blechen. Die Charakteristiken für Stauchung und Ausknickung sind in Abb. 46 dargestellt.

Im Hinblick auf die wachsende Bedeutung versteifter Bleche im Leichtbau sind diese von der Staatlichen Materialprüfungsanstalt an der Technischen Hochschule Darmstadt durchgeführten Untersuchungen recht aufschlußreich.

4.4 Quergerippte Bänder

In allen Richtungen biegesteife Mehrschichtplatten lassen sich auch aus zwei übereinander liegenden Wellblechtafeln bilden, indem die Biegelinien der einen senkrecht zu denen der anderen Tafel gerichtet und an den einander berührenden Kreuzungspunkten beispielsweise durch Punktschweißung verbunden sind. Dabei brauchen die versteifenden Wellsicken nicht aneinander dicht anschließen wie beim handelsüblichen Wellblech, sondern können in Abständen angeordnet werden und trapezförmig oder hutprofilartig scharfkantig gestaltet sein, um damit Fläche für als ebene Außenhaut dienende Deckbleche oder andere ebenflächige daran anzusetzende Blechteile zu gewinnen. Stahlband beliebiger Breite läßt sich unter Walzen leicht querprofilieren unter der Voraussetzung, daß die Querschnittsform des Sickenprofiles ein reibungsloses Abheben von der Walze gestattet, wie dies für den trapezförmigen Sickenquerschnitt nach Abb. 47-I zutrifft. Jedoch bedarf es zusätzlicher Arbeitsgänge, falls hiervon abweichend der Profilquerschnitt einem unterschnittenen Trapez nach Abb. 47-II oder einer eingekniffenen Stegform nach Abb. 47-III entspricht. Die nach Abb. 47-II profilierten und konisch verjüngten

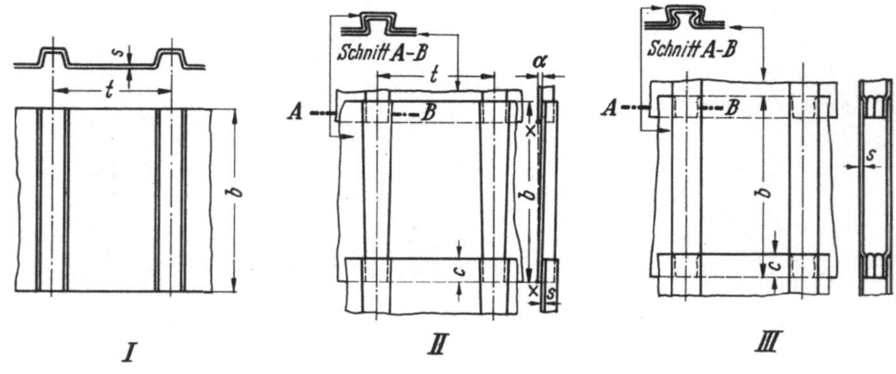

Abb. 47. Quergerippte Bänder.

Bänder dienen zur Dach- und Wandbeblechung. Dabei werden die Randkanten an der Bandseite mit dem engen Sickenquerschnitt, – in Abb. 47-II sind dies die unteren Randkanten – in die weiten Sickenquerschnitte des daneben und darüber liegenden Bandes um den Überstand c eingeschoben. Es lassen sich in dieser Weise beliebig große Flächen überdecken. Sollen derartig zusammengesetzte Bandflächen mit ebenen Deckblechen als Außenhaut versehen werden, wie solches im Leichtbau zuweilen sich ergibt, dann ist allerdings der Umstand einer nur linienweisen Berührung in den Punkten x, d. h. an den vorstehenden Kanten insofern von Nachteil, als hierdurch keine günstige Flächenanlage gewährleistet wird. Der wenn auch nur kleine Winkel α zwischen Deckblech und gesicktem Band wird durch $tg\alpha = s/(b-c)$ bestimmt. Um diesem Mangel abzuhelfen, d. h. ebenflächige Anlageflächen zu erhalten, müssen an einer der Randkanten des gesickten Bandes auf die Länge c der Untergurt um s angehoben, der Obergurt um s vertieft und die unterschnittenen Stege erheblich nach innen gedrückt werden. Hierdurch wird Flächengleichheit zwischen Auflage und Unterlage hergestellt. Zwecks Klemmhalterung ist eine ballige Gestaltung des Sickeneinschiebteiles – wie in Abb. 47-III gestrichelt angedeutet – günstig.

Die in Abb. 47 gezeigten Ausführungen sind nur in einer Richtung, nämlich quer zu den Sicken biegesteif. Parallel zu den Sicken lassen sich diese Bänder leicht biegen und sind deshalb für das Überdecken winkeliger oder gewölbter Teile geeignet, weshalb sie auch in solchen Fällen als Zwischenlagen zur Stabilitätsverbesserung in Betracht kommen. Soll hingegen die gesamte Platte in allen Richtungen biegesteif sein, dann ist solches nur bei mindestens zwei übereinander liegenden Tafeln möglich, wenn die Sicken der unteren Tafel senkrecht zu den Sicken der oberen verlaufen, wie dies für Wellblech bereits eingangs dieses Abschnittes erwähnt wurde.

An geradlinig verlaufenden Bändern der Breite b nach Abb. 47-I, die durch umgebogene Querkanten verrippt werden und keine allseitige Biegesteifigkeit durch Prägung bei überlagerter Zugbeanspruchung, wie beispielsweise beim Sickenmuster der Container-Stirnwand nach Abb. 30, aufweisen brauchen, ist das Sickenprofil beiderseits gleich hoch. Wird ein solches Band gekrümmt, so muß am Innenbogen das Profil erhöht, am Außenbogen abgeflacht werden. Beim Biegen derartiger beiderseits ungleich hoher Rippen wird das vom Coil abgewickelte Band um so mehr gekrümmt, je größer dieser Höhenunterschied ist. Derartig in ihrer Ebene gebogene Bänder bieten gegen in Blechebene radial gerichtete Druck-, bzw. Knickbeanspruchungen eine vorzügliche Versteifung, die im Vergleich zu in runde

Abb. 48. Sickenversteifung durch Faltung an einer Kabeltrommel nach Abb. 49-I.

Blechscheiben eingeprägte Sicken erstens billiger ist und zweitens auch bei hohem Rippenprofil keine bemerkenswerte Wandschwächung an den Biegekanten aufweist, wie solches bei Prägekanten der Fall ist und wodurch Versprödung und Spannungsrißkorrosion mitunter verursacht werden können. Drittens sind bei derartig die volle Bandbreite durchquerenden Rippen sehr viel größere Profilhöhen und damit ein entsprechend hohes Widerstandsmoment zu erzielen. Eine derartige Ringversteifung an Kabeltrommeln, die im Betrieb weniger axialen, sondern hauptsächlich radial gerichteten Druck- bzw. Knickbeanspruchungen unterworfen sind, zeigt Abb. 48. Die Sickenprofile sind dort scharfkantig ausgeführt, obwohl stärker gerundete Kanten vorgesehen werden könnten. Durch diese nach einwärts zu ansteigende Sickenform wird aus einem normal geradlinigen Band eine vieleckige, beinahe kreisrunde Ringscheibe erzeugt. Dieses Innenfaltverfahren ist zur Rippenrohrherstellung auf Automaten bereits seit Jahrzehnten bekannt. Dabei wird das Band in seiner Ebene senkrecht zur Rohrachse um das Rohr schraubig gewickelt. Zu diesem Zweck wird das Band an seiner dem Rohr zugekehrten Seite derart gefaltet, daß die Falten nach außen abfallend am Rand vollständig verschwinden. Der Konstrukteur wird die Flächengleichheit und beidseitige Längengleichheit beachten müssen, will er ein Band gegebener Breite b oder $0{,}5\,(d_2-d_1)$ in eine rippenversteifte Ringscheibe des Innendurchmessers d_1 und Außendurchmessers d_2 verwandeln. Dazu dienen folgende beiden Rechnungsbeispiele:

Beispiel 3. Für die Kabeltrommel in Abb. 48 betrage die Bandbreite b 1000 mm, der Innendurchmesser d_1 1000 mm und der Außendurchmesser d_2 2000 mm. Das innere (A–B) und das äußere (C–D) dreieckige Rippenprofil mit darunter befindlicher Draufsicht ist in Abb. 49

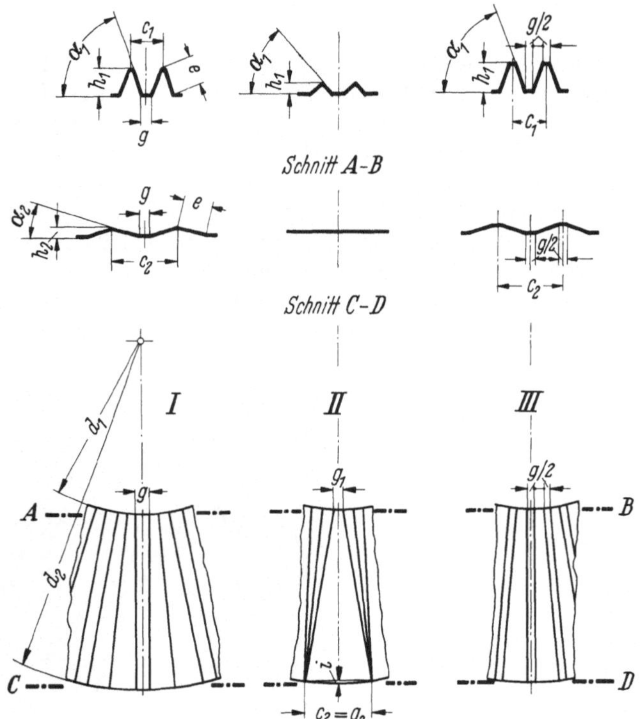

Abb. 49. Innenprofil A–A und Außenprofil B–B von Rippenscheiben.

links zu I angegeben. Ferner werden als gegeben angenommen der Rippenflankenwinkel α_1 am Innendurchmesser d_1, die Flankenbreite $e = 80$ mm und die auf den Umfang gleichmäßig verteilte Anzahl der Rippen $n = 32$. Gesucht werden die Rippenabstände c_1 und c_2, die Rippenhöhen h_1 und h_2, der Rippenwinkel des Außenprofils α_2 und die innen und außen gleichbleibende Gurtbreite g.

$$h_1 = e \sin\alpha_1 = 75{,}2 \text{ mm,}$$
$$c_1 = d_1 \cdot \pi/n = 98{,}2 \text{ mm,}$$
$$c_2 = d_2 \cdot \pi/n = 196{,}4 \text{ mm,}$$
$$g = c_1 - 2e\cos\alpha_1 = 98{,}2 - 54{,}7 = 43{,}5 \text{ mm,}$$
$$\cos\alpha_2 = 0{,}5\,(c_2 - g)/e = 0.955,$$
$$\alpha_2 = 17° \cdot 10',$$
$$h_2 = e \cdot \sin\alpha_2 = 23{,}6 \text{ mm.}$$

Zu untersuchen bliebe noch, ob das Spiel zwischen Gurtbreitenmitte und kreisförmiger Außenrandschiene nicht zu groß ist und eine Schweißung noch gestattet. Das Spiel i entspricht der mittigen Höhe des Kreisabschnittes mit g als Sehne und mit dem Kreisbogen des Halbmessers 0,5 d_2. Es beträgt nur

$$i = 0,5\, d_2 - \sqrt{0,25\,(d_2{}^2 - g^2)} = 0,23 \text{ mm} .$$

Beispiel 4. Zwecks Einfalzens des Außenrandes der Ringscheibe soll diese dort eben gestaltet sein, also überhaupt kein Profil aufweisen. Bleiben wir beim obigen Beispiel mit $b = 1000$ mm, $d_1 = 1000$ mm, $d_2 = 2000$ mm, $n = 32$, $c_1 = 98,2$ und $c_2 = 196,4$ mm, so gilt dann für die äußere Gurtbreite $g_2 = c_2$. Hierbei kann die Gurtbreite nicht mehr gleich breit bleiben, sondern sie verjüngt sich trapezartig nach innen zu bis zur sehr viel schmaleren Gurtbreite g_1. Während bei der hier zu Abb. 49-II gegebenen Darstellung beim ebenen Außenrand (C–D) α_2 und h_2 gleich Null werden, ist die Gurtbreite g_1 am Innenrand so zu wählen, daß eine ausreichende Rippenhöhe h_1 noch vorhanden ist. Diese sollte etwa mit $h_1 = 0,3\, c_1 = 30$ mm sowie der Flankenwinkel α_1 wie oben zu 70° angenommen werden. Hiernach betragen

$$e_1 = h_1/\sin\alpha_1 = 32 \text{ mm},$$
$$g_1 = c_1 - 2\,e_1 = 98 - 64 = 34 \text{ mm}.$$

Der Zwischenraum i ist hier aber sehr viel größer und beträgt 5 mm, so daß dieses Zweiunddreißigeck vom Kreisbogen d_2 immerhin derart abweicht, daß nur die Ecken dieses Ringen innerhalb eines zylindrischen Mantels durch Schweißung mit diesem verbunden werden könnten. Beim Umsicken oder Umfalzen, worauf auf S. 85 noch näher eingegangen wird, sollte der Überstand mindestens $2\,i$, in unserem Fall 10 mm betragen.

In Abb. 49 ist das erste Beispiel zu I, das zweite zu II bildlich erläutert. Schon auf den ersten Blick hin erscheint das Widerstandsmoment der Scheibe I wesentlich größer als das der Scheibe II, bei welcher $n\,(g + 2\,e - c_2) = 227$ mm Bandlänge bei einer Gesamtbandlänge zu I von 6512 mm, – das wären 3,5% Bandwerkstoff, – eingespart würden. Die Bauweise II ist also nur dort anzuwenden, wo unbedingt ein ebener unverrippter Außenrand gefordert wird. Eine Vergrößerung von h_1 und α_1 ist bei geringerer Eckenzahl n möglich, wodurch die Scheibe eckiger wird und noch mehr von einem Kreis abweicht. In den meisten Fällen nützt eine Stabilitätserhöhung am Innendurchmesser solcher Scheiben wenig, wenn der äußerste Randbereich eben, d. h. unverrippt gestaltet werden soll. Somit ist die gerippte Ringscheibe I der Scheibe II in bezug auf Stabilität weit überlegen. Sie könnte nach den Empfehlungen von *Schachtel* zu Abb. 4 noch weiter verbessert werden, würde die Untergurtbreite g zu I halbiert und dafür gemäß Bauweise III außer einem Untergurt der Breite von 0,5 g ein Obergurt gleicher Breite von 0,5 g zusätzlich vorgesehen. Es bestünde dann kein Dreiecksprofil, sondern ein trapezförmiges Hutprofil.

4.5 Räumlich angeordnete Sickenversteifungen

Im allgemeinen gilt für alle sickenversteifte Blechkonstruktionen, daß die Stabilität erhöht wird, wenn die Sicken über die Kanten hinweg verlaufen, als wenn die einzuprägenden Sicken allein auf die ebenen Bereiche beschränkt bleiben. Natürlich bedarf eine solche Stabilitätserweiterung meist zusätzlicher Werkzeuge und Arbeitsgänge und ist daher mit höheren Herstellkosten verbunden. Da aber hierdurch zumeist an Material und an Gewicht eingespart wird, ist ein solcher Mehraufwand häufig wirtschaftlich vertretbar. Dies gilt insbesondere für Fahrzeugaufbauten sowie alle Teile einer Fahrzeugkonstruktion und Fahrzeugausrüstung, für Transportbehälter und -geräte, sowie solche Gegenstände, die oft getragen und gehoben werden müssen wie beispielsweise Baurüstungsträger und Verschalungsmaterial, das immer wieder ein- und ausgebaut werden muß. Dafür werden im folgenden einige Beispiele gebracht.

Zunächst seien zu Abb. 50 einige Versteifungsmöglichkeiten mittels einfacher gleichbreit einzuprägender Sicken an einem ⌐-förmig gebogenen Abstandssteg

erläutert, wie er häufig auf Blechböden als Träger für einen zweiten darüber liegenden Boden in den verschiedensten Geräten verwendet wird. Ein ungeprägter Steg
nach Abb. 50-I dürfte bei zu großer Last etwa in seiner hier strichpunktiert angedeuteten Mittellinie $u–u$ seitlich ausknicken. Bei der in Abb. 50 und 52 gegebenen
Darstellung sei angenommen, daß die Außenflächen der waagerechten Schenkel
durch Punkten, Kleben oder Löten mit dem oberen und mit dem unteren Bodenblech fest verbunden sind. Weiterhin zeigen diese Bilder scharfkantig ausgebildete
Sicken. Dies geschieht hier zur besseren Veranschaulichung. Eine derart steil-
wandige, scharfkantige Prägung findet sich in der Praxis nur bei sehr dünnen
Blechen unter 0,6 mm Dicke. Je dicker das Blech ist, um so gerundeter und flach-
schräger fallen die eingeprägten Sickenquerschnitte aus.

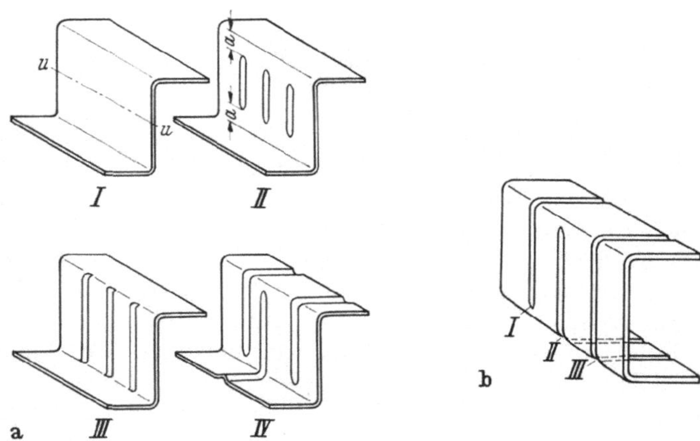

Abb. 50. Verrippung des Abstandsteges an einem ⌐-förmigen (a) und an einem ⌴-förmigen Profil (b).

Bereits eine Ausführung nach Abb. 50a-II bietet gegenüber Knickbeanspruchungen mehr Widerstand als der ungeprägte Steg. Dabei sollte der Randabstand
a der Sicken von den Biegekanten so gering wie möglich gehalten werden. Doch
gibt es Oberflächenauftragverfahren, wozu auch das Emaillieren gehört, wo die
Einhaltung eines Randabstandes a zur Erhaltung der Auftragschicht zu empfehlen
ist und sich besser bewährt als eine bis zur Biegekante oder über diese hinweg geführte Sicke nach Abb. 50a-III oder IV. In Abb. 50a-III erstreckt sich die Sicke
über die gesamte Steghöhe, und in Abb. 50a-IV, der in bezug auf Steifigkeitsverhalten günstigsten Lösung, wechseln die im oberen Schenkel nach unten und im
Steg nach rechts getieften Sicken mit den im unteren Schenkel geprägten und im
Steg nach links getieften Sicken einander ab. In Abb. 50b ist diese zuletzt beschriebene Art der Versteifung an einem ⌴-Profil dargestellt. Wie wichtig eine
solche um die Kante herumgeführte Sickenversteifung ist, erläutert Abb. 51. An
diesem Transportwagen mit herumgeführten endlosen Sicken erwies es sich, daß
bei Überladung Stirn- und Seitenwände sich nach außen wölbten. Diese unerwünschte Verformung wurde durch das Einprägen zusätzlicher kurzer Sicken-
bögen in den Ecken zwischen den endlos umlaufenden Sicken, die nur im oberen
Teil durch eine abklappbare Ladeöffnung unterbrochen wird, völlig vermieden.
Diese gute Versteifung ist nicht nur auf Sicken gleichbleibender Breite beschränkt.
Sie läßt sich auch auf andere Sickenformen anwenden, wofür Abb. 52 ein Beispiel
für ein ⌐- und ein ⌴-Profil darstellt. Zu beachten ist hierbei, daß das ⌐-Profil

leichter und billiger herzustellen ist als das ⊔-Profil. Für eine Sickenprägung nach Abb. 52 rechts sind erstens zwei Arbeitsgänge und zweitens Sonderwerkzeuge zur Aufnahme des ⊔-förmig vorgebogenen Profils zwecks Einprägen der Sicken notwendig. Drittens ist die Sickenlänge auf dem Steg beim Prägen unter Pressen oder Gesenkbiegepressen von der Schenkellänge abhängig und wird durch diese be-

Abb. 51. Eckenversteifung an einem Leichtmetall-Transportwagen (Bauart Zarges).

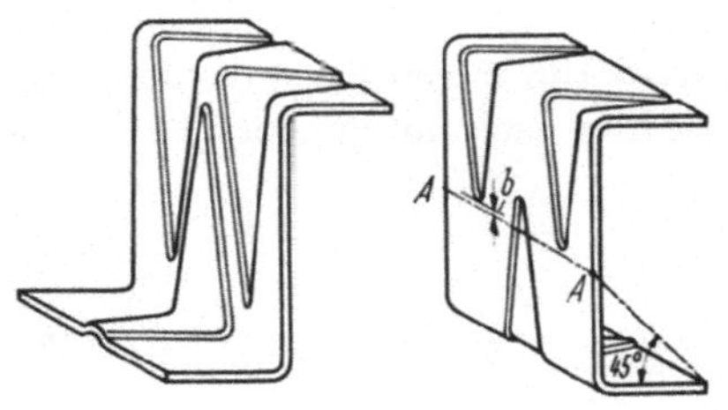

Abb. 52. Ungleich breite Versteifungssicken an einem ⌐- und an einem ⊔-förmigen Profil.

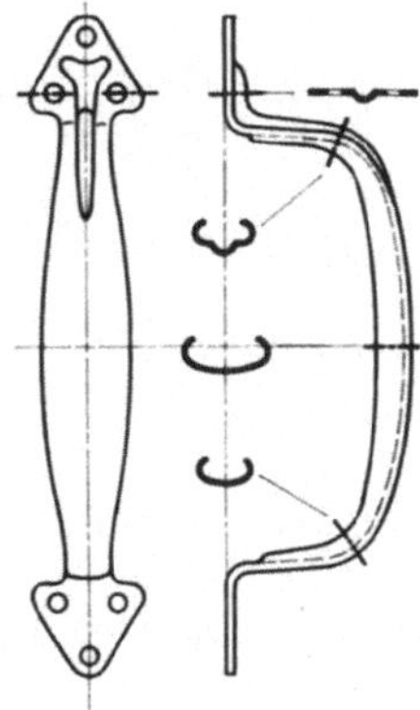

Abb. 53. Handgriff.

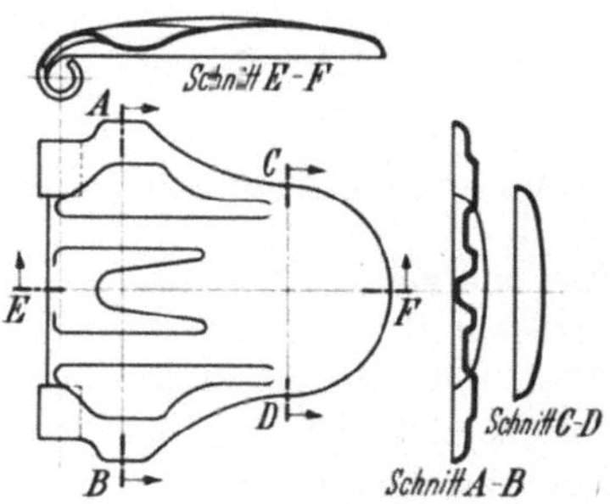

Abb. 54. Druckbügel eines Lochers.

schränkt. Wie in Abb. 52 rechts dargestellt, ist vom Schenkelende unter 45° ein Strahl mit der Stegaußenkante in Punkt A zum Schnitt zu bringen, der die parallel zur Biegekante liegende Grenzlinie A–A bestimmt. Die von der Gegenseite herabgeführte Sicke sollte jedoch nicht an der Grenzlinie, sondern in einem Mindestabstand b von 5 mm davor enden. Beim ⌐-Profil, das in einem einzigen Arbeitsgang gebogen und geprägt werden kann und keiner unterschnittenen Werkzeugaufnahme bedarf, können die Versteifungssicken bis über die gesamte Steglänge geprägt werden, wie dies in Abb. 52 links dargestellt ist. Denn hier stört kein einspringender Schenkel den Stempel beim Umlegen des anderen Schenkels und beim Einprägen der Sicken. Daher sollte der Konstrukteur den ⌐-Steg gegenüber dem ⊔-Steg vorziehen.

An einigen einfachen Griffelementen sei die Anordnung einzuprägender Sicken erläutert. Abbildung 53 zeigt ein einfaches Beschlagteil, das an jedem Ende mit drei Schrauben befestigt wird. Die nach einwärts umgelegte Bördelung in Verbindung mit der Wölbung des Querschnitts bietet im Griffbereich ausreichenden Widerstand. Hingegen gilt dies nicht für den oberen umgebogenen Lappen. Insofern gewährleistet die unten dargestellte Ausbildung mit einer bereits im Griffbereich beginnenden sich über den Lappen verzweigenden Sicke eine hinreichende Versteifung, wobei der Raum um die drei Bohrungen für Niet- oder Schraubenköpfe von der Sickenausprägung nicht beeinträchtigt werden darf.

Abbildung 54 zeigt einen Locherdruckbügel, der in seiner ursprünglich glatten leicht gewölbten Form mit Randbördel bei kräftigem Handdruck über dem Gelenk abgebogen wurde. Dieser Mangel wurde durch Einprägen zweier Außensicken und einer Innensicke behoben, wobei letztere in ihrer Mitte getieft wurde. Dabei dienten die Außensicken zur Einlage der Federdrahtenden. Hier ist bei der inneren ⊔-förmigen Sickenversteifung zu beachten, daß sie außen nach oben, in ihrer Mitte nach unten geprägt ist, was eine zusätzliche Versteifung bringt.

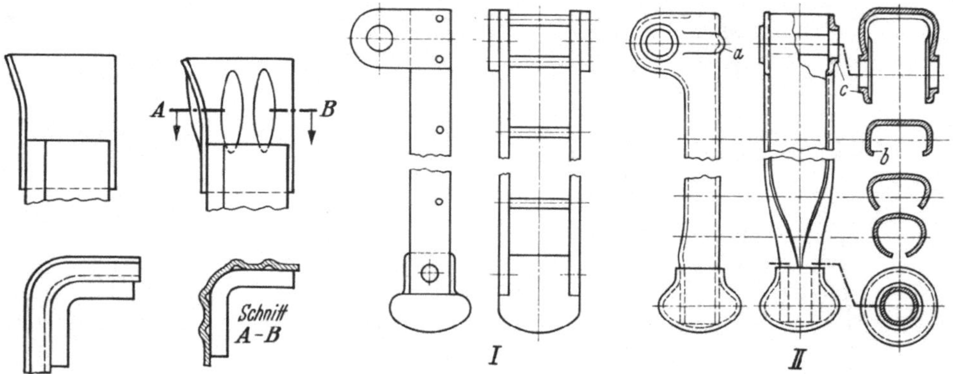

Abb. 55. Eckenhülsenblech für Stapelbehälter.   Abb. 56. Schwenkbare Gerätestütze.

Ein anderes Beispiel für eine von eingeprägten Sicken hervorgerufene Umformerleichterung ist die Eckenhülse an Stapelbehältern nach Abb. 55. Diese Behälter bestehen zumeist aus oben offenen Kästen mit ebenen Bodenblechen und Wellblechseiten. Die senkrechten Eckkanten sind außen von kräftigen Winkelprofilen umgeben, die nach unten verlängert als Kastenfuß dienen und an ihrem oberen Ende den Kastenfuß des darüber abgestellten Stapelbehälters abstützen. Damit beim Transport solcher Stapelbehälter mittels Kran oder Gabelstapler der darüber zu setzende Behälter richtig aufsitzt, sind diese Winkelprofilstäbe oben mit Blechen umgeben, die sich nach oben und nach außen erweitern, wie dies in Abb. 55 links dargestellt ist. Werden gemäß der rechten Ausführung elliptische Sicken eingeprägt, dann wird der Widerstand gegen seitlich auftretende Stöße erhöht. Außerdem lassen sich diese Bleche in einem einzigen Arbeitsgang leichter umformen und prägen als ohne derartig eingeprägte Sicken. Für Stapelbehälter mit einer Bodenfläche bis zu 700 × 1000 mm genügen hierzu 4 mm dicke Stahlbleche, die sich noch kalt prägen lassen. Für größere Behälter sind im allgemeinen dickere Bleche erforderlich, die warm umgeformt werden müssen.

Im Leichtbau ist neben der Sicke der Randbördel ein wichtiges Versteifungselement. Bei zahlreichen Blechkonstruktionen wird mittels eingeprägter Sicken

und umgelegter Randbördel eine gute Versteifung erreicht. Abb. 56 zeigt zwei
Bauweisen für eine Gerätestütze, deren kugeliger Fuß sich auf dem Boden drehen
soll und die im außerbetrieblichen Zustand herangeschwenkt das Gerät teilweise
umfaßt und somit beim Tragen und Transport nicht stört. Ursprünglich bestand
nach Abb. 56-I dieses Gerät aus zwei 4 mm dicken durch Abstandstifte verbundenen Stahlbandstäben mit rechteckigem Querschnitt, die oben mit je einer
Schwenklasche und unten mit einem gemeinsamen massiven Fuß verstiftet und
vernietet waren. In der nach Abb. 56-II abgeänderten Ausführung wurden dieser
Fuß durch ein ausgebauchtes Blechziehteil und die Stäbe, Schwenklaschen und
Abstandstifte durch ein einziges umgeformtes Blechteil aus 1 mm dickem Tiefziehstahlblech ersetzt. An seinem unteren Ende ist dieses geprägte Stahlblech in
den Fuß eingeschoben und mit ihm an dessen oberem Rand verschweißt. Dort ist
das Blechteil rohrförmig geschlossen. Auf seine übrige Länge ist es $\sqcup$-förmig mit
kurz eingebogenen Rändern b profiliert und an seiner oberen Auskragung zur Versteifung mit einer Sicke a versehen. Die Blechdurchzüge c gewährleisten ein genügend bemessenes Lager für den Gelenkbolzen am Gerät. Im Hinblick auf die
hohen Werkzeugkosten ist Ausführung II nur bei großer Herstellmenge wirtschaftlicher als Ausführung I. Jedoch wirkt die Ausführung II gefälliger, schmiegt
sich besser an das zu stützende Gerät an und ist bei gleichem Widerstand gegen
Biegung und Knickung um 1,1 kg leichter. Letztgenannter Vorteil ist für ein trag-
bares Gerät von entscheidender Bedeutung.

4.6 Sickenversteifte Blechemballagen

Pulverförmige und flüssige Stoffe werden in großem Umfange in Blechfässern
versandt. In den meisten Fällen sind es Einwegbehälter, da ein Rücktransport des
Leergutes unwirtschaftlich ist und dem Empfänger Umstände bereitet. Diese
Fässer bestehen aus Boden, Deckel und Mantel, der auch als Zarge und bei kleinen
Behältern als Rumpf bezeichnet wird. Zur Versteifung des Mantels oder der Zarge
durch Sicken bestehen verschiedene Formen, von denen die gebräuchlichsten in

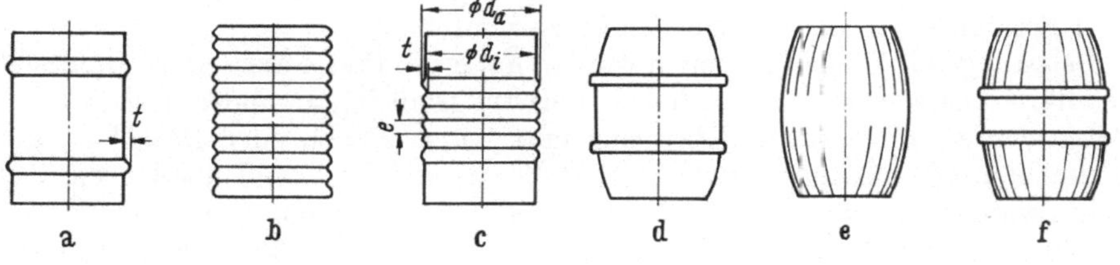

Abb. 57. Faßzargen.

Abb. 57 erläutert werden. Dabei ist zwischen den in ihrer Herstellung billigeren
(a, b, c) und den bauchigen (d, e, f) Zargenformen zu unterscheiden. Abgesehen
von der gerippten bauchigen Faßform (Abb. 57e und Abb. 60) mit eingeprägten
Längssicken dienen der Versteifung Umfangssicken, wobei auch kombinierte
Formen ($f = d + e$) anzutreffen sind. Weniger zu Zwecken der Stabilität, sondern mehr aus Gründen einer leichteren Handhabung während des Transportes,
d. h. zum Rollen von Fässern größeren Durchmessers sind zwei nach außen vorstehende Umfangssicken (a, d, f) vorgesehen, die meist mittels dafür entwickelter
Sondermaschinen eingewalzt werden. Ein weiter Abstand dieser Sicken (a) bietet
Sicherheit gegen unerwünschtes Kippen und Abweichen vom geradlinigen Roll-

weg, während ein enger Abstand (*f*) das Wenden und Drehen während des rollenden Transportes erleichtert. Derartige Rollfässer sollten mindestens 1 mm Blechdicke aufweisen. Zu den billigen Blechemballagen zählen die wesentlich dünneren sogenannten Wellblechtrommeln, deren Zarge durchgehend (*b*) oder nur im mittigen Bereich (*c*) gesickt wird, da Deckel und Boden dem Faßmantel an dessen Enden bereits genügend Halt verleihen. Auf die Verbindung von Deckel und Boden mit der Faßzarge durch Versicken wird auf S. 87 zu Abb. 92 sowie durch Falzen auf S. 85 zu Tab. 4 noch hingewiesen. In den folgenden Ausführungen sei zunächst auf die Stabilitätsuntersuchungen von *Spangenberg* zur mittig gesickten Wellblechtrommel (*c*) und von *Schmalenbach* zum gerippten Bauchfaß (*e*) kurz eingegangen[33].

4.61 Wellblechtrommeln. *Spangenberg* verglich zwei Arten von Wellblechtrommeln nach Abb. 57*c* für 60 l Inhalt, 400 mm Durchmesser und 550 mm Höhe in bezug auf deren Stabilitätsverhalten. Boden und Deckel waren 0,5 mm dick. Die Deckel dieser stapelfähigen Behälter werden mittels Spannring befestigt. Der Mantel ist 100 mm ab Deckel- und Bodenrand ungesickt und im mittigen zwischenliegenden Bereich mittels gleichgroßer Umfangssicken versteift. Der Unterschied zwischen beiden Wellblechtrommelarten besteht lediglich darin, daß bei Typ A der Mantel 0,5 mm, bei Typ B 0,4 mm dick war, und daß im mittigen Bereich bei Typ A 11 Sicken in 30 mm Mittenabstand bei 6 mm Sickentiefe, bei Typ B 21 Sicken in 15 mm Mittenabstand voneinander und 2,5 mm Tiefe eingewalzt waren. Auf Grund der Lagerungsbedingungen und der an Wellblechtrommeln beobachteten Schäden sind für die Haltbarkeit derartiger Trommeln in erster Linie Axialbeanspruchungen maßgebend. Nimmt man ferner an, daß drei übereinander gestapelte Trommeln durch Erschütterungen etwas angehoben werden, so wird der Bodenrand der untersten Trommel am höchsten beansprucht. Der ungünstigste Fall würde auftreten, wenn gemäß Belastungsfall I die Trommeln punktförmig aufsetzen. Um drei übereinander gestapelte Trommeln zu belasten, wurde eine besondere Preßvorrichtung mit Kraftmeßgeräten erstellt, da Materialprüfmaschinen üblicher Bauart nicht die dafür notwendige lichte Höhe von 1700 mm aufweisen. Für die Spannungsermittelung aufgrund der im Reißlackversuch entstandenen Dehnlinien benutzte *Spangenberg* das auf S. 8 bereits beschriebene Feindehnmeßgerät. Die vier verschiedenen Belastungsfälle I–IV mit ihren Ergebnissen seien im folgenden kurz erläutert.

Belastungsfall I: Die Trommeln wurden unter die Presse axial, d. h. senkrecht gestellt. An einigen wurde der Boden (Belastungsfall I[a]), an anderen der Deckel (Belastungsfall I[b]) belastet. Über eine mittig über Boden oder Deckel gelegte 80 mm breite Stahlschiene wurde die Preßkraft auf den Rand übertragen. Zunächst wurde nur eine Stelle des Randes belastet, es bestand also Einpunktlast. Sowohl bei einzelnen als auch bei übereinander gestapelten Trommeln ergab die einpunktförmige Krafteinleitung die Überlegenheit der Ausführungsform *A*, was wohl auf die um 0,1 mm größere Wanddicke zurückzuführen ist, die bei Biegung quadratisch in das Widerstandsmoment eingeht.

Belastungsfall II: Der Versuch wurde wie zu I beschrieben nur mit dem Unterschied durchgeführt, daß die überlegte Stahlschiene mittig belastet wurde. Es bestand daher Zweipunktlast, da die Prüflast an zwei gegenüberliegenden Stellen des Randes angriff. Auch hier wurde das gleiche Ergebnis wie zu Belastungsfall beobachtet.

---

[33] *Spangenberg, D.:* Festigkeitsuntersuchungen an Wellblechtrommeln mit unterschiedlichen Wandstärken und Sickenformen. DFBO-Mitt. 11 (1960), Nr. 19/20, S. 238–246. – *Schmalenbach K.:* Sickenprobleme in der Emballagenindustrie. DFBO-Mitt. 9 (1958). Nr. 15. S. 165–173.

Belastungsfall III: Ebenso wie bei Belastungsfall I und II wurden die Trommeln senkrecht aufgestellt und axial belastet. Jedoch wurde diesmal die Preßkraft nicht über eine 80 mm breite Schiene, sondern über einen Flacheisenring auf den Deckelrand übertragen. Während bei punktförmiger Belastung die Ausführungsform B der Form A klar unterlegen war, zeigte bei der hier vorliegenden Flächenbelastung die Form B ein günstigeres Stabilitätsverhalten. Wahrscheinlich hängt dies mit der Kraftumleitung über dem Deckelrand zusammen. Die Kräfte wurden auf den Trommelmantel über den hochgezogenen Deckelrand übertragen, so daß auf die Mantelsicke eine Seitenkomponente der Kraft wirkte. Bei Punktlast konnte diese Seitenkomponente sich stärker auswirken als bei Flächenlast und hatte bei der Trommelform B infolge der geringen Wanddicke ein früheres Ausbeulen zur Folge. Hingegen erwies sich bei Flächenlast das flachere Profil der Sickenform B günstiger.

Belastungsfall IV: Schließlich wurden die Trommeln waagerecht auf den Steg und zwischen die Schenkel eines weiten liegenden [-Profiles eingelegt und von oben über eine dicke aufgelegte Stahlplatte mittig radial belastet. Wie zu erwarten, zeigte sich hierbei die Ausführungsform A gegenüber Form B überlegen, da abgesehen von der größeren Wanddicke die tieferen Sicken eine höhere Steifigkeit und Stabilität aufweisen als die flach profilierten.

Es wurden auch die Federwerte und die Verformungswege bei Fließbeginn für einzelne und gestapelte Trommeln der Ausführungsformen A und B zu den Belastungsfällen I–IV ermittelt. Für die Belastungsfälle I–III wurde festgestellt, daß die Verformungswege im Augenblick des Ausknickens bei der Trommelform A durchweg größer sind. Bildet man als Kennwert für die Federung das Verhältnis Kraft/Weg, so zeigt sich, daß bei den axialen Belastungsfällen I–III dieser Wert bei der Form B größer als bei Form A war. Hieraus kann daher der Schluß gezogen werden, daß bei Axialbelastung, die für mehrfach übereinander gestapelte Trommeln gemäß Belastungsfall III wohl als die größte in der Praxis vorkommende Belastung mit Ausnahme von Stürzen und Transportunfällen gilt, die Trommelform B sich im Vergleich zu A steifer verhält. Unter dieser Voraussetzung, daß nämlich die Axialbeanspruchungen für eine Trommel maßgebend sind, darf die etwas geringere Stabilität in Radialrichtung für die Trommelausführung B in Kauf genommen werden.

Für den Konstrukteur, der dünnwandige zylindrische Mäntel durch Umfangssicken versteifen will, ergibt sich hieraus die Lehre, daß tiefe Sicken großen Wellenabstandes nur bei Radialbelastung, hingegen keineswegs bei über den Umfang gleichmäßig wirkender Axialbelastung zu empfehlen sind. Hier gewährleisten auf gleicher Mantelfläche verteilt zahlreichere flache Sicken eine günstigere Stabilität und rechtfertigen mitunter die Wahl einer bis um 20% dünneren Blechdicke als wenige tief profilierte Sicken.

Für die Stabilität axial beanspruchter und durchgehend gesickter Bördeltrommeln nach Abb. 57b und c, wie eine solche bei Stapelung und Versand maßgebend ist, ist die Art der Fertigung wichtig. Werden im herkömmlichen Verfahren Sicken gleichzeitig durch Einrollen (Außendurchmesserabhängig) oder durch Ausweiten (Innendurchmesserabhängig) erzeugt, so entstehen überlagerte Zugbeanspruchungen, die erstens eine Spannungsrißkorrosion begünstigen und zweitens infolge Dehnung die Zargenwand schwächen. Wesentlich günstiger ist daher ein nach mehrjähriger Entwicklungsarbeit gefundenes Fertigungsverfahren, wonach eine Sicke nach der anderen gerollt und das hierfür erforderliche Material aus dem Mantel axial beigezogen wird. Infolgedessen entstehen keine lokalen Blechschwächungen an den zugbeanspruchten Umfangsbereichen, und ein optimales

Verhältnis zwischen Axial- und Radialstabilität ist gewährleistet. Beim 55 US-Gall.-Faß nach API entsprechend 216,5 l Inhalt und 571,5 mm Innendurchmesser bringt dies eine Einsparung von 9 kg oder 40% des Eigengewichtes, da anstelle von 1,25 mm ein 0,64 mm dickes Stahlblech verwendet werden kann. Abb. 58 zeigt die von oben nach unten stufenweise einknickenden Sicken eines solchen Fasses nach einem axial von oben wirkenden Belastungsversuch. Hierbei wurden Kraft-Weg-Schaubilder nach Abb. 59 am gefüllten (gestrichelte Schaulinie) und am leeren Faß bei 20 mm/min Stauchvorschub aufgenommen.

Die bauchigen Formen nach Abb. 57 a, b und c werden, abgesehen von bestimmten Füllgütern, im Laufe der Zeit wegen ihrer höheren Herstellungskosten einerseits, des geringeren Fassungsvermögens andererseits durch das zylindrische Faß nach Abb. 57 d, e und f verdrängt, dem insbesondere als Einwegpackung die Zukunft gehört. Deshalb beschränkt sich die Normung nur auf diese Faßformen. Nach DIN 6643 wird der Mantel des gefalzten Sickenfasses eines Außendurchmessers $d_a = 595$ mm für 216,5 l Inhalt bei einer Sickentiefe $t = 10,5$ mm aus 1,0 und 1,25 mm, für 57 l Inhalt bei $t = 0,8$ mm aus 0,5 mm dickem Stahlblech gefertigt. Bördeltrommeln nach Abb. 57c eines $d_a = 567$ mm und eines $d_i = 560$ mm sowie einer Sickentiefe $t = 6$ mm werden für 195 bis 220 l Inhalt in Blechdicken von 0,5 und 1,0 mm hergestellt. DIN 6643 umfaßt unter der Bezeichnung Spundbehälter zylindrische Stahlblechfässer mit festem Boden und Füllöffnung. Deckelbehälter mit abnehmbarem Oberboden werden unter DIN 6644 abgehandelt. Zu beiden Normen gehören mehrere Blätter mit Konstruktionseinzelheiten für Zarge, Boden und Deckel.

4.62 Gerippte Bauchfässer. Im allgemeinen komplizieren zusätzlich einzuprägende Versteifungssicken den Umformvorgang. Doch gibt es Fälle, wo sie ihn erleichtern oder die Formgebung gar begünstigen. Das bekannteste Beispiel dafür ist das bauchige dünnwandige Transportfaß. Sein bauchiger Mantel hat in der Mitte den größten und an seinen Enden an Boden und Deckel den kleinsten Durchmesser. An glatten zylindrischen meist rollennahtgeschweißten Faßzargen wird die Bauchform im mittigen Bereich mittels durchgesteckter Formwalze auf Sondermaschinen ausgewalzt, wobei die mittige Mantelfläche durch den Walzdruck unter Wandschwächung vergrößert wird. Hingegen entfällt eine solche Wandschwächung bei der gerippten Faßzarge. Denn während die zylindrische Ausgangsform der glatten Faßzarge dem Durchmesser am Deckel bzw. Boden

Abb. 58. Durchgehend gesicktes Leichtfaß nach einem von oben axial wirkenden Belastungsversuch.

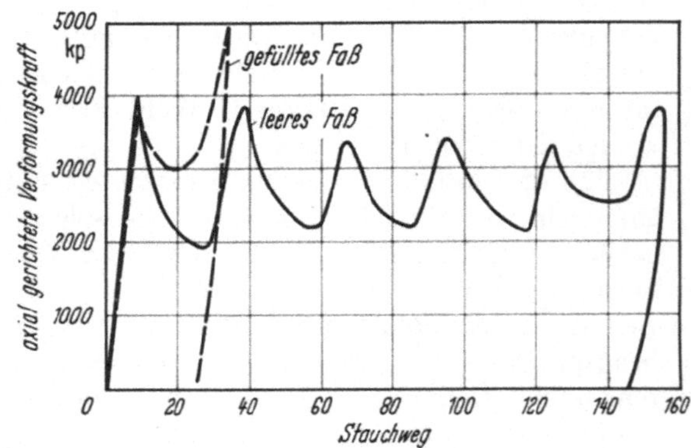

Abb. 59. Verformungskraft beim Stauchversuch an einem leeren und an einem gefüllten durchgehend gesickten Leichtfaß nach Abb. 58.

entspricht und der mittige Bereich aufgeweitet wird, entspricht umgekehrt die zylindrische Ausgangsform für das gerippte Faß dem mittigen Durchmesser der Sollform. Die Durchmesser an den Zargenenden zum Anschluß von Boden und Deckel werden gemäß Abb. 60 im Rollverfahren durch einzuprägende Längssicken verjüngt, deren Tiefe nach den Enden zunimmt. An sich eignen sich derartige Fässer weniger zum Transport feinkörnigen Materials und erst recht nicht für Flüssigkeiten, da, abgesehen von den zur Abdichtung von Boden und Deckel erforderlichen Maßnahmen, Füllgut in den Sickenfurchen zurückbleibt und verlorengeht. Aber rein festigkeitsmäßig ist dies eine durchaus gute Lösung, da an den Stirnseiten solcher Transportbehälter die stärksten Stoßbeanspruchungen auftreten und die eingeprägten Sicken Widerstand gegen Einknicken bieten.

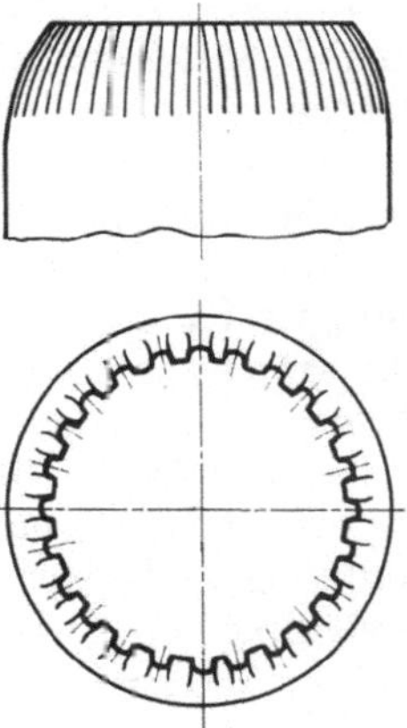

Abb. 60. Sickeneinprägung an den Mantelenden
eines gerippten Blechfasses.

Schmalenbach verglich zwecks Beurteilung des Stabilitätsverhaltens glatte gebauchte Blechfässer mit gerippten Bauchfässern aufgrund von sich unter Last abzeichnenden Dehnungslinien und der hierbei gemessenen Durchbiegung. Über diese Art der Dehnungsmessung und Spannungsermittelung wurde auf S. 8–9 zu Abb. 2 bereits berichtet. Die Endabmessungen beider geprüfter Faßarten waren ziemlich die gleichen. Die Ausgangsdicke für die glatten Faßzargen betrug 0,8, für die gerippten 0,75 mm. Diese Faßmäntel wurden in drei Versuchsreihen I–III verschiedenartig belastet. Während der Versuche zu I lagen die Faßzargen auf ebenem Boden und wurden mittig einer von oben wirkenden Flächenbelastung von 30 kg unterworfen, so daß die Faßmäntel elliptisch verformt wurden. Unter zunehmender Belastung wölbten sich die Seitenpartien immer weiter nach außen aus. Sie unterlagen damit Zugespannungen in Umfangsrichtung, wie dies durch den senkrechten Verlauf der Dehnlinien zur Faßumfangsrichtung zu erkennen war. Durch den abgeknickten Faßrand, der für den folgenden Bördelvorgang zur Verbindung der Faßzarge mit Boden und Deckel benötigt wird, und durch die Wölbung des Fasses in Längsrichtung werden die Dehnlinien zum Rande hin durch überlagerte Schubspannungen beeinflußt. Die gerippte Ausführung wies in Umfangsrichtung eine etwas größere Steifigkeit als der glattwandig gebauchte Faßmantel auf, da die Verformungsellipsen der gerippten Ausführung vor allem in der Nähe des Faßrandes vom Ausgangsdurchmesser nicht so weit abwichen wie beim glatten Faßtyp. Bei Versuchsreihe II wurden die Faßmäntel an ihren Enden innen abgestützt und gleichfalls von oben mit 30 kg belastet. Zu diesem Zweck wurde durch die

Faßzarge ein starkwandiges Rohr gesteckt, das an beiden Enden abgestützt wurde. Über Zargenbauchmitte wurde eine Schlinge gelegt, an der die Prüflast von 30 kg hing. Bezogen auf das Ausbauchmaß bzw. die lichte Weite zwischen durchgestecktem Rohr und innerer Mantelwandmitte betrug an den verschiedenen Meßstellen ab Zargenmitte nach den Auflagern zu die Durchbiegung beim glatten Faßmantel 10,3–9,3% und beim gerippten 6–3,5%. Mit dieser Form der Belastung ist den Verhältnissen der Praxis am meisten Rechnung getragen, wenn man berücksichtigt, daß Deckel und Boden beim vollständigen Faß der Mantelfläche ihren eigentlichen Halt geben, der beim Versuch durch die Rohrabstützung gegeben wurde. In der letzten Versuchsreihe III wurden die Faßmäntel in Richtung ihrer senkrechten Faßachse mit 300 kg belastet und dabei die Dehnlinien ermittelt. An beiden Manteltypen wurde – wie bei einer derartigen Druckbeanspruchung in senkrecht axialer Richtung nicht anders zu erwarten – ein senkrechter Dehnlinienverlauf beobachtet. Im Vergleich beider Typen fiel an der glatten Ausführung ein sehr gleichmäßiger Verlauf der Dehnlinien auf, während die Dehnlinien des gerippten Mantels meist auf die Spitze eines Rippenprofils zuliefen und dann in die Rippentäler abglitten. Diese Erscheinung unterstreicht die besondere Steifigkeit der gerippten Mantelform. Abschließend wurde die Steifigkeit beider Manteltypen durch Belastung über 300 kg hinaus bis zum Bruch geprüft. Auch hierbei erwies sich der gerippte Faßmantel mit 8300 kg Bruchlast gegenüber der glatten Form mit 6000 kg Bruchlast überlegen. Dabei konnte die Bruchlast von 8300 kg die gerippte Mantelzarge nur oberhalb des gerippten Randes einknicken.

4.63 Mittig angehalste Deckel. Bereits zu Abb. 28 obere Reihe wurde die Versteifung ebener kreisförmiger Scheiben durch eingeprägte Sicken in verschiedener Anordnung an Beispielen erläutert. In Ergänzung jener Ausführungen sei auf die Versteifung von unebenen Scheiben wie mittig gelochten Böden, Reduzierstücken und ähnlich geformten Teilen kurz eingegangen. Abb. 61 zeigt vier Bauformen I–IV, letztere mit Draufsicht. An den im Bild links dargestellten Formen I–III ist rechts der Mittellinie die Verformung bei axial wirkender Kraft P_1 gestrichelt angedeutet. In bezug auf Stabilität verhält Form I mit ebenem Boden

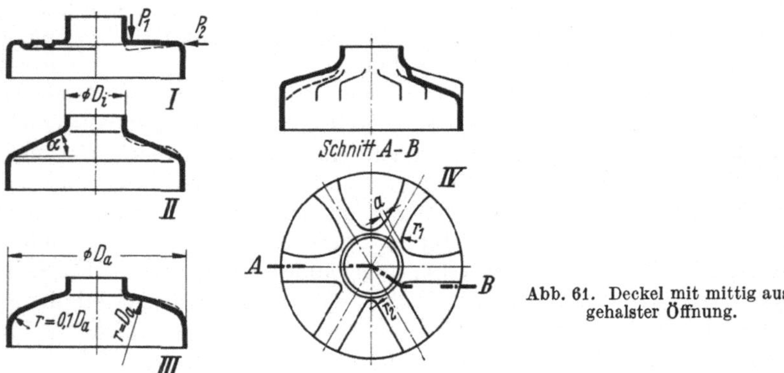

Abb. 61. Deckel mit mittig ausgehalster Öffnung.

sich am ungünstigsten. Gegen axial gerichtete Kräfte helfen hier auch keine radial angeordneten Sicken gemäß Abb. 28a und b oder Umfangssicken, wie hier in Abb. 61-I links der Mittellinie gezeichnet. Nur bei radialem Kraftangriff P_2 vermögen außen liegende Umfangssicken mit zur Mitte abzweigenden Radialsicken nach Abb. 62 die Steifigkeit zu verbessern. Bei axialer Beanspruchung ist jedenfalls eine konische Ausbildung gemäß Abb. 61-II günstiger als die ebene Form. Je größer Winkel α ist, um so besser werden Axialkräfte aufgenommen, womit allerdings wiederum eine Abnahme des Verformungswiderstandes gegenüber radial gerichteten Kräften verbunden ist. Auch hier kann eine Umfangssicke mit nach innen radial abstrahlenden kurzen Sicken gemäß Abb. 62 die Stabilität verbessern. Die Klöpperbodenform III gilt als die in bezug auf Stabilität günstigste Form für Druckbehälter. Der Umfangsdurchmesser D_a ist gleich dem Innenhalbmesser des mittigen Wölbungsbereiches. An dessen Übergang zum zylindrischen Mantel be-

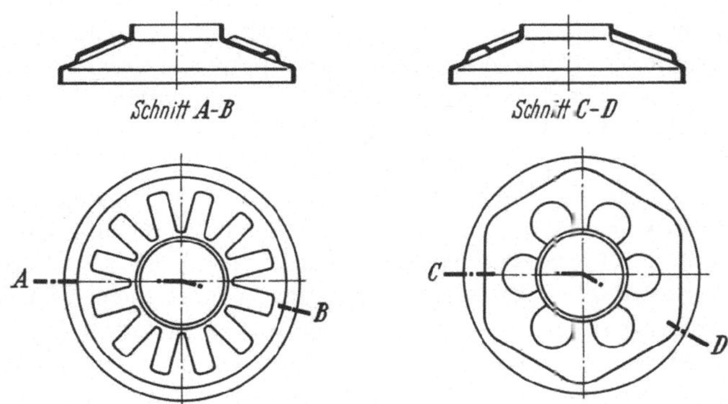

Abb. 62. Von äußerer Umfangssicke radial nach innen abzweigende Sicken an Deckeln mit mittiger ausgehalster Öffnung.

trägt der Krempenhalbmesser $0{,}1\,D_a$. An sich sind tiefgezogene oder gepreßte bzw. gedrückte, kurz alle umgeformten Teile schon durch den Umformvorgang verfestigt und infolgedessen stabiler als nicht umgeformte. Jedoch abgesehen hiervon verhält sich eine gewölbte Form wie eine solche nach III gegenüber von außen wirkenden Kräften nicht stabiler als eine konische Form II. Die sickenversteifte Form IV entspricht etwa Form II. Ihre eingeprägten Sicken dienen nur dann einer wirksamen Versteifung, wenn sie über die Außenkante hinweg verlaufen, wie dies bereits an anderen Beispielen zur räumlichen Sickenanordnung nach Abb. 50–54 erläutert wurde. In Abb. 61 rechts unten sind sechs auf den Umfang gleichmäßig verteilte Radialsicken vorgesehen, wobei diejenigen oberhalb der Mittellinie bogenförmig begrenzt sind, unterhalb derselben verlaufen die erhabenen Rippen geradlinig und gleich breit. Die bogenförmige Gestaltung bringt hier gegenüber der zweitgenannten geradlinig verlaufenden Rippe, die werkzeugmäßig nur wenig billiger sein dürfte, keine Vorteile in bezug auf Verbesserung der Stabilität, da es sich hier nicht um ebenflächige, sondern um räumliche Gebilde handelt. Nur im Hinblick auf eine geringere Rißanfälligkeit des umzuformenden Bleches erscheint der größere Rundungshalbmesser r_1 günstiger als r_2, zumal dieser Innenbogen – hier nun wieder zur Verbesserung der Stabilität – in so geringem Abstand a vom hochgestellten Innenrand als möglich verlaufen sollte.

Eine erhebliche Stabilitätsverbesserung wird, wie hier in Abb. 61-IV rechts oben gezeigt, durch eine Sickeneinprägung bis über die Bodenkante hinweg erreicht. Außerdem dient eine derartige Gestaltung zur Einschränkung einer unerwünschten Rückfederung an unrunden Teilen, worüber in Abschnitt 1.48 zu Abb. 73 noch berichtet wird. Für runde und zylindrische Formen ist dies unwichtig. Im Gegenteil können bis in den Bodenkantenbereich verlaufende eingeprägte Sicken an sehr dünnen Blechteilen, wie beispielsweise an den aus 0,2–0,4 mm dickem Weißblech gefertigten Emballagendeckeln und -Böden, zu ungleichmäßi-

gem Randverzug führen, der deren Einfalzen in den zylindrischen Mantel bzw.
Rumpf erschwert. Deshalb ist die zu Abb. 61-IV empfohlene Konstruktion für
sehr dünne Bleche weniger geeignet als die Versteifungsmuster zu Abb. 62. Hier
wird aus diesem Grund eine außen liegende Umfangssicke vorgesehen, die links
kreisförmig, rechts sechseckig bei großer Eckenrundung gestaltet ist, und von der
aus nach einwärts radial gerichtete Sickenfortsätze bis an den Hals abzweigen.
Diese Fortsätze enden links dicht vor dem Hals, während sie rechts bis in den Hals
reichen. Eine solche sechseckige Form wurde bereits zu Abb. 28f für runde Scheiben empfohlen. Sie erweist sich in bezug auf Stabilität bei gleicher Sickentiefe
sogar etwas günstiger als die in Abb. 62 links dargestellte Ausführung.

Mitunter werden an Deckeln und Böden eingeprägte Sicken bewußt vermieden,
da in den eingeprägten Vertiefungen wertvolle oder gefährdende Füllgutreste
zurückbleiben. Um die Bodenmitte sickenfrei zu halten und aus Festigkeits-
gründen auf eine Sickeneinprägung im äußersten Umfangsbereich nicht ganz
zu verzichten, sei auf bei Berstversuchen erworbene Erfahrungen hingewiesen.
Hierbei zeigte es sich, daß in den Randbereichen von Blechfässern, wo Deckel
oder Boden mit der Faßzarge bzw. dem Mantel durch Falz (s. S. 85!) verbunden sind, sich Boden oder Deckel zu unregelmäßigen faltigen Vielecken verformen, wie beispielsweise zu Achtecken, Neunecken, bis zu Zwölfecken. Je weniger
Ecken hierbei entstehen, um so spitzer und scharfkantiger fallen sie aus und um so
eher treten in den Faltenspitzen Risse ein. Je mehr Ecken sich bilden, um so höher
ist der Berstdruck. Um bei innerer Druckbeanspruchung einen möglichst hohen
Berstdruckwiderstand zu erreichen, wird eine somit erwünschte Bildung zahlreicher Ecken durch vorheriges Einprägen einer großen Anzahl – beispielsweise
24, 30, 36, 40 – von über den Umfang verteilter kurzer radial gerichteter Rand-
sicken unterstützt[34].

4.64 Tiefgezogene Deckel und Böden an Weißblechemballagen. Weißblechemballagen in Blechdicken von 0,28–0,40 mm gehören wohl zu den bekanntesten
und verbreitetsten Verpackungsmitteln, zumal Weißblech sich gut verarbeiten
läßt, korrosionsfest ist und sich vorzüglich zum Bedrucken in leuchtenden Farben
eignet. Bei der Kleinkonserve ist die Versteifung nicht allzu wichtig. Hier kommt
es vielmehr auf die Einhaltung einer engen Blechdickentoleranz an, da der mit
flüssigem Lötmittel versehene Längsfalz bei zu dünnem Blech ungenügend
schließt, hingegen ein zu dickes Blech unter dem Schließdruck des Bodymakers an
den Umschlagkanten des Falzes bricht. In beiden Fällen wird dann der Falz un-
dicht. Die heute weitestgehend automatisierte Dosenfertigung gestattet den Einsatz so dünner Bleche nicht zuletzt aus Preisgründen. Für aus Weißblech gefertigte
größere Dosen und Kanister bildet die Frage nach einer zweckmäßigen Versteifung
schon eher ein Problem. Das übliche Einprägen flacher Versteifungsmuster, deren
Tiefe $h < 2\,s$ in manchen Fällen noch nicht einmal die Blechdicke erreicht, bringt
kaum einen bemerkenswerten Stabilitätsgewinn, wie dies unter Materialprüfmaschinen durchgeführte Versuche des Verfassers bewiesen, und worauf in Abschnitt 9 noch eingegangen wird. Jedenfalls ließ sich beim Vergleich mit gleichgroßen ungeprägten Blechzuschnitten kaum ein Unterschied nachweisen, zumal
dieser weitestens vom Streubereich überdeckt wurde. Hingegen wird bei größerer
Tiefe, wozu allerdings die normale Dosendeckelprägung nicht ausreicht, sondern
schon mittels dreiteiliger Werkzeugsätze bestehend aus Ziehstempel, Blechhalter
und Ziehring tiefgezogen werden muß, eine vorzügliche Stabilität erreicht. Hierzu
zeigen Abb. 63–65 drei Ausführungsbeispiele. Bei den runden Dosen greift die

---

[34] Hersteller: Rheinpfälzische Blechemballagenfabrik Schönung K. G., 673 Neustadt.

Zarge mit ihrem unten abschließenden Rand über den Boden hinweg weiter nach unten, um bei Übereinanderstapelung mit ihrem unteren Rand auf dem nach außen vorstehenden Deckelverschließring der darunter befindlichen Dose aufzusitzen. Während des Tiefzuges des Deckels zu Abb. 63 wird einmal der Rand des runden Zuschnittes zur niedrigen Deckelzarge hochgestellt. Außerdem werden gleichzeitig die mittig liegende Ebene für den später aufzunietenden oder aufzupunktenden Traggriff und die tiefer liegende Ebene für den Verschlußstutzen eingestülpt. Es handelt sich hierbei um ein besonders schwieriges Ziehteil und setzt eine komplizierte Werkzeugkonstruktion voraus, da in zwei Ebenen eingestülpt wird. Insofern ist der Deckel zur Dose nach Abb. 64 leichter herzustellen, zumal hier der Verschluß flacher gestaltet ist und nicht zweifach abgestuft eingestülpt werden braucht. Außer der Verschlußgrube liegt jeder der drei Traggriffe in seiner eigenen abgeschrägten Grube, so daß über der Deckeloberfläche ungehindert gestapelt werden kann und Verschluß sowie Traggriffe in ihren Vertiefungen vor Transportschäden geschützt liegen. Im Gegensatz hierzu ragt der Deckelverschluß am Rechteckkanister in Abb. 65 links über der Deckeloberfläche nach oben. Daher müssen im Hinblick auf eine Stapelung in den Boden zwei runde Gruben, wie im Bild rechts erkennbar, eingepreßt werden. Innerhalb des nach oben stehenden und nach außen durchgesetzten Deckelfalzes findet der nach innen durchgesetzte Bodenfalz des darüber zu stapelnden Kanisters Platz. Die winkelig gestalteten Sicken am Bodenrand zwischen den eingepreßten runden Bodengruben wurden weniger aus Gründen der Stabilität, sondern zur Steuerung eines gleichmäßigen Werkstoffflusses über die Ziehkante, d. h. zur Erleichterung des Tiefziehvorganges vorgesehen. Es sind dies sogenannte innere Bremswulste. Natürlich sind die Werkzeuge für derartige tiefgezogene Deckel und Böden nach Abb. 63–65 sehr viel

Abb. 63. Deckelblech in drei verschieden tiefen Ebenen für oberen Auflagerand, Traggriff und Verschluß.

Abb. 64. Deckelblech mit tiefgezogenen Gruben für Verschluß und aufgenietete Handgriffe.

teurer als für Deckel üblicher flacher Einprägung. Auch dürfte der Anteil an Fehlstücken und der Materialverbrauch höher sein. Dies muß sich im Preis auswirken. Andererseits wird die wesentliche Erhöhung der Stabilität und die Schonung von Verschluß und Traggriffen vom Empfänger einer derartigen Emballage oft dankbar empfunden, insbesondere dann, wenn der Verpackungsinhalt nicht einmalig, sondern gelegentlich nach und nach geleert und der Traggriff auch tatsächlich vom Empfänger dann häufig benutzt wird, wie dies beispielsweise bei Konfitüredosen oder bei Kanistern für Anstrichfarben der Fall ist. Die in Abb. 63–65 dargestellten Weißblechemballagen[35] wurden gelegentlich des am 28. und 29. September 1965

---

[35] Hersteller: Josef Siepe, Köln-Ehrenfeld.

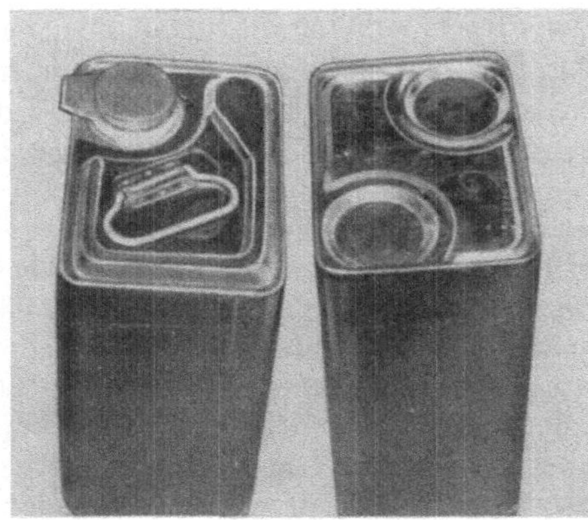

Abb. 65. Rechteckkanister; links: Deckelblech mit tiefgezogenen Gruben für Handgriff und Verschluß, rechts: Bodenblech mit Gruben für den erhöhten Verschluß des darunter zu stapelnden Kanisters.

mit einer Ausstellung verbundenen Verpackungswettbewerbes für Weißblechpackungen in Düsseldorf wegen ihrer vorzüglichen Stabilität und der Schonung von Verschluß und Traggriff mit dem ersten Preis ausgezeichnet.

4.7 Zwecks Faltenbeseitigung eingeprägte Sicken

Unerwünschte Falten bilden sich immer dort, wo sich überflüssiges Material anhäuft. In erster Linie betrifft dies tiefgezogene Blechteile. Gewiß wird durch den Blechhalterdruck einerseits, den Werkstofffluß über die Ziehkante steuernde Bremswulstleisten andererseits, bei vielen Blechteilen eine unerwünschte Faltenbildung verhindert, wobei das Blech meist gestaucht wird und in seiner Dicke zunimmt. Während solches bei zylindrischen und vielen anderen rotationssymmetrischen Formen möglich ist, an Rechteckformen in den Ecken schon Schwierigkeiten mit sich bringt, lassen sich doch an manchen unregelmäßig geformten Ziehteilen derartige Falten nicht beseitigen. Damit dieser überflüssige Blechwerkstoff in Form regellos verzerrt auftretender Falten besser untergebracht wird, kann der Konstrukteur beim Entwurf derartiger Blechteile Falten oder Versteifungssicken schon von vornherein vorsehen oder seine Konstruktion aufgrund der Entstehung unerwünschter Falten entsprechend ändern. Ein Beispiel hierfür wurde bereits bei dem winkelig gebogenen Eckhülsenblech für Stapelbehälter zu Abb. 55 gezeigt, wo die beim Schrägaufweiten des oberen Randes sonst entstehenden Falten infolge deren Ausprägung zu Versteifungssicken entfallen. Die bauchige Form des oben und unten gerippten Faßmantels nach Abb. 60 läßt sich nur durch nach den Rändern zu verlaufende Falten gestalten, deren Zahl, Querschnittprofil und Tiefe im voraus genau berechnet und mittels dafür entwickelter Sondermaschinen geprägt

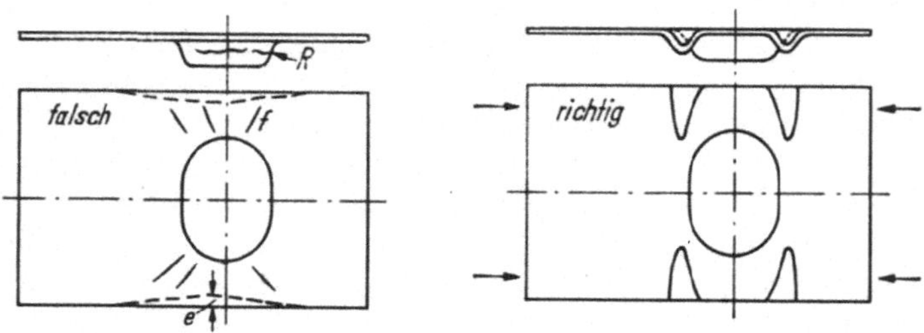

Abb. 66. Faltenverhinderung durch zusätzliches Einprägen seitlicher Sicken.

wird, was gleichzeitig eine willkommene Versteifung bringt. Ebenso ist im Karosseriebau beim Entwurf der Innenbeblechung auf die Unterbringung überflüssigen, Falten schlagenden Blechwerkstoffes zu achten. Hierzu gehören auch Bodenbleche mit Vertiefungen, die zur äußeren Verschalung bzw. zur Abdeckung des Getriebes, des Motors oder anderer Teile des Chassis dienen. Bei derartigen grubenförmigen Vertiefungen, wie sie Abb. 66 links zeigt, besteht die Gefahr einer Rißbildung bei R, da hier das Material aus dem Bereich innerhalb der angezogenen Zarge herausgeholt werden muß. Ein kluger Konstrukteur wird daher solche Vertiefungen so flach wie möglich und den Übergang vom Boden zur oberen Blechtafel schräg und stark gerundet verlaufend ausbilden. Wie im Grundriß dargestellt sind auch hier Falten f meist unvermeidbar. Ebenso wird dort der Tafelrand um das Maß e nach der Mitte zu eingezogen. Das Tiefziehen eines derartig mit einer Mittelgrube versehenen Bodenbleches wird wesentlich erleichtert, wenn – wie im gleichen Bild rechts dargestellt – im Randbereich der Bodentafel vier einspringende nach der Mitte zu flacher und schmaler verlaufende Sicken die Mittelgrube umgeben. Hierdurch wird das Blech im gleichen Umfange von den Seiten in Pfeilrichtung zur Mitte nachgezogen, wie es zum Ziehen der Mittelgrube erforderlich ist. Allerdings muß die Tafel dann etwas länger gehalten werden als das Sollmaß beträgt. Hier helfen die vier nach der Mitte zu ansteigend endenden Sicken zur Verminderung der Fehlstücke infolge Reißens bei R. Bei dem Bodenabdeckblech zu Abb. 67 sind

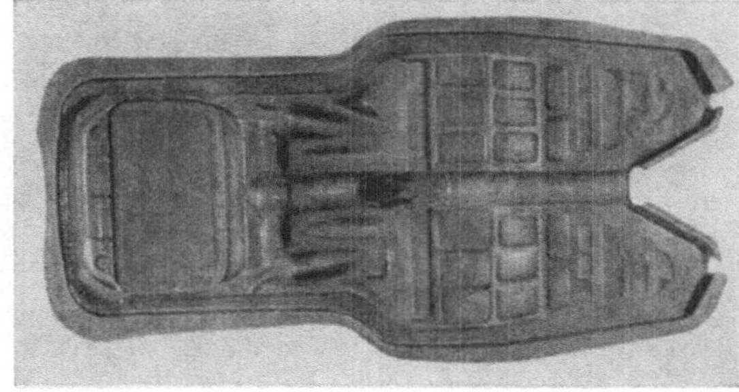

Abb. 67. Zusätzlich eingeprägte Sicken zur Faltenverhinderung in den mittigen Teil eines Karosseriebodenbleches.

parallel zur mittigen Tunneldurchführung, wo sich der Zuschnitt verbreitert, gleichfalls derartige Ausgleichsicken vorgesehen. Überhaupt hilft das zusätzliche Einprägen von Sickenmustern, Firmenzeichen, Buchstaben, Zahlen usw. in vielen Fällen zur Beseitigung von Falten. So wurde an der vorderen Radhaube eines Motorrollers einer unerwünschten Faltenbildung nur durch ein eingeprägtes Firmenzeichen abgeholfen, das in Abänderung seiner normalen Gestalt an den kritischen Stellen besonders tief und breit eingepreßt wurde.

4.8 Einschränkung der Rückfederung durch eingeprägte Sicken

Zumeist treten Rückfederungserscheinungen nur an gebogenen Blechteilen deutlich in Erscheinung[36]. Nur sei an dieser Stelle kurz gesagt, daß eine Rückfederung immer durch Restelastizität bedingt ist, also vom r_{i2}/s-Verhältnis abhängt. Unter r_{i1} wird der innere Biegehalbmesser im Werkzeug, unter r_{i2} der innere Halbmesser nach Rückfederung, d. h. das Sollmaß, und unter s die Blechdicke verstanden. Zwei extreme Beispiele mögen dies erläutern. Aus breitem, 0,5 mm

---

[36] *Oehler/Kaiser:* Schnitt-, Stanz- u. Ziehwerkzeuge. 5. Aufl., Berlin–Heidelberg–New York: Springer 1966, 208–216 Rückfederung, hieraus Abb. 68 entnommen.

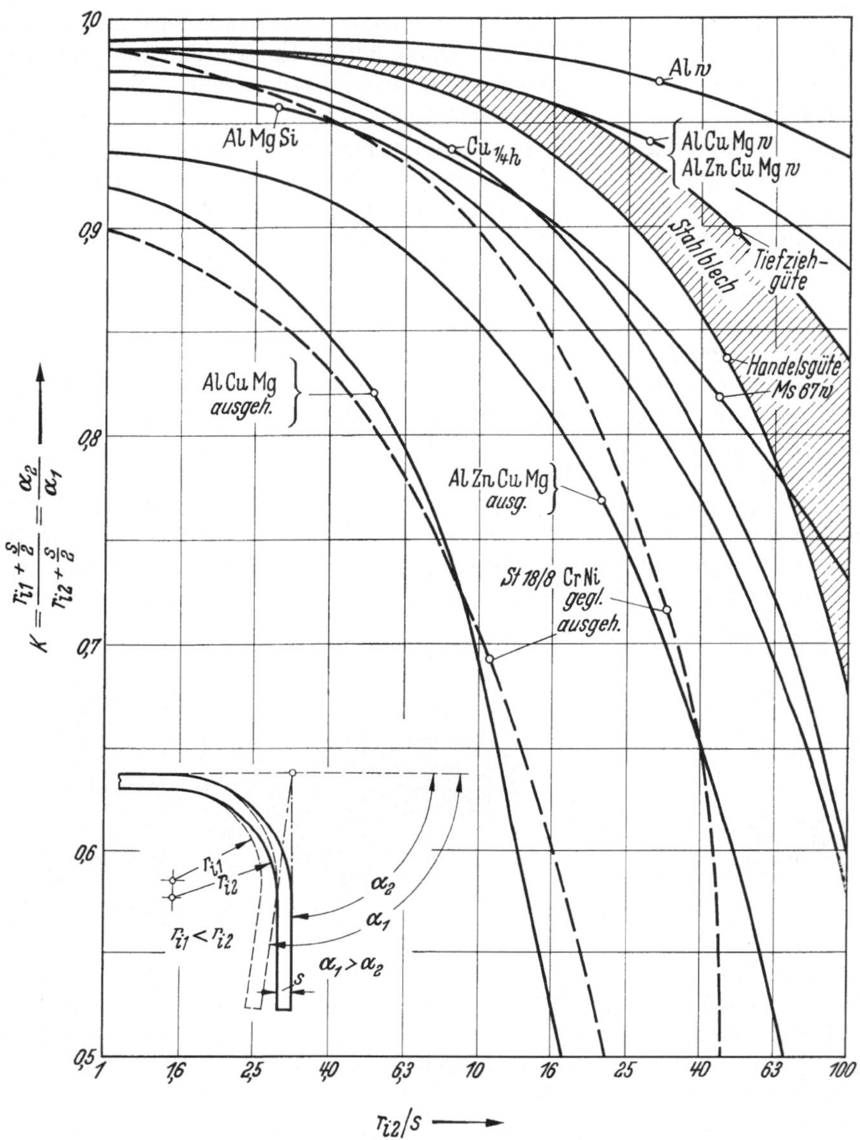

Abb. 68. Rückfederungsdiagramm.

dickem Stahlband sei ein Behältermantel von 1 m Durchmesser zu biegen. Da bei $r_{i2}/s = 500/0,5 = 1000$ die Dehnung nur $0,25/500 = 0,05\%$ beträgt, wird die Streckgrenzdehnung noch nicht erreicht, und die Dehnung liegt im elastischen Bereich. Das Stahlband läßt sich zwar auf 1 m Durchmesser von Hand krümmen, federt aber von selbst in seinen ebenen Ausgangszustand zurück, sobald es losgelassen wird. Im Gegensatz hierzu werde ein 5 mm dickes weiches Stahlblech mit einem Stempel mit dem Halbmesser $r_{i2} = 10$ mm um 90° abgekantet. Hier ist $r_{i2}/s = 2$. Bei einem aus dem Rückfederungsschaubild in Abb. 68 abzulesenden $K = 0,985$ gilt für den Umbiegewinkel am Ende des Biegevorgangs: $\alpha = 90/0,985 = 91,5°$. Hier bleibt der Winkel nach dem Biegen nahezu unverändert. Die Zugabe von 1,5° ist so klein, daß sie in vielen Fällen vernachlässigt werden darf. Das wird schon anders, wenn r_{i2} nicht 10, sondern 100 mm beträgt. Dann sind $r_{i2}/s = 20$, $K = 0,93$ und $\alpha = 90/0,93 = 97°$. Hier muß um 7° überbogen werden.

An Blechziehteilen tritt zwar eine störende Rückfederung seltener auf, ist aber sehr viel unangenehmer als an Biegeteilen, da sie im voraus sich nicht annähernd genau berechnen läßt und ihre Beseitigung zumeist kostspielig und nur durch eine Konstruktionsänderung vermeidbar ist. Meist findet sich eine Rückfederung, wenn Blechziehteile mit einem Länge-Breite-Verhältnis > 2 über der Breite bis zum Rande flach gewölbt sind, d. h. dort ein großes r_{i2}/s aufweisen. Bei sehr großem r_{i2}/s kann solche störende Rückfederung sogar bei einem Länge-Breite-Verhältnis < 2 auftreten.

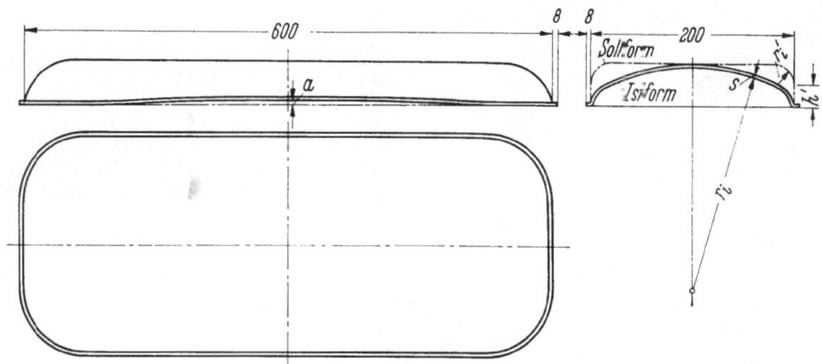

Abb. 69. Wegen eines zu großen bis zum Rand reichenden Verhältnisses r_{i2}/s ungeeignete Konstruktion einer Hohlkörperhälfte aus Stahlblech.

Abbildung 69 zeigt ein 0,6 mm dickes Stahlblech-Ziehteil mit einem Länge-Breite-Verhältnis $600/200 = 3$. Es soll nach Einbau anderer Teile mit einem zweiten gleichförmigen Teil zu einem Hohlkörper automatisch stumpfgeschweißt werden. Der dafür erforderliche Flanschüberstand ist nach dem Beschneiden des fertig gezogenen Teils mit 8 mm ziemlich knapp bemessen. Nach dem Beschneiden zeigte sich in der Mitte der Längsseite eine Randaufwölbung um $a = 3–4$ mm, die eine Verbindung der beiden Hälften auf einem Schweißautomaten ausschließt, soweit nicht zeitaufwendige und daher kostspielige, oft mit Glühoperationen verbundene Richtarbeiten vorausgehen. Hier helfen keine Ziehsicken oder sonstigen Werkstattkniffe, sondern nur eine Konstruktionsänderung. Vom großen, bis zum Rand reichenden r_{i2}/s-Verhältnis ist abzugehen und, wie punktiert angedeutet, ein kleineres r_i'/s bei einer am Rand anschließenden Zargenhöhe h' zu wählen. Werden außerdem der Boden und die ausreichend hohe Zarge mit querverlaufenden Versteifungssicken bis zum Rand versehen (Abb. 70), so ist nichts mehr zu befürchten, und der bis zu 8 mm klaffende Spalt ist verschwunden.

Wenn man aus zweckdienlichen Gründen nicht gern von einem bis zum Rand reichenden hohen r_{i2}/s abgehen will, z. B. bei der Schneeschaufel aus dünnem Kunststoff (Abb. 71), helfen Versteifungssicken. Da zwei solcher Teile nicht zum Hohlkörper vereinigt werden, mag hierbei ein nicht ganz geradlinig verlaufender Rand leichter hingenommen werden. Immerhin dient ein solches Gerät meist zur Schneebeseitigung auf ebenen Böden und sollte eine einigermaßen geradlinige, nicht gewölbte Schürfkante haben.

Als ein auf Rückfederungsspannungen zurückzuführendes Verhalten flach tiefgezogener, rechteckiger Blechtafeln mit niedrigem hochgestelltem Rand, wie sie besonders zur Ummantelung von Herden, Waschmaschinen, Kühlschränken sowie anderen Geräten und Maschinen verwendet werden, gilt das Klappen übereck, im Werkstattjargon auch „Frosch" oder „Schneider" genannt. Böden derartiger Teile (Abb. 72) sind nicht einwandfrei eben. Die eine Diagonale verläuft zwar ziemlich geradlinig, die andere dagegen leicht gekrümmt. Bei Auflage letzterer

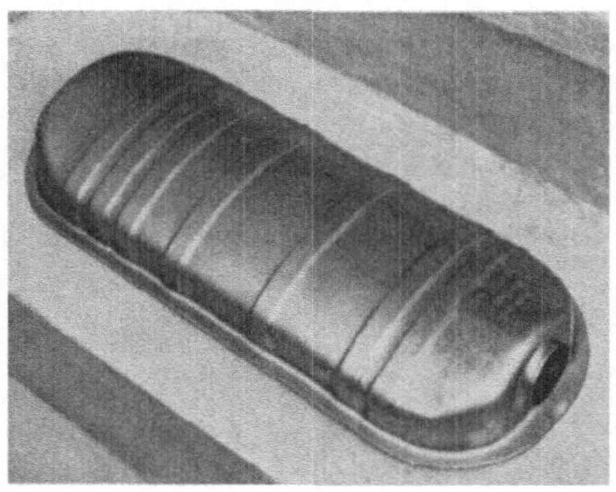

Abb. 70. Sickenversteifte Hohlkörperhälfte mit ausreichend hoher Zarge h'.

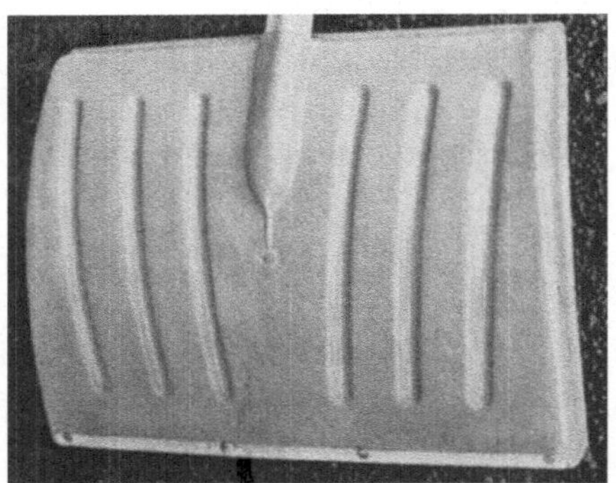

Abb. 71. Schneeschaufel aus Kunststoff.

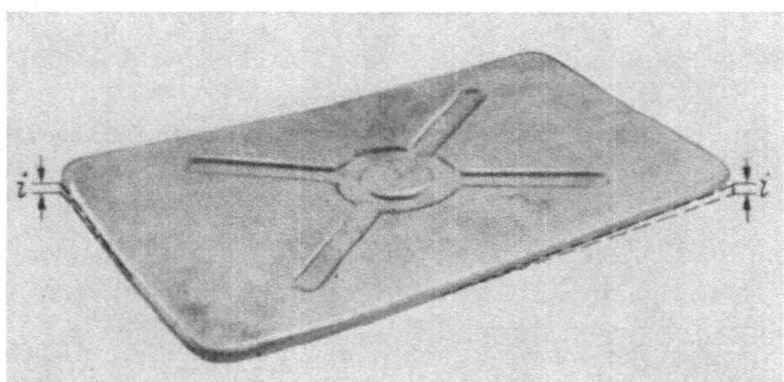

Abb. 72. Aufklappen übereck um die Höhe i an einem flachen tiefgezogenen, rechteckigen Stahlblechboden.

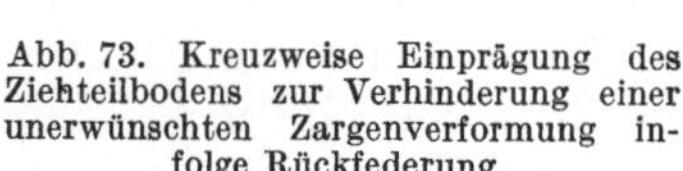

Abb. 73. Kreuzweise Einprägung des Ziehteilbodens zur Verhinderung einer unerwünschten Zargenverformung infolge Rückfederung.

auf Stützpunkten läßt sich die konvex nach oben gekrümmte Diagonale durch leichten Druck in Teilmitte unter knackendem Geräusch nach unten durchdrücken und nimmt eine gegengekrümmte konkave Form an, wobei die Ecken um das Maß i in Abb. 72 nach oben gerichtet sind. Besonders bei dünnen anisotropen Stahlblechen mit walzrichtungsbetonter Gefügestruktur tritt diese Erscheinung häufig auf. Hierzu bedarf es nicht einmal der erwähnten Abstützung, schon beim bloßen Hantieren klappen solche Teile übereck. Während der Montage erweisen sich derartige Unebenheiten als lästig. An emaillierten oder lackierten Teilen kann infolge des Umklappens die Deckschicht beschädigt werden. Fertigungstechnisch ist dem kaum abzuhelfen, bestenfalls mit verbesserter Bremssickenanordnung auf dem Ziehring oder Blechhalter sowie mit äußerst möglicher Herabsetzung der Blechfläche in den Ecken des Zuschnitts. Mehr Abhilfe kann der Konstrukteur schaffen. Je größer der Eckenhalbmesser, je höher der Rand und besonders je dicker das Blech, um so geringer ist die Gefahr eines Klappens übereck. Ferner läßt sich ein Klappen übereck meist völlig vermeiden, indem der Boden leicht konvex nach außen gewölbt wird. In vielen Fällen, z. B. bei Haushaltgeräten, ist das leider aus Formgründen unzulässig. Auch zweckmäßig angeordnete eingeprägte Sicken können einem Klappen übereck begegnen. Freilich dürfen sie nicht, wie in Abb. 72 dargestellt, diagonal zu den Ecken gerichtet verlaufen, da hierdurch das Klappen übereck eher gefördert als verhindert wird. Hier wäre beispielsweise eine ovalförmig umlaufende Sickenanordnung nach Abb. 28p oder eine solche nach Abb. 28-q-r-s günstiger.

Eine Rückfederung ist nicht nur an rechteckigen flachen, sondern auch an den Zargenrändern hoher Rechteckteile mit stark gerundeten Ecken zu beobachten. Abb. 73 zeigt links ein solches tiefgezogenes Blechteil und rechts daneben dieses Teil randbeschnitten sowie mit einer kreuzweisen Bodenprägung versehen, die weniger der Versteifung des Bodens, sondern vielmehr der Einschränkung einer Rückfederung des Zargenrandes dient, damit der hier nicht abgebildete Deckel zu diesem Teil paßt. Wie eingangs dieses Abschnittes am Diagramm zu Abb. 68 erläutert, hängt die Rückfederung weitestgehend vom r_{i2}/s-Verhältnis ab. Sobald der Rand beschnitten ist, wölben sich die Seiten zwischen den Eckenrundungen nach außen, zumal in diesem Fall das r_{i2}/s-Verhältnis an den in Abb. 73 vorn erkennbaren Rundungen groß ist und etwa $30/0{,}5 = 60$ beträgt. Diesem Verhältnis entspricht im Rückfederungsdiagramm zu Abb. 68 für Stahlblech ein $K = 0{,}85$. Betrachtet man die Zarge allein ohne Boden, so würde an diesem 0,5 mm dicken Stahlblech mit einer Vergrößerung des Eckenhalbmessers von 32 mm auf 38 mm infolge Rückfederung gerechnet werden. Natürlich entspricht dieser Wert nicht der tatsächlichen Verformung, da ja es sich hier nicht um ein geschlossenes gebogenes Band, sondern um einen Behälter mit Boden handelt. Immerhin haben die Zargenwandseiten und der obere Zargenrand das Bestreben zur Auswölbung. Um diesem abzuhelfen, dient die zusätzliche kreuzweise Bodeneinprägung nach Abb. 73 rechts. Dabei mag es in diesem Fall mehr um die Einschränkung der Auswölbung in den mittigen Flächenbereichen der Zarge als am Zargenrand gehen, da auch nach dem Beschneiden etwas Rand stehengeblieben ist. Wenn es die Konstruktion gestattet, wäre es noch besser, die kreuzweise eingeprägten Sicken über die Bodenkante und die Zargenseiten hinweg möglichst bis an den Zargenrand fortzusetzen. Auch Umfangssicken, wie an den Behältern zu Abb. 61–65 erläutert, schränken an unrunden Zargenformen eine unerwünscht auftretende Rückfederung weitestgehend ein, bedürfen allerdings zumeist aufwendigerer Werkzeuge und zusätzlicher Stücklöhne.

5. Tiefgezogene Versteifungsrippen in großen flachen Blechteilen

Eine scharfe Trennung zwischen Hohlprägen und Tiefziehen läßt sich schwer ziehen. Im allgemeinen wird unter Tiefziehen eine Kaltumformung von Blechen unter zweifach wirkenden Pressen mittels Ziehstempel, Ziehring und Blechhalter verstanden, wobei der Blechwerkstoff von außen nach innen über die Ziehringkante beigezogen wird. Beim Hohlprägen entfällt der Blechhalter. Es wird kein Werkstoff von außen beigezogen, sondern die mit dem Hohlprägen verbundene

Flächenvergrößerung ergibt sich aus der Dehnung des vom Prägestempel betroffenen Bereiches. Andererseits kennt man blechhalterloses Tiefziehen und für kleine Tiefziehwerkzeuge mit gefedertem Blechhalter können auch einfach wirkende Pressen verwendet werden. Ferner entstehen die im vorausgehenden Abschnitt 4 dargestellten Sickeneinprägungen sehr oft in Tiefziehwerkzeugen unter mehrfach wirkenden Tiefziehpressen. In diesem Abschnitt werden lediglich die großen flachen Blechziehteile behandelt, wie sie beispielsweise für die Innenbeblechung von Karosserien verwendet werden. Zwecks Stabilitätsverbesserung sind sie im mittigen Bereich von Rippen durchzogen. Je tiefer und scharfkantiger derartige Rippenquerschnitte bemessen werden, um so steifer ist das Blechteil, aber um so größer ist auch die Rißgefahr, soweit nicht überhaupt die Rißgrenze erreicht oder gar überschritten wird. Der Konstrukteur muß daher wissen, wie weit er mit der Bemessung gehen darf. Zur Klärung dieser Verhältnisse wurden derartige Stahlblechteile in den Dicken von 0,88 mm und 2,5 mm untersucht, von denen hier nur einige der Meßergebnisse an einer 0,88 mm dicken Karosserie-Rückwand mit den Abmessungen 1300 mm × 1200 mm aus Tiefziehstahlblech RR St 14 05 beschrieben werden, die der Geraden A–B–C nach Abb. 74 ent-

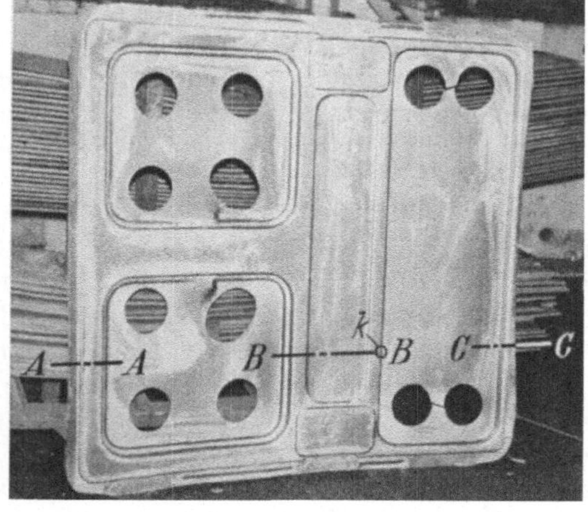

Abb. 74. Karosserierück-
wand.

nommen sind. In Abb. 75 sind drei Meßbereiche A–A, B–B und C–C im einzelnen mit Maßangaben dargestellt. Die kleinen Buchstaben kennzeichnen die Umkehrstellen, zu denen unten die zugehörigen Formänderungs- bzw. Dehnungswerte angegeben sind. Die Dehnungswerte sind hier nicht als logarithmierte Formänderungen, sondern in Prozenten angegeben, wobei ε_a in der Meßrichtung entsprechend der mit A–A–B–B–C–C gekennzeichneten gestrichelten Linie in Abb. 74 und ε_b senkrecht hierzu in Blechebene gemessen wurden. Eine Bezeichnung ε_x und ε_y, die sonst üblich ist, wurde hier absichtlich deshalb vermieden, weil im allgemeinen mit dem Index x die Formänderungsrichtung in Blechebene gegenüber y gekennzeichnet wird. Beim Umformen derart flacher großer Teile ist aber nicht von vornherein zu klären, in welcher Richtung die Hauptformänderung verläuft, wie dies beispielsweise beim zylindrischen Tiefziehen eindeutig erkennbar ist. Daher könnten die Bezeichnungen ε_x und ε_y irreführen. An diesen großflächigen Teilen ließ sich die Blechdicke mit den verfügbaren Meßeinrichtungen nicht ermitteln. Somit schied von vornherein ein Vergleich mit φ_3 bzw. φ_z als der die Blechdicke betreffenden Formänderung aus, und es erschien eine Umrechnung in logarithmierte Formänderungswerte nicht notwendig, zumal schon die ermittelten Dehnungswerte ε_a und ε_b der beiden Ellipsenachsen über die Formänderung genügend Aufschluß geben. Im übrigen wurden entsprechende Auswertungen nach den drei logarithmierten Hauptformänderungen φ_1, φ_2 und φ_3 bereits von *Mäde* und *Deh*[37] durchgeführt. Außer ε_a und ε_b wurden zusätzlich die Werte ε_F als gestrichelte Charakteristik in Abb. 75 zur Kennzeichnung der Flächenvergrößerung eingetragen. Sie

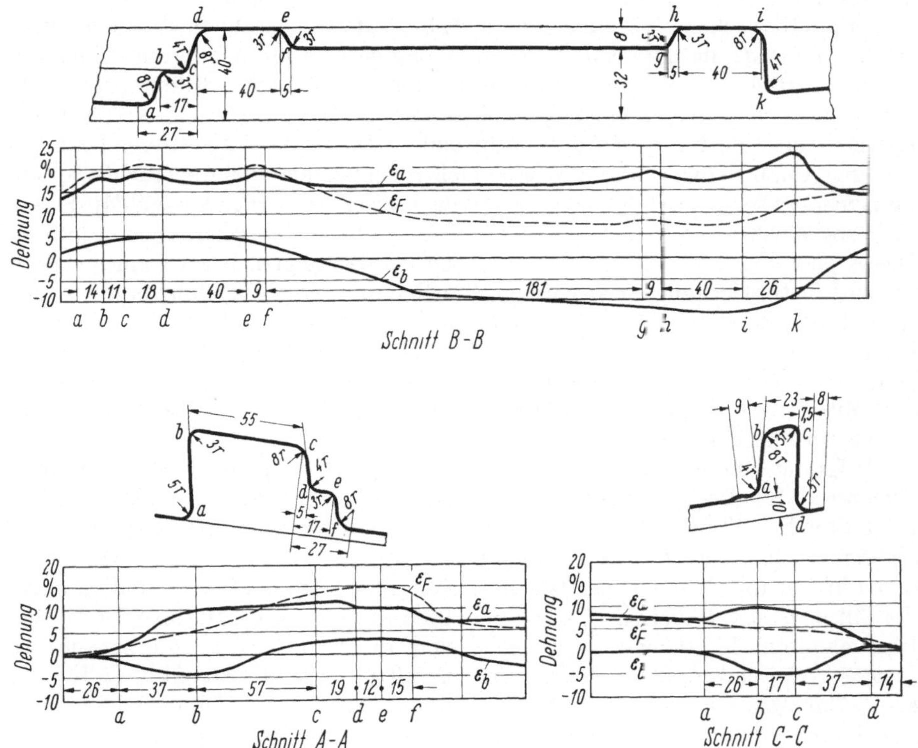

Abb. 75. Die Dehnungen ε_a, ε_b und ε_F an verschiedenen Stellen der Lückwand zu Abb. 74.

lag ausschließlich im positiven Teil der Dehnungsdiagramme, während die ε_b-Werte mitunter die Nullinie unterschritten, was einer Verkürzung des ursprünglichen Kreisdurchmessers entspricht. Gemessen wurden mittels Zirkels eingeritzte Kreise, deren Mittelpunkte auf jener Geraden A–A–B–B–C–C in Abb. 74 lagen. Nur die an dieser einen Geraden durchgeführten Messungen sind hier ausgewertet. Die eingeritzten Kreise lagen so dicht nebeneinander, daß sie sich fast berührten, sich jedoch nicht überschnitten. Als Durchmesser der Kreise wurden anfangs 20, später 10 mm gewählt. An vier aus einer Serie von 200 herausgegriffenen Teilen wurden diese Messungen wiederholt. Dabei zeigte sich ein erheblicher Einfluß des Meßkreisdurchmessers insofern, als bei den Kreisen von 20 mm Durchmesser im allgemeinen kleinere Dehnungen als bei denen von 10 mm Durchmesser festgestellt wurden. Dafür ließen sich jedoch die größeren Kreise leichter und genauer einritzen. Das Schlagen eines kleinen Kreises von nur 10 mm Durchmesser mit dem Zirkel ergab weniger gleichmäßige Einritzungen. Zweifellos wird bei den größeren

---

[37] *Mäde, Y.*, *Deh, Y.*: Tiefziehprüfung und Ausschuß von weichen unlegierten Stahlblechen. Fertigungstechn. u. Betr. 17 (1967) H. 11, 665–672.

Kreisen das Ergebnis infolge des Integrierens aller Abweichungen verfälscht. Je kleiner der Kreis, um so genauer das Ergebnis. Es sei hier die Anregung gegeben, für künftige Formänderungsmessungen dieser Art an der Oberfläche von Blechen elektrisch betriebene Werkzeuge zu verwenden, die nach Art rohrförmiger Hohlbohrer feine kreisförmige Anritzungen erzeugen, deren Verzug zur Ellipse später mittels einer Meßlupe, wie sie für Brinell-Härtemessungen üblich ist, ausgemessen wird. Im Durchschnitt ergaben die Messungen in den senkrecht verlaufenden Zargenrandbereichen $A–A$ und $C–C$ in Abb. 75 im Gegensatz zu den Meßergebnissen von *Mäde* und *Deh* eine verhältnismäßig geringe Formänderung. Hingegen wurden auffällig große Formänderungen, d. h. zu schmalen· Ellipsen verzerrte Kreise in den völlig ebenen Bereichen der Fensterausschnitte insbesondere zwischen den Entlastungslöchern beobachtet. Diese Bereiche interessieren als späterer Abfall weniger, weshalb deren Meßergebnisse hier nicht gebracht werden. Zu bemerken sei noch, daß jene Teile auf einer zweifach wirkenden 500-Mp-Presse tiefgezogen wurden. Von den 200 Teilen riß kein einziges, sie gelangen einwandfrei. Dieses gute Ergebnis wurde nach Angaben der Beteiligten nicht immer erzielt. Die ungünstigste Stelle, an der die größte Dehnung und Rißgefahr besteht, entspricht dem Punkt k in Abb. 74 und 75 im Schnittbereich $B–B$, wo auch tatsächlich die größte Dehnung ε_a gemessen wurde. Doch liegt dieser größten Dehnung ε_a keineswegs die größte Stauchbeanspruchung ε_b gegenüber. Ebenso wurden in diesem Mittelstück $B–B$ weit höhere Flächendehnungswerte ε_F im Bereich $e–f$ und $c–d$ als über k gemessen.

Aufgrund von eigenen Meßergebnissen und denen von *Mäde* und *Deh* werden Richtwerte für die Konstruktion von flachen tiefgezogenen, in der Mitte rippenversteiften Stahlblechteilen nach Abb. 76–78 vorgeschlagen, damit dem Praktiker überhaupt Anhaltswerte geboten werden. So interessiert die höchstmögliche Rillentiefe t in Abhängigkeit von der Rillenbreite u, vom Flankenwinkel·α und von dem Verhältnis $r_{i\,min}/t$. Dabei ist $r_{i\,min}$ der mindestzulässige innere Halbmesser an den Rippenkanten. Je größer u, α und $r_{i\,min}$ sind, um so größer ist die erreichbare Tiefe t. Während Abb. 76 sich auf ein $u = 0{,}5\,t$ bezieht, gilt Abb. 77 für ein $u \geq t$. Um zwischen beiden zu interpolieren, hat man die Abb. 76 und 77 zu einem gemeinsamen räumlichen Diagramm (Abb. 78) vereint. Damit ist ein Anhalt für höchstzulässige Steg- und Randtiefen t an großflächigen, flachen, von Rippen in der Mitte durchzogenen Stahlblechteilen gegeben. Will man außerdem die Tiefziehgüte β, die für den hier untersuchten Werkstoff mit $\beta_{100} = D/d_p = 2{,}0$ angenommen werden kann, und die Blechdicke s berücksichtigen, so kann nach den beim Erichsenversuch gewonnenen Erfahrungen damit gerechnet werden, daß bei $s = 0{,}5$ mm etwa die 0,8fache Tiefe und bei $s = 2{,}0$ mm etwa die 1,25fache Tiefe gegenüber dem 1 mm dicken Blech erreicht wird. Dies entspräche somit einer zulässigen Tiefe t':

$$t' = 0{,}5 \cdot \beta_{100} \cdot t \cdot \sqrt[3]{s}\,. \tag{15}$$

Die Werte für β_{100} sind dem Schrifttum zu entnehmen[31] (s. S. 34). Das Rechnen mit dieser Gl. (15) sei durch einige Beispiele erläutert.

Beispiel 5. Gemäß Abb. 75 oben zu $B–B$, Punkt k, sind ($r_i/t = 0{,}143$) an der kritischen Stelle $r_i = 4$ mm, $t = 28$ mm, $u > t$, $\alpha = 3°$. Ist die Rillentiefe t für ein 0,88 mm dickes Blech mäßiger Tiefziehgüte eines $\beta_{100} = 1{,}8$ an dieser Stelle mit 31 mm richtig bemessen?

Da im vorliegenden Fall $u > t$, gilt Abb. 77 bzw. die obere Flächencharakteristik in Abb. 78. Nach Gl. (15) wäre äußerstenfalls möglich:

$$t' = 0{,}5 \cdot \beta_{100} \cdot t \sqrt[3]{s}$$
$$= 0{,}5 \cdot 1{,}8 \cdot 31 \cdot 0{,}96 = 26{,}8 \text{ mm}.$$

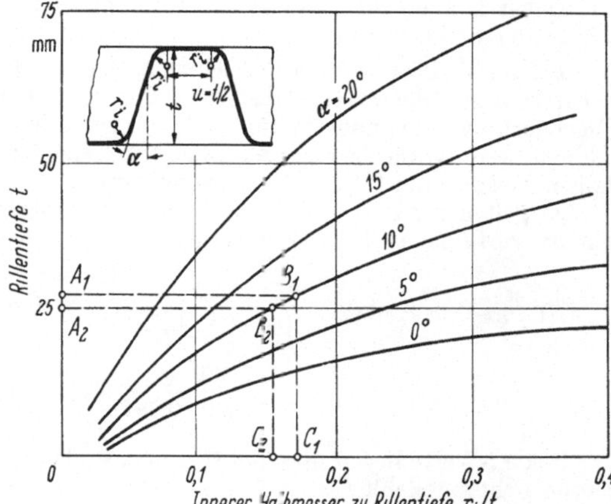

Abb. 76. t in Abhängigkeit von α und r_i
für $u = 0,5\,t$, $s = 1$ mm.

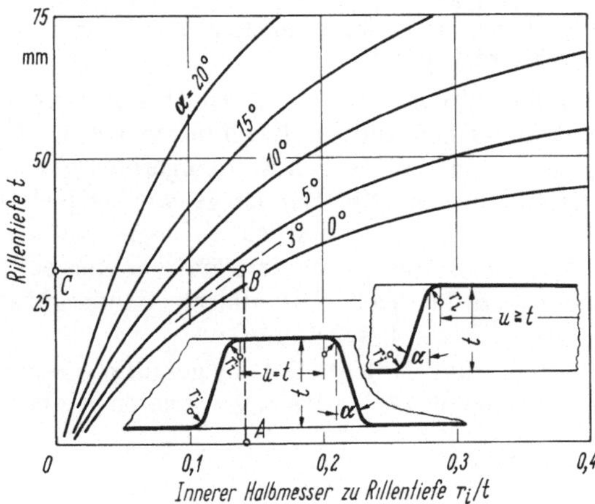

Abb. 77. t in Abhängigkeit von α und
r_i/t für $u \geq t$, $s = 1$ mm.

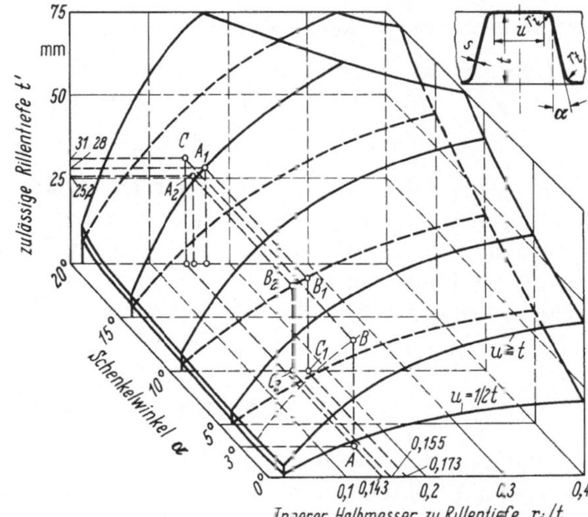

Abb. 78. t in Abhängigkeit von α
und r_i/t nach Abb. 76 und 77 in
räumlicher Darstellung, $s = 1$ mm,
bei Rippen im mittigen Bereich.

Daher können für diese Teile nur Stahlbleche höchster ($\beta_{100} > 2{,}1$) und nicht mäßiger Ziehgüte gewählt werden.

Beispiel 6. Im mittleren Bereich einer 0,5 mm dicken Blechabdeckung soll eine möglichst scharfkantige Rille mit einer Tiefe $t' = 20$ mm und einer Breite $u = 10$ mm mit senkrecht zur Blechebene verlaufenden Seiten ($\alpha = 0$) angeordnet werden. Wie groß ist mindestens r_i zu wählen, wenn a) Bleche einer nur mäßigen Tiefziehgüte ($\beta_{100} = 1{,}8$) und wenn b) Bleche einer hohen Tiefziehgüte ($\beta_{100} = 2{,}0$) gewählt werden?

Es gelten für $u = 0{,}5\,t$ Abb. 76 bzw. die untere Flächencharakteristik in Abb. 78. Zunächst wird t nach Gl. (15) ermittelt.

$$\text{Für } \beta_{100} = 1{,}8 \text{ ist } t_1 = \frac{20}{0{,}5 \cdot 1{,}8 \cdot 0{,}794} = 28{,}0 \text{ mm,}$$

$$\beta_{100} = 2{,}0 \text{ ist } t_2 = \frac{20}{0{,}5 \cdot 2{,}0 \cdot 0{,}794} = 25{,}2 \text{ mm.}$$

Beide t-Werte liegen über der 0°-Linie, so daß eine senkrechte Rillenwand sich hier überhaupt nicht empfiehlt.

Beispiel 7. Es soll nach Beispiel 6 daher keine senkrechte, sondern eine unter 10° geneigte Rillenwand zugestanden werden. Dann ergeben die Linienzüge A_1–B_1–C_1 für $t_1 = 28{,}0$ mm ein $r_i/t_1 = 0{,}173$ bzw. $r_{i1\,\text{min}} = 0{,}173 \cdot 28{,}0 = 4{,}85$ und A_2–B_2–C_2 für $t_2 = 25{,}2$ ein $r_i/t_2 = 0{,}155$ bzw. $r_{i2\,\text{min}} = 0{,}155 \cdot 25{,}2 = 3{,}9$ mm. Diese Werte dürfen nicht unterschritten werden, so daß für $r_{i1} = 5$ mm und für $r_{i2} = 4$ mm gewählt werden dürfen.

Es sei nochmals betont, daß die aufgrund der Abb. 76–78 ermittelten Werte nur für eingezogene Rillen in mittleren Bereichen und für Blechdicken von etwa 1 mm, d. h. von 0,88–1,25 mm gelten. Bei dünneren Blechen werden geringere, bei größeren Blechdicken größere Rillentiefen t erreicht. Für Randstege, wie beispielsweise solche nach Abb. 75 unten, können unbesorgt wesentlich kleinere Kantenradien gewählt werden, da dort der Werkstoff vom Zuschnittsrand leichter beigezogen wird. Als unverbindliche Richtwerte bei Tiefziehstahlblech, Sondergüte gelten für eine Blechdicke s im Dickenbereich von 0,8–2,0 mm

a) für die Mindestkantenrundung $r_{i\,\text{min}}$ und Rillentiefe t im geradlinig oder nahezu geradlinig verlaufenden Bereich einer in der Mitte angeordneten Rippe:

$$r_{i\,\text{min}} \geqq 5\,s$$

$$t \leqq 50\,s$$

b) für die Mindestkantenrundung $r_{i\,\text{min}}$ im nicht geradlinigen sondern gekrümmten Bereich eines Eckenrundungshalbmesser r_e:

Mit $r_e = 25\,s$ beträgt die Kantenrundung $r_{i\,\text{min}} \geqq 10\,s$,

$\phantom{\text{Mit }}r_e = 50\,s$ beträgt die Kantenrundung $r_{i\,\text{min}} \geqq 8\,s$,

$\phantom{\text{Mit }}r_e \geqq 100\,s$ beträgt die Kantenrundung $r_{i\,\text{min}} \geqq 5\,s$.

Werden größere Rillentiefen t gefordert, so läßt sich dies durch größere Kantenrundungshalbmesser r_i, größere Rillenbreiten u und größere Neigungswinkel α erreichen. Schmale Rillen erfordern größere Kantenrundungen und Neigungswinkel als breite. Je näher die Rillen zum Rand liegen, um so kleinere $r_{i\,\text{min}}$, Neigungswinkel α, Rillenbreiten u und größere Tiefen t sind erreichbar.

6. Aufgesetzte Sickenleisten

Während die eingeprägte oder tiefgezogene Versteifungssicke in dem zu versteifenden Blechteil selbst entsteht, ist die aufgesetzte Sickenleiste als ein selbständiges Teil zu betrachten. Eingangs des Abschnittes 4 wurde bereits anhand der sogenannten wirtschaftlichen Stückzahl WSZ zu einer rein wirtschaftlichen Betrachtung dargelegt, daß nur bei geringer Herstellungsmenge, – sogenannten Nullserien, – sich die aufgesetzte gegenüber der eingeprägten Sicke empfiehlt. Bis vor etwa 30 Jahren waren aufgesetzte Profilstäbe im Karosseriebau noch häufig anzutreffen. Heute sind sie durch die eingeprägte oder tiefgezogene Sicke fast völlig verdrängt, soweit ihnen nicht zusätzliche Funktionen als Tragsicke oder als Verbindungselement obliegen.

Die Wahl der Sickenform und deren Befestigung auf dem zu versteifenden dünnwandigen Bauteil hängt vom Verwendungszweck ab. In Tab. 3 sind untereinander 5 Sickengrundformen 10–15 und nebeneinander 5 Befestigungsarten

Tabelle 3. *Befestigung von aufgesetzten Sickenleisten*

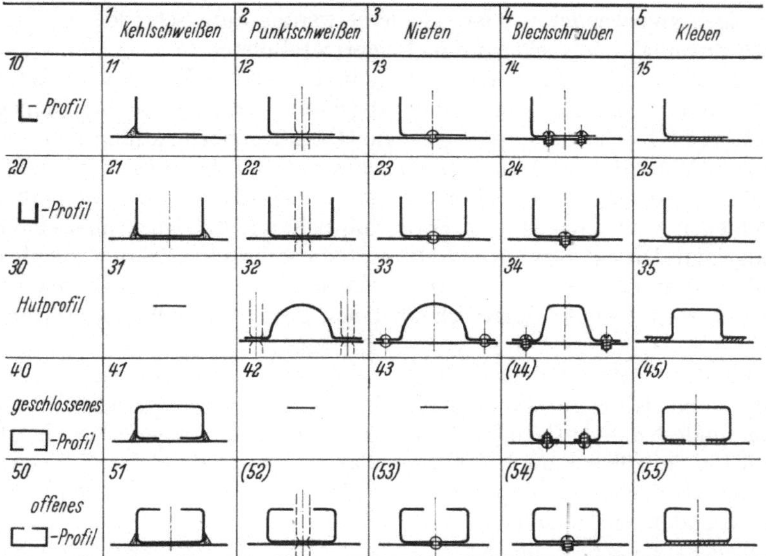

1–5 dargestellt. In bezug auf Werkstoffverbrauch und Gewicht ist der Winkelprofilquerschnitt 10 im Vergleich zu den anderen Querschnittsformen bei gleicher Blechdicke und gleichem Trägheits- und Widerstandsmoment ungünstig, soweit nicht der abstehende freie Schenkel im Verhältnis zum am zu versteifenden Teil befestigten sehr groß gewählt wird, eine konstruktive Lösung, die im Hinblick auf Platzbedarf, Sperrigkeit und schwierige Handhabung meist verworfen wird. Ähnliche Überlegungen treffen für den offenen LJ-Profilquerschnitt 20 zu. Am günstigsten verhält sich das Hutprofil 30, das sowohl als gerundeter Querschnitt zu 32 und 33, als auch trapezförmig zu 34 oder rechteckig zu 35 als Aufsatzsicke am häufigsten verwendet wird. Hingegen findet man die Profilquerschnitte 40 und 50, Tab. 3 nur selten als Aufsatzsicken, da sie in ihrer Herstellung im Vergleich zu den L- und LJ-Profilquerschnitten teurer sind und auch gegenüber dem leichter anzubringenden Hutprofil keine Vorzüge bieten. Das geschlossene Profil 40 läßt sich überhaupt nicht und das offene (52) und (53) nur schlecht punkten und nieten. Ebenso lassen sich offene und geschlossene Profile 40 und 50 schlecht anschrauben und kleben. Die ungünstig herstellbaren Verbindungen sind in Tab. 3 durch eingeklammerte Ordnungsziffern, die unausführbaren mit einem waagerechten Strich gekennzeichnet.

Für Blechschraubverbindungen sind einer Vorlochung folgende Blechdurchzüge nach DIN 7952 (zur Zeit in Neubearbeitung) zu empfehlen. Daneben gibt es selbstbohrende Blechschrauben[38], die einer Vorlochung nicht mehr bedürfen. Doch halten diese ebenso wie andere Blechschrauben mit Vorloch ohne Blechdurchzug weniger als Schraubverbindungen in Blechdurchzügen, da die letztgenannte Verbindung über mehr Gewindegänge verfügt als die anderen. Wenn auch der Anwendungsbereich für die Blechschraube und ihr jährlicher Verbrauch in letzter Zeit zugenommen haben und voraussichtlich weiter zunehmen werden, so ist doch kaum anzunehmen, daß sie das für aufgesetzte Sickenleisten am häufigsten angewendete Punktschweißen verdrängen wird. Die Kehlnahtschweißung hat nur für schwere Bauteile Bedeutung und sollte zum Herabsetzen schädlicher Spannungen in kurzen Abschnitten mit zwischenliegenden Lücken und außerhalb der Krümmungen angewendet werden. Genietet werden aufzusetzende Sickenleisten eigentlich nur noch im Leichtbau mit Leichtmetallnieten.

Infolge der Verbesserung der Klebstoffe in den letzten Jahren wird das Nieten in zunehmendem Umfang vom Kleben abgelöst. Freilich setzt das Kleben eine dafür geeignete Oberfläche, evtl. sogar eine Oberflächenbehandlung und die Möglichkeit zum Einspannen voraus, damit genügende Flächenpressung erzielt wird. Aus letzterem Grund lassen sich die Profilquerschnitte 40 und 50, Tab. 3 nur schlecht kleben, da bei der offenen Form (55) sich der Preßdruck über eine mittig zwischengelegte Druckleiste nur auf Mitte Steg beschränkt. Bei der geschlossenen Form (45) drücken allein die senkrechten Schenkel, so daß an den Enden der einwärts gerichteten waagerechten Schenkel der Preßdruck nur noch ungenügend wirkt.

Ein wichtiger Gesichtspunkt für den Einsatz aufgesetzter Sickenleisten ist mitunter deren Korrosionsanfälligkeit. Mit Ausnahme der Klebverbindungen sollten zumindest alle Auflageflächen bei Hut- und anderen geschlossenen Profilquerschnitten, möglichst auch die Innenflächen des versteifenden Sickenquerschnitts, mit Rostschutzfarbe gestrichen werden. Denn Spalte sind für Korrosionsschäden besonders empfänglich.

Zuweilen sind nachträglich aufgesetzte Sickenleisten an Verschalungen und weiträumigen Lüftungskanälen dort zu finden, wo sich während des Betriebes die Konstruktion als zu unstabil und zusätzliches Anbringen von Versteifungsleisten im Rahmen eines Reparaturauftrags als notwendig erwies. Sehr oft wird bei dünnwandigen Blechkonstruktionen, wo solche aufgesetzte zu kräftig gehaltene Versteifungsleisten nicht der unmittelbaren Abstützung von Lasten oder Kräften, sondern allein der Formerhaltung dienen, wie dies beispielsweise an Radwannen und anderen Teilen der Innenbeblechung von Karosserien geschieht, übersehen, daß derart überstarre Elemente gerade erst zu Spannungsrissen führen. Daher sollten aufgesetzte Sickenleisten etwa die gleiche Werkstoffdicke s haben und aus dem gleichen Werkstoff wie das zu versteifende Blechteil gefertigt sein. Abb. 79 zeigt eine solche durch Verpunkten gleich dicker Stahlbleche geeignete Sickenform. Beträgt der für eine Punktschweißverbindung noch gut einhaltbare Randabstand $e = 5{-}8\,s$, dann sollte der Längsabstand der einzelnen zickzackförmig angeordneten Schweißpunkte $c = 50{-}100\,s$ und der Abstand beider Schweißpunktreihen $a = 2{,}5\,e$ gewählt werden. Die Sickenbreite b entspricht der doppelten Höhe h, wobei ein $b = 50{-}80\,s$ schon ein ausreichendes Widerstandsmoment darstellt.

---

[38] *Grossberndt/Kayser:* Blechschrauben-Handbuch, Essen: Vulkan-Verlag 1968, 104–128.

Die aufgenietete Sicke in Form eines ⌐ - oder Hutprofils als Abstützelement zwischen zwei 0,4 mm dicken Schalen aus Duraluminiumblech mit $\sigma_b = 39$ kp/mm² und $\delta_5 = 16\%$ wurde schon vor 35 Jahren von *Ebner*[39] untersucht. Dabei handelte es sich zumeist um 0,74 mm dicke, 20 mm hohe und 12 mm breite Profilbänder, die im Abstand von 140 mm auf 0,4 mm dicke gekrümmte Innentragflächen aufgenietet und von einer 0,4 mm dicken Außenhaut überdeckt waren. Die Krümmung dieser Beplankung reichte von der Ebene bis herab zu 2400 mm. In diesem

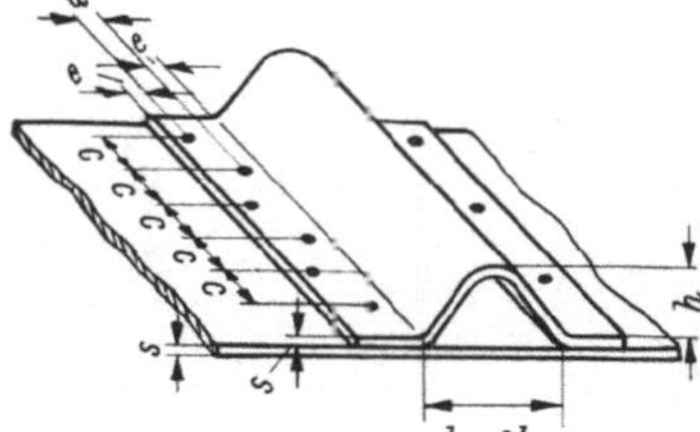

Abb. 79.   Punktschweißverbindung einer aufgesetzten Sickenleiste auf gleich dickem Blech.

Bereich von $r = \infty - r = 2400$ mm nahm mit abnehmendem r die Druckfestigkeit der Beplankung beim Hutprofil von 1250 auf 1460 kp/cm² und beim ⌐-Profil von 1000 auf 1210 kp/cm² zu, wobei sich diese Zunahme erst im Endbereich in Form einer ansteigenden Hyperbel über dem abnehmenden r auswirkt. Im Hinblick auf die heute im Flugzeugbau eingeführten Klebeverbindungen dürfte dort der Einfluß von Nietgröße und Nietabstand, worüber *Kromm*[40] berichtete, kaum noch interessieren. Immerhin lassen jene Untersuchungen Schlüsse auch auf andere Verbindungsarten wie beispielsweise Punktschweißen oder Schrauben zu. Hiernach bringt eine enge Nietteilung zwar eine geringere Bruchspannung σ_{BV} an den Versteifungsprofilen selbst infolge der durch die Nietlöcher bedingten Querschnittsschwächung, aber eine höhere mittlere Bruchspannung σ_{BM}, bezogen auf den Gesamtquerschnitt der Beplankung. Doch sind die Unterschiede für einen Nietloch-Abstandsbereich von 20–60 mm geringfügig. So betragen für eine Lochteilung von 20 mm als unteren Wert $\sigma_{BV} = 18$ und $\sigma_{BM} = 12$ kp/mm² und für eine solche von 60 mm als oberen Wert $\sigma_{BV} = 20$ und $\sigma_{BM} = 11$ kp/mm². Bei geklebten Verbindungen ist mit höheren Spannungswerten zu rechnen, die an die σ_B-Werte der verwendeten Werkstoffe heranreichen. Von wenigen Ausnahmen abgesehen, ist man im Flugzeugbau von dieser Versteifungsart mittels in engen Abständen aufgesetzter Sickenleisten heute zumeist abgewichen. Die Sandwichbauweise mit zwischenliegenden sechseckigen Kunststoffzellen oder die Mehrschichtanordnung hohlgeprägter Bleche nach Abb. 35–46 gestattet bei gleichem Widerstandsmoment gegenüber aufgesetzten Sickenleisten erhebliche Gewichtseinsparungen.

Was in den vorausgehenden Abschnitten 4.2–4.5 zur zweckmäßigen Anordnung der Sicken bzw. zum Entwurf des eingeprägten Sickenbildes zwecks Verbesserung der Stabilität von Blechteilen gesagt wurde, gilt auch für aufgesetzte Sicken und bedarf daher nicht einer Wiederholung. Nur kann bei den aufgesetzten, meist walzprofilierten Sickenstäben von der geradlinigen Form gleichbleibenden Querschnittes nicht abgewichen werden, wenn sich auch diese biegen und planieren lassen, wie dies bei der Bestückung gewölbter Blechteile erforderlich ist. Zur Ver-

[39] *Ebner, H.*: Zur Festigkeit von Schalen und Rohrholmflügeln. Luftf. Forsch. 14 (1937) 179–190.
[40] *Kromm, A.*: Einfluß der Nietteilung auf die Druckfestigkeit versteifter Schalen aus Duraluminium. Luftf. Forsch. 14 (1937) 116–120.

steifung der gerundeten Ecken an Blechteilen bestehen zahlreiche Möglichkeiten. Verhältnismäßig einfach ist eine Schalenbauweise nach Abb. 80-I, wo innen ein mit größerem Halbmesser gebogenes Blech an seinen Enden mittels Punktschweißens oder einer anderen Befestigungsart mit der Außenhaut verbunden wird. Immerhin läßt sich das Außenblech zwischen der Endbefestigung des Innenblechs entsprechend der gestrichelt angedeuteten Linie verformen.

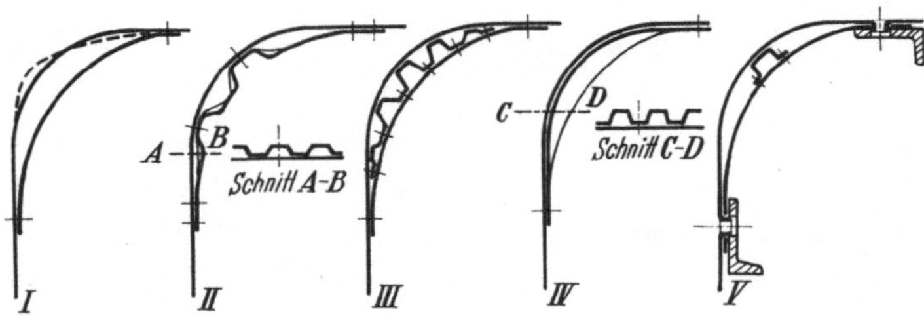

Abb. 80. Versteifung gerundeter Ecken.

Eine andere Möglichkeit einer zusätzlichen Versteifung besteht im Anpunkten von Wellblech. Dafür eignet sich ein Wellblech mit versetzten Einprägungen (Abb. 81). Dieses versteifte Wellblech gibt in seiner Höhe h weniger nach als das einfach gewellte Blech oder das gerippte Band nach Abb. 47-I. Mit Absicht ist hier das Prägemuster derart gewählt, daß trägheitsaxialbevorzugte Geraden y–y eine Biegung senkrecht zum Wellenprofil erlauben. Wie Schnitt x–x erläutert, wechseln steile senkrechte Profilstege mit leicht schräg geneigten. Es ist aber auch hier ebenso wie bei den Mehrschichtblechen in Abb. 38-I möglich, das Wellblech an seinen Enden durch Pressen oder Hammerschlag abzuschrägen und zum Anschluß an die Außenhaut ganz zu planieren.

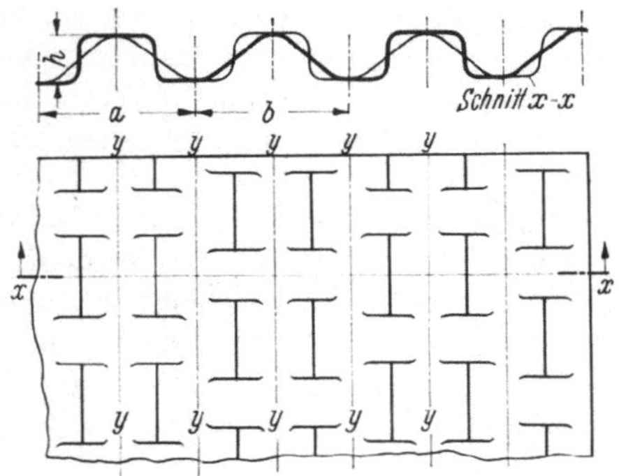

Abb. 81. Versteiftes Wellblech als zusätzlich aufsetzbares Versteifungselement.

Eine Verbundkonstruktion aus Abb. 80-I und -II zeigt Abb. 80-III. Hier wird gewelltes Blech auf die innere Verschalung aufgepunktet. Dafür kann einfachgewelltes Blech verwendet werden. Die handelsüblichen Wellbleche weisen eine für solche Zwecke meist zu große Teilung auf. Ein gleichzeitiges Prägen aller Rillen bedingt überlagerte Zugspannungen, die leicht zum Reißen führen. Deshalb ist ein Durchlauf des zu wellenden Bandes durch ein entsprechend profiliertes, in Verzahnungseingriff stehendes Walzenpaar günstiger als Pressen. Hierzu läßt sich eine ausgediente Drehbank herrichten.

Die Konstruktion zu Abb. 80-IV entspricht der nach Abb. 80-I, nur sind hier in das Innenblech Sicken nicht parallel wie in Abb. 80-II und -III, sondern quer zur Biegeachse eingeprägt.

Abbildung 80-V zeigt ein auf das Innenblech aufgesetztes Hutprofil sowie den Anschluß an eine Winkeleisenkonstruktion. Versteifungskonstruktionen nach Abb. 80 werden nur dort angewendet, wo dicht unter der Verschalung funktionswichtige Teile untergebracht sind und eine Leichtbaukonstruktion, d. h. Gewichtseinsparung, oberstes Gebot ist. Für normale Karosserieaufbauten kommen derartige aufwendige Versteifungskonstruktionen nicht in Betracht, und es wird an deren Stelle ein genügend dickes Außenblech gewählt. Aber auch im Falle einer Anwendung nach Abb. 80-II bis -V ist bei einer zu dünn gewählten Außenbeblechung damit zu rechnen, daß sich oft erst nach Wochen oder Monaten die abgestützten Außenhautflächen von den nicht abgestützten zwischenliegenden deutlich abheben. Das mag zwar nur ein Schönheitsfehler sein, der aber doch für manche Zwecke eine derart unterbaute Sickenabstützung ausschließt.

An großen kastenförmigen Fahrzeugaufbauten, sogenannten Koffer- und an Omnibuskarosserien finden sich zum Tragen der Außenhaut Gerippe aus ⊔- oder Hutprofilen, denen eine wichtige versteifende Aufgabe zukommt, und die daher an dieser Stelle erwähnt werden, obwohl sie im weitesten Sinne kaum noch den aufgesetzten Sicken zuzuordnen sind. Es ist nicht zuletzt eine Kostenfrage, inwieweit derartige Rippengerüste aus wenigen profilierten Bändern starken Querschnitts oder aus vielen schwach bemessenen gebildet werden. Im allgemeinen wird die erstgenannte Lösung als die billigere vorgezogen, wobei man sich zumeist auf eine Versteifung in Längs- und Querrichtung beschränkt, wie dies das auf den vor Jahren in den meisten deutschen Großstädten seitens der Deutschen Forschungsgesellschaft für Blechverarbeitung und der Beratungsstelle für Stahlverwendung KIS-(=Konstruiere in Stahlblech)-Ausstellungen gezeigte und in Abb. 82 dargestellte Modell eines Omnibusaufbaus mit abgenommener Rückwand

Abb. 82. Versteifungsgerippe
eines Omnibusaufbaus.

veranschaulicht. Oft werden nach Abb. 83 links bei sich kreuzenden Profilen zwecks Einlage des schwächeren am stärkeren Profilstab die hochstehenden Teile ausgeschnitten bzw. ausgeklinkt. Bei dem hier in Abb. 83 dargestellten ⊔-Profil sind es die Schenkel, bei Hutprofilstäben sind es die Stege mit Obergurt. Verbunden werden beide sich kreuzenden und übereinander liegenden Profilstäbe durch Nieten oder Punktschweißen der Untergurte sowie durch Kehlschweißung in den Außenecken. Bei Verwindungsversuchen sowie Beanspruchungen mittels Stoßsimulator wurden an diesen Kreuzungen und Abzweigen unerwünschte Verformungen sowie Trennbrüche an Niet- und Schweißstellen beobachtet. Um diesen Mängeln abzuhelfen und die Stabilität derartiger Rippengerüste zu verbessern, werden aus Stahlblech gleicher Dicke wie die Profilstäbe gemäß Abb. 83 Mitte Kreuz- und nach Abb. 83 rechts Abzweigstücke tiefgezogen, die außen mit einer

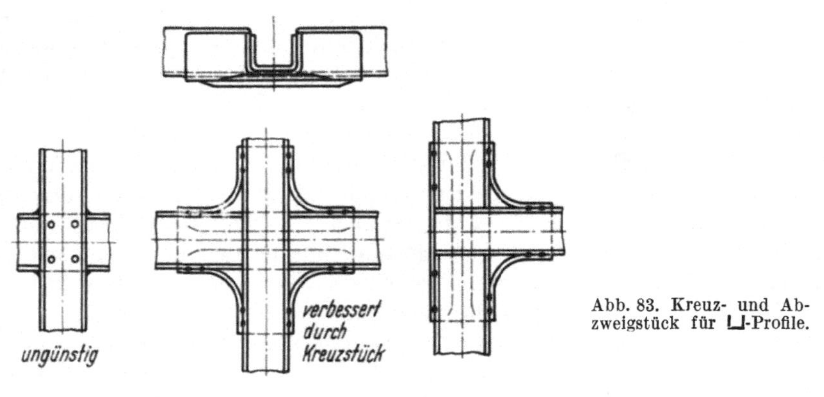

Abb. 83. Kreuz- und Abzweigstück für ⊔-Profile.

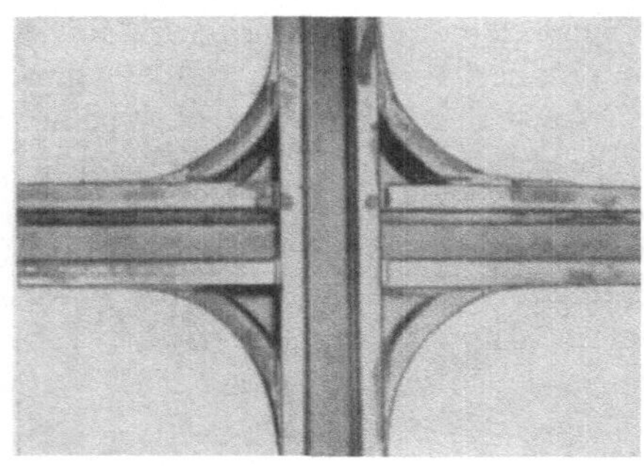

Abb. 84. Tiefgezogene Kreuzstückfassung mit eingeklebten Hutprofilen.

Abb. 85. Führerhaus mit seitlich und an den Türen eingeprägten und vorn aufgesetzten Versteifungssicken.

eingeprägten Versteifungsrippe versehen sind. Die eingelegten Profilstäbe werden mit den Kreuz- bzw. Abzweigstücken mittels Hakenelektrode punktgeschweißt oder miteinander verklebt. So zeigt Abb. 84 ein Kreuzstück mit eingeklebten Hutprofilstäben. Die Obergurtflächen des Kreuzstückes und des unten liegenden größeren Profils werden an den Berührungsstellen der Unterflächen zu den Obergurten des aufliegenden schwächeren Profils um eine reichliche Blechdicke verpreßt, damit alle Obergurt-Oberflächen von Kreuzstück und von beiden Profilstäben in der gleichen Ebene liegen. Die Außenflächen beider Hutprofile werden mit Klebstoff dick bestrichen und nach Einlage in das Kreuzstück mit diesem zur Trocknung und Aushärtung des Klebstoffes fest verspannt.

Mitunter werden aufgesetzte und eingeprägte Sicken am gleichen Teil vorgesehen, wie dies das Führerhaus eines Lastkraftwagens in Abb. 85 zeigt. Infolge Durchbruches der Front durch Scheinwerfer und Kühleröffnung ist dort der Führerhausaufbau unstabil. Daher wurden dort kräftig bemessene Aufsatzsicken angeschraubt, die im Falle notwendiger Reparatur- und Reinigungsarbeiten am

Kühler leicht entfernt werden können. Die anderen gleichfalls der Stabilitätsverbesserung dienenden Sicken sind eingeprägt. Beliebt sind derart eingeprägte
Sicken an Fahrzeugaufbauten nicht, da sich in den Rillen Schmutz festsetzt, der
sich schlecht abwaschen läßt. Auch sind derart eingeprägte Sicken an erschütterungs- und stoßbeanspruchten Fahrzeugen, wie Abb. 24 bewies, gegenüber einer
Spannungsrißkorrosion anfällig. Bei aufgesetzten Sickenleisten ist hingegen darauf
zu achten, daß an ihren Berührungsflächen und -kanten mit der Blechaußenhaut
keine Roststellen entstehen. Deshalb müssen gerade diese sonst nicht sichtbaren
Aufsitzflächen einen ausreichenden Korrosionsschutzanstrich erhalten und absolut
gratfrei sein. Aufgesetzte Versteifungsleisten, wie solche am Frontteil des Führerhausaufbaus in Abb. 85 angeschraubt sind, müssen mindestens die gleiche Blechdicke wie das zu versteifende Karosserieteil aufweisen, sollten aber auch nicht
dessen doppelte Dicke überschreiten. Bei zu steifer Ausführung entstehen mitunter Spannungsrisse an den Befestigungsstellen.

In diesem Zusammenhang sei zur Verformung von Karosserieblechteilen bei
Verkehrsunfällen darauf hingewiesen, daß Blechschäden zur Minderung von anderen Schäden, insbesondere von Personenschäden sogar erwünscht sind, da hierbei Anstoßenergie verzehrt wird. Die etwa vor 50 Jahren noch gern zur Schonung
des Fahrzeuges verwendete dicke Gummistoßstange runden Querschnittes ist daher
völlig verschwunden. Gewiß wurden hierdurch Kühler, Vorderkotflügel, Scheinwerfer und andere Frontteile geschützt. Andererseits erlitten die Insassen und die
Ladung des Fahrzeuges durch den elastisch bedingten Rückstoß folgenschwerere
Schäden. Daher wäre es im Interesse einer Minderung von Verkehrsunfallschäden
von Vorteil, würden anstelle der gewiß repräsentativer wirkenden verchromten
Stoßstangen Mehrschichtblechpakete aus weichem 2 mm dickem Stahlblech zur
Vernichtung von Anstoßenergie angebracht. Besonders an Omnibusaufbauten
würden derartige Stoßpolster an den Vorderecken der Fahrzeuge bei Anstoßschäden ein Verschieben des Aufbaus in sich verhindern und hohe Reparaturkosten einsparen. Noch wichtiger ist, daß hierdurch Körperschäden der Insassen
bei Anfahrstößen gemindert oder ganz vermieden würden. Es wäre durchaus
möglich, sehr groß bemessene Aufsatzsicken hutprofilförmigen Querschnittes an
der Vorderseite von Lastkraftwagen- und Omnibusaufbauten anzubringen, die
sowohl der Versteifung als auch dem Verzehr von Anstoßenergie dienen, indem ihr
Innenraum mit mehrschichtigen Blechstreifen nach Abb. 35–46 ausgelegt ist.
Gewiß erfordert eine solche Ausrüstung zusätzliche Kosten und dürfte kaum den
Beifall der Formgestalter finden. Würden diese Stoßenergieverzehrer austauschbar
angebracht und genormt, so wäre damit der Verkehrssicherheit und Unfallverhütung gedient.

7. Abstützsicken und tragende Sicken

Mitunter dienen Sicken zur Abstützung irgendeines anschließenden Teiles,
wobei sie so gestaltet werden sollten, daß nach Möglichkeit hiermit eine Verbesserung der Stabilität erzielt wird. Dies gilt sowohl für aufgesetzte wie für eingeprägte Sicken. Bereits in Abschnitt 4.4 wurde auf die Sickeneinprägung an
⌐L-förmig gebogenen Blechstegprofilen hingewiesen, die häufig zu Zwecken der
Abstützung angebracht werden. Bei Beanspruchungen in Richtung des Steges
knicken dieselben bei k nach Abb. 86 oberhalb einer Sickeneinprägung zuweilen
ab. Nur auf den Steg sich beschränkende Versteifungssicken nützen daher wenig.
Gewiß sind Werkzeug- und Fertigungskosten erheblich höher, wenn an diesem
⌐L-Profil die Sicken so angeordnet werden, wie es in Abb. 86 rechts dargestellt ist,

d. h. daß die Sicken über den Biegekanten wechselseitig, also einmal über die untere und das andere Mal über die obere Kante verlaufen. Wenn auch die hier gezeigte Konstruktion sich nicht auf Ziehteile, sondern auf einfache gebogene Profile bezieht, so lassen sich diese Erkenntnisse doch auch auf tiefgezogene Blechteile anwenden. So zeigt Abb. 87 den Ausschnitt eines selbsttragenden Fahrzeugaufbaus der Innenbeblechung in Form eines aus drei Teilen, a b und c zusammengesetzten Hohlprofils. Im Falle der durch Pfeile gekennzeichneten Belastung geraten b und c in die links gestrichelt angedeutete Lage. Wie in diesem Bild rechts dargestellt, wird dieses zusammengesetzte Profil, das durch Schweißpunkte p miteinander verbunden ist, ähnlich der Einprägung nach Abb. 86 rechts derart abgesteift, daß wechselweise einmal bei Teil c Rippen im Winkel nach innen eingeprägt werden, während zwischenliegende Versteifungssicken dieses Teil nach außen gegen Teil a abstützen. Derartige Abstützsicken in geringen Abständen sind auch im Schalenbau beliebt, wobei auf biegefähige Zwischeneinlagen nach Abb. 80-III

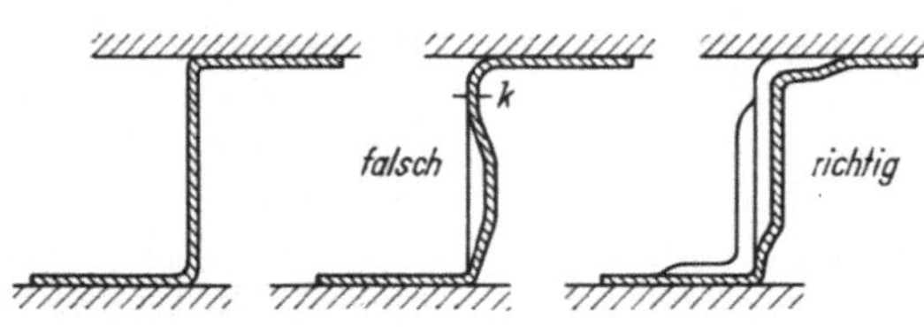

Abb. 86. Abstützung eines ⌐-Profils durch eingeprägte Versteifungssicken.

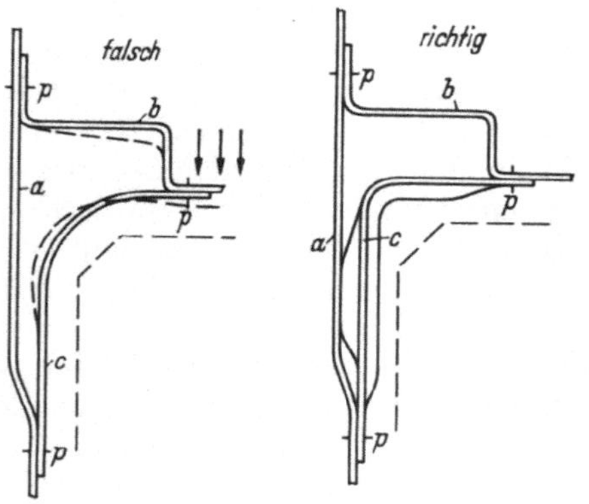

Abb. 87. Abstützung einer waagerechten von oben belasteten Traverse b gegen die Außenhaut a durch ein Konsolblech c.

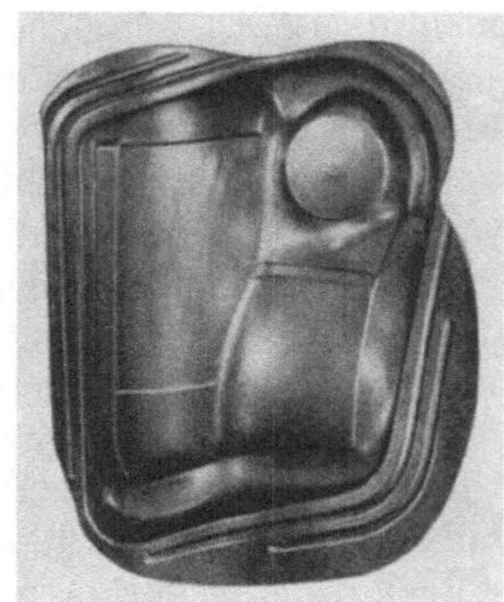

Abb. 88. Abstützsicke unter dem Scheinwerfer einer halben Frontverkleidung.

und 81 zurückverwiesen wird. Eine Punktschweißung zur Verbindung der Außenhaut a mit der Abstützsicke selbst ist nicht zu empfehlen, damit an diesen Berührungsstellen im Hinblick auf Erschütterungen und Temperaturunterschiede ein gegenseitiges Gleiten noch möglich ist. Die Verpunktung bei p genügt.

In erster Linie sind solche Abstützsicken in ebenen Bereichen vorzugsweise anzuordnen, da sie dann außer ihrer Stütz- oder Tragfunktion gleichzeitig der Stabilität des Blechteiles dienen. Gewölbte Blechteile, an denen während ihrer Umformung die Streckgrenze überschritten wurde, sind hierdurch bereits genügend verfestigt und bieten infolge ihrer Form meist ausreichenden Widerstand gegen Beanspruchungen von außen, so daß sie einer zusätzlichen Versteifung durch eingeprägte oder aufgesetzte Sicken nicht mehr bedürfen, es sei denn, daß eine besondere Belastungsfunktion eine solche zusätzliche Absteifung erfordert. Ein solcher Fall ist beispielsweise für die schmale eingeprägte Tragleiste unterhalb des Scheinwerferkreises an der halben Frontverkleidung zu Abb. 88 gegeben. Derart scharf einspringende Sickenprägungen finden sich an Radwannen, Karosserie-Innenbeblechungsteilen sowie Verschalungen, die der Abstützung dienen oder abgestützt werden. Dabei sind scharfe Kanten möglichst zu meiden und nur dort vorzusehen, wo sie unbedingt nötig sind. Aus diesem Grund empfiehlt es sich, die untere Kante der Abstützsicke an der inneren Kotflügelwand einer Zugmaschine gemäß Abb. 89 rechts geschweift und nicht scharfkantig einspringend zu gestalten, wie dies im gleichen Bild links dargestellt ist.

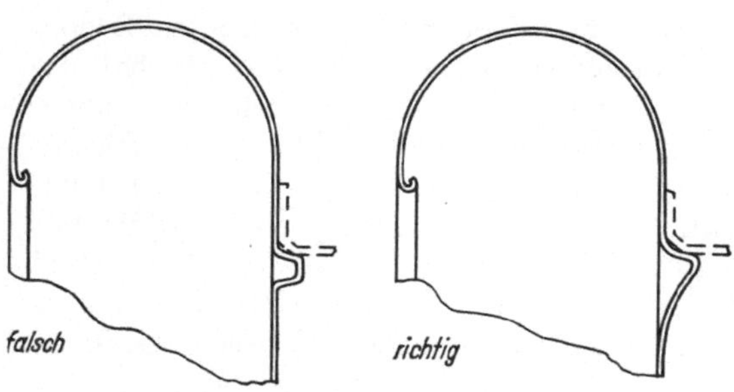

Abb. 89. Zur Abstützung dienende Sicke an der Innenwand eines Kotflügels.

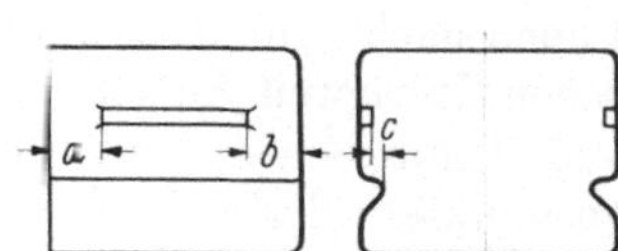

Abb. 90. Tragsicken in einem Elektroherd.

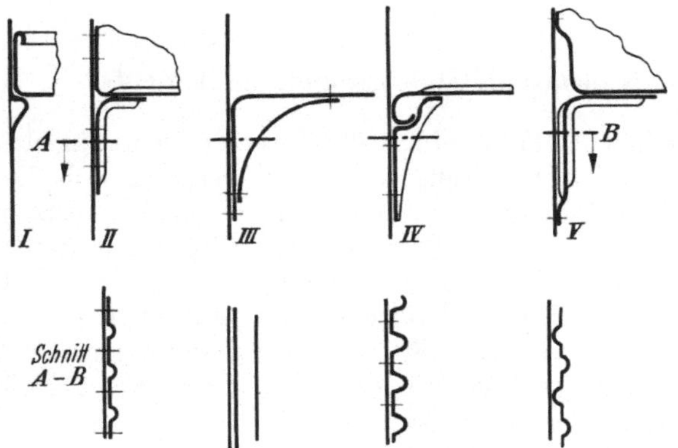

Abb. 91. Konsolabstützungen.

In gleicher Weise gilt dies für die folgenden Abb. 90 und 91. So zeigt Abb. 90 die Bratröhre eines Elektroherds mit einem oberen und einem unteren Tragsickenpaar zur Aufnahme eingeschobener Bleche. Die oberen Sicken sind ungünstig angelegt, wenn sie nicht aufgesetzt, sondern eingeprägt werden sollen, da die Abstände a und b vor und hinter der eingeprägten Sicke eine Faltenbildung begünstigen. Außerdem besteht für eine solche scharfkantig eingeprägte Sicke Rißgefahr an den Kanten. Wenn schon eine solche Sickenform in den Abständen a und b verlangt wird, dann sollte sie nur in Form aufgesetzter Sicken, wie beispielsweise aufgepunkteter Hutprofile ausgeführt werden. Wesentlich günstiger sind die unteren eingeprägten Sicken mit gerundeten Kanten, wobei nur die obere Tragfläche waagerecht, die hieran anschließende Querschnittskontur nach unten geschweift verläuft. Gewiß muß hierbei ein um c vergrößerter Überstand gegenüber dem oberen scharfkantigen Profilquerschnitt in Kauf genommen werden. Weiterhin verläuft die untere Sicke durchgehend von vorn bis hinten zur Rückwand, ohne daß es zur Faltenbildung kommt.

Diese zuletzt empfohlene Abstützung findet sich auch in Abb. 91-I als Konsolabstützung. Abb. 91-II zeigt für den gleichen Zweck ein einfaches umgebogenes an das Außenblech angepunktetes Blech, in das in Abständen über den Umbug – wie in Abb. 91 dargestellt – Versteifungssicken eingeprägt sind. Derart versteifte Konsolwinkel für Regale und Wandbretter werden übrigens auch im Eisenhandel angeboten. Nach Abb. 91-III wird das umgebogene Innenblech nicht als Konsol, sondern als Traverse ausgeführt und innerhalb des Umschlags durch ein weiteres stärker gerundetes und dort angepunktetes Blech gestützt, ähnlich der Ausführung zu Abb. 91-I. Die Konstruktion Abb. 91-IV ähnelt der nach Abb. 91-II, nur ist hier die Winkelecke für die Einlage eines an seinen Enden umgerollten Bodens ausgespart. Abb. 91-V zeigt eine Konsolkonstruktion wie -II, nur hat das Innenblech neben seiner Einprägung über den Umbug zusätzlich eine Außensickenprägung zur Außenwand und ist sowohl mit der Außenhaut als auch mit dem oberen festen Traverseneinsatz verpunktet. Anstelle der Winkelkonstruktionen nach Abb. 91-II und -V lassen sich ebenso Traversen nach III dafür vorsehen. Inwieweit Aufsatzteile nach Abb. 91-I und -IV lose aufgesetzt oder nach II und V mit dem Außenblech und evtl. außerdem mit der Tragfläche des Konsols verpunktet oder anders befestigt sind, hängt vom jeweiligen Verwendungszweck ab. Ebenso kann, wie in Abb. 91-II und -IV dargestellt, der Boden des Aufsatzteils mittels Längssicken oder anderer Sickenmuster zusätzlich versteift werden. Für manche Zwecke lassen sich als leichte Aufsetzteile zu derartigen Konsolen Mehrschichtplatten nach Abb. 35, 38 und 41 verwenden.

8. Sicke und Falz als formschlüssige Verbindungselemente

Eingeprägte oder in zylindrische Mäntel eingerollte Sicken dienen sehr oft als Auflage für darüber oder einzusetzende Teile, wie dies bereits zu Abb. 63–65 (S. 63) erläutert wurde. In der Emballagenindustrie wird die vorzugsweise um runde, seltener um unrunde Mäntel bzw. Rümpfe eingerollte Sicke gern zur Bodenbefestigung verwandt, wobei sie gleichzeitig die Versteifung des Mantels gegen radial von außen zur Mitte gerichtete Kräfte erhöht. Da die Bodenmantelkante der Blechemballagen bei Transporten Stoßbeanspruchungen am meisten ausgesetzt ist, ist gerade hier eine Verbesserung der Stabilität erwünscht. Außerdem werden derartige Versteifungssicken zuweilen nicht nur am Boden, sondern auch im mittleren Bereich des Mantels über dem Umfang seltener nach innen, sondern meist nach außen eingewalzt, um somit für den Transport der Fässer über dem Boden gleichzeitig eine beidseitige Rollauflage zu erhalten. Für das Aufweiten der Fässer werden meist Spezialmaschinen, für das Verbördeln der Böden mit den Rümpfen in der Dosenfertigung Falzautomaten verwendet. Falzen, Bördeln und Versicken sind mitunter derart einander ähnliche Umformverfahren, daß eine scharfe Begriffstrennung nicht immer möglich ist. Dies gilt insbesondere für das formschlüssige Verbinden von Rumpf bzw. Mantel mit Boden oder Deckel, wo der vorstehende Rand des einen Teiles um das andere Teil gelegt oder umgerollt wird. Der Blechwerkstoff für das Teil mit dem Bördelrand muß zwecks Umformung genügend weich sein. Hingegen sollte der Werkstoff des vom Bördelrand zu haltenden Teiles dem beim Umbördeln oder Sickeneinwalzen entstehenden Druck ausreichenden Widerstand bieten. Werden die Ränder, wie dies beim Falzen der

Fall ist, an beiden Teilen umgeformt, dann muß selbstverständlich auch für beide Teile ein gut umformfähiger Werkstoff ausgewählt werden. Da der Falz ebenso wie die Sicke der Bodenrandversteifung dient und mitunter, wie eingangs erwähnt, eine scharfe Trennung des Versickens gegenüber dem Bördeln und Falzen oft schwierig ist, mag in Tab. 4 eine Übersicht zu den bekanntesten Falzarten gegeben werden, zumal diese auch Anregungen zu Sickenverbindungen gibt. Außer den in Tab. 4

Tabelle 4. *Die gebräuchlichsten Falzarten*

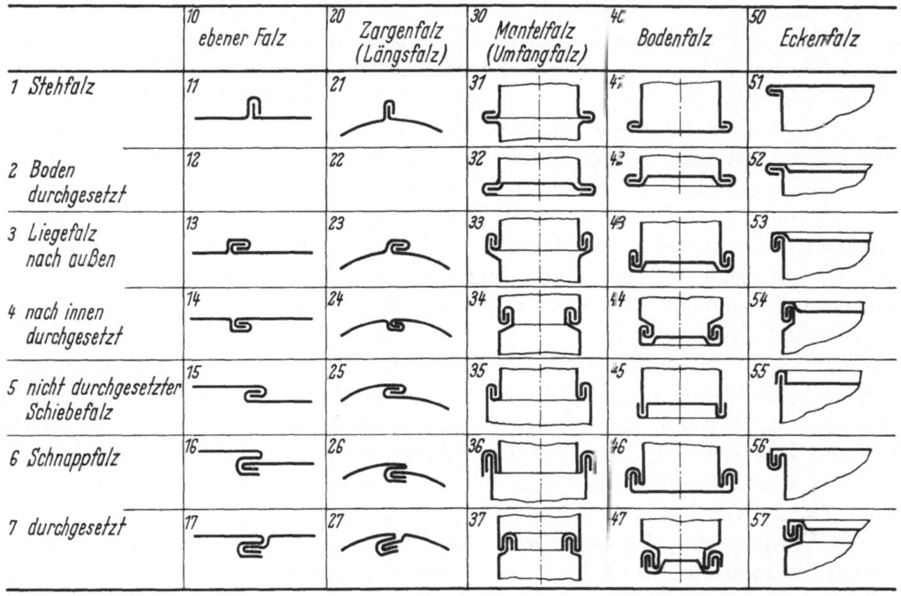

	10 ebener Falz	20 Zargenfalz (Längsfalz)	30 Mantelfalz (Umfangfalz)	40 Bodenfalz	50 Eckenfalz
1 Stehfalz	11	21	31	41	51
2 Boden durchgesetzt	12	22	32	42	52
3 Liegefalz nach außen	13	23	33	43	53
4 nach innen durchgesetzt	14	24	34	44	54
5 nicht durchgesetzter Schiebefalz	15	25	35	45	55
6 Schnappfalz	16	26	36	46	56
7 durchgesetzt	17	27	37	47	57

dargestellten gibt es noch weitere jedoch seltener angewandte Falzverbindungen, wie beispielsweise den Nockenstehfalz, den S-Falz und den überschiebbaren Umlegfalz. Da in der Praxis für Falzverbindungen oft unterschiedliche und zuweilen sogar widersprechende Bezeichnungen gebraucht werden, hat der Verfasser eine Ordnung der Begriffe gemäß Tab. 4 vorgeschlagen[41]. Dabei sollten aus der Bezeichnung sowohl der Ort (senkrechte Spalten in Tab. 4) als auch die Gestalt des Falzes (waagerechte Spalten in Tab. 4) erkennbar sein. Am Kopf der Tabelle sind die Spalten für den Ebenenfalz, den Zargenfalz, den Mantelfalz, den Bodenfalz und den Eckenfalz mit 10, 20, 30, 40 und 50 bezeichnet. Hierzu stehen für die bekanntesten Falzformen in den waagerechten Spalten die Zahlen 1–7 zur Verfügung. Die Kombination beider Werte ergibt die Kennziffer der einzelnen Tafelfelder. So können Falze unterschiedlichen Profiles in der Ebene liegen (10), wie dies beispielsweise zur Verlängerung von Blechtafeln mitunter geschieht. Häufig dient der Falz als Längsnaht zur Fertigung zylindrischer Behältermäntel, wofür die Rümpfe der Konservendosenfertigung als bekanntestes Beispiel zu nennen sind (20). Zur Verbindung – meist rechtwinkelig – aufeinanderstoßender Blechtafeln werden dieselben in Eckenfalzformern oder sogenannten Kanalfalzmaschinen am Rand umgebördelt (50). Mehrdeutig sind die Bezeichnungen Mantelfalz und Bodenfalz,

---

[41] *Oehler, G.:* Falzen von Stahlblechen. Stahlkongreß 1965. Hohe Behörde der EGKS Luxemburg 1966, 528–534.

zumal unter Mantel, Rumpf und Zarge dasselbe verstanden wird. Der in Tab. 4 gezeichnete Fall (31, 33–37), daß aneinanderstoßende Mäntel an ihren Enden mittels Falz miteinander verbunden werden, tritt selten ein. Dafür ist die Bezeichnung Mantelfalz eindeutig. Wird jedoch mittels Falz eine Mantel-Boden- oder Mantel-Deckel-Verbindung hergestellt, so wird es bei Wahl der Bezeichnung Mantelfalz oder Bodenfalz darauf ankommen, wo sich der Falz befindet. Deshalb wird die in Tab. 4 als Nummer 32 gekennzeichnete Verbindung noch als Mantelfalz bezeichnet. Es werden jedoch hinsichtlich der Benennung Zweifel auftauchen, wenn sowohl am Boden wie am Mantel sich Falze befinden, wie dies beispielsweise bei den Bodenfalzen zu 43, 44, 46 und 47 zutrifft, die mit gleicher Berechtigung als Mantelfalze gelten. Überhaupt ist eine Unterscheidung zwischen Mantelfalz und Zargenfalz irreführend, da im Sprachgebrauch wie oben erwähnt, unter Zarge das Gleiche wie unter Mantel verstanden wird. Daher sollte der Zargenfalz besser als Zargenlängsfalz und der Mantelfalz als Mantelumfangsfalz bezeichnet werden, was zwar die Ausdrucksform kompliziert, aber dafür Mißverständnisse ausschließt.

Meistens wird der Falz durchgesetzt. Beim Ebenen-Steh-Falz und Zargen-Steh-Falz (11 und 21) läßt sich dies nicht verwirklichen. Hingegen werden Liegefalze fast immer durchgesetzt. Der Liegefalz steht nicht ab wie der Stehfalz, sondern liegt an der Blechfläche an. Dabei bildet er einen Wulst, der zur Erhaltung der bisherigen Blechebene entweder nach außen (3) oder nach innen (4) durchgesetzt werden muß. Ein nicht durchgesetzter Liegefalz ist der Schiebefalz (5), wo die miteinander zu verbindenden Blechränder um eine Falzdicke zueinander versetzt sind (15 und 25). Beim Mantelfalz (35) bedeutet dies den Anschluß von Zargen verschiedenen Durchmessers. Verhältnismäßig selten wird der Schiebefalz (5) angewandt. Das Gleiche gilt vom Schnappfalz (6), der teilweise auch durchgesetzt (7) wird. Schiebefalz und Schnappfalz sind im Gegensatz zu den zuvor erwähnten leicht lösbare Verbindungen.

Zur Verbesserung der Abdichtung und zugleich zur Erhöhung der Steifigkeit werden die auch als Zweifachfalz bezeichneten Bodenbiegefalze nach Ziffer 43 in Tafel 4 an Boden und Deckel mitunter als Dreifachfalze gestaltet, indem am Mantel- und am Bodenrand ein Umschlag mehr ausgeführt wird. Hierbei sind drei verschiedene Querschnittsformen bekannt, und zwar die voll gerundete (Bauart *van Leer*), die wie bei allen üblichen Liegefalzen platt gedrückte (Bauart *Duttenhöfer*) und die elliptische mit dem kleinsten Halbmesser an der axial äußersten Stoßkante (Bauart *Schönung*). Letztere Ausführung besitzt den Vorteil der größten Verfestigung an der am höchsten beanspruchten Stelle und einen allmählichen Übergang nach den weniger verfestigten seitlichen Bereichen des der Versteifung dienenden Falzquerschnittes. Alle drei Falzquerschnitte können auch nach einwärts versetzt vorgesehen werden.

Ebenso wie in Tafel 4 eine Verbindung zwischen Boden und Mantel sowohl durch eine Umfassung des Bodens oder Deckels durch die Zarge (32) oder der Zarge durch den Boden (42) geschieht, ebenso kann beim Umfangssicken oder Bördeln runder Mäntel gemäß Abb. 92-I, II der Boden von der Zarge oder umgekehrt nach Abb. 92-III, IV die Zarge vom Boden umfaßt werden. Derartige Verbindungen lassen sich für Mäntel bis äußerstenfalls 1500 mm Durchmesser noch anwenden. Gut umformbare Stahlbleche eines $\sigma_B < 45$ kp/mm² und einer Dicke $s < 1,5$ mm lassen sich noch auf einfachen handbedienten Sickenmaschinen verarbeiten. Größere Blechdicken eignen sich daher weniger zu solchen Verbindungen, es sei denn, daß dafür entwickelte Sondermaschinen zur Verfügung stehen.

Wie bereits erwähnt, sollte dort, wo der Boden umfaßt wird, der Boden ausreichend Widerstand bieten. Insofern ist die Lösung nach Abb. 92-I günstiger als nach II. Beispiele für eine Versickung zweier miteinander zu verbindender Teile sind in Abb. 93-I–V dargestellt. Dabei wird wie in Abb. 92 das innere Teil mit a, das äußere mit b bezeichnet, wobei der Werkstoff zu b weicher und umformfähiger als der zu a sein sollte. Die gegenseitige Verbindung der Teile zu Abb. 93 wird verbessert, wenn sie vor dem Versicken unter leichtem Preßsitz oder engem Schiebesitz übereinander geschoben werden. Ein gegenseitiges Versicken zweier überein-

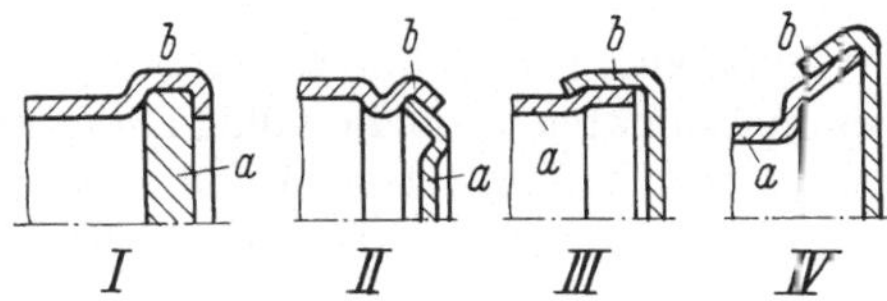

Abb. 92. Befestigung des Deckels oder Bodens mit der Zarge durch Versicken.

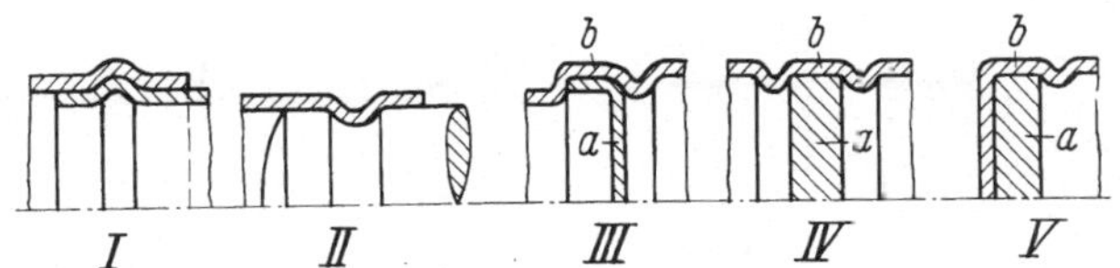

Abb. 93. Halterung durch versickte Rohre und Mäntel.

ander geschobener Rohre nach Abb. 93-I sollte nur nach außen in einem mehrteiligen Drückfutter vorgenommen werden, das nach der Sickenumformung zerlegt werden kann. Das Versicken eines Rohres um eine harte Einlage wie den Rundstab nach Abb. 93-II gewährleistet nur dann eine feste Verbindung, wenn der Stab unter Preßsitz in das Rohr eingeführt wird. Dann braucht die Sicke gar nicht tief eingewalzt werden, es genügt schon eine Blechdicke. In Abb. 93-III und -IV ist die Befestigung von Zwischenböden in Rohren oder Blechmänteln dargestellt. Schließlich zeigt Abb. 93-V eine in ein zylindrisches Ziehteil zur Verstärkung des Bodens eingelegte Scheibe, die gleichfalls durch eine Umlaufsicke gehalten wird. Bei all diesen Konstruktionsbeispielen der Abb. 93 ist zu beachten, daß breite und flach gewölbte Sicken eine höhere Vorspannung gewährleisten als schmale tief eingewölbte. Ist das mit einer solchen Sickenhalterung zu umwalzende Teil unnachgiebig, so ist eine Vorspannung durch das Außenrohr oder Zarge kaum erreichbar und selbst im Falle eines Einschiebens unter Preßsitz ist bei häufiger Wechsellast eine Lockerung der Verbindung im Laufe der Zeit nicht ausgeschlossen. Gewiß kann beispielsweise durch Schlitzen des Rundstabendes in Abb. 93-II die Vorspannung durch Einwalzen der Sicke verbessert werden. Aber auch dann sind bei hoher Wechsellast auf Zug und Druck derartige Verbindungen nicht zu empfehlen.

9. Wellenversteifung

Gelegentlich der auf S. 32 beschriebenen Versuche des Verfassers, quadratisch zugeschnittene Bleche senkrecht zwischen den Druckbalken einer 6-Mp-Materialprüfmaschine auf Knickung zu belasten, um den Einfluß der Walzrichtung auf die Knicklast zu ermitteln, sowie bei den auf S. 62 erwähnten vergleichenden Knickversuchen an rechteckigen ebenen Böden von Weißblechemballagen mit solchen

nur flach eingeprägter Versteifungsmuster, die eine kaum unterschiedliche Knicklast nachwiesen, zeigte sich erstmalig ein Effekt, der hier als Wellenversteifung bezeichnet wird. Diese Bezeichnung ist gewiß mißverständlich und verdient durch
eine andere ersetzt zu werden. Jedenfalls handelt es sich hierbei um keine Sickenversteifung. Bei jenen Versuchen lagen die rechteckigen Blechzuschnitte oben und
unten gegen niedrige etwa 5 mm hohe Leisten an und wurden mittels Plastilin dort
angedrückt. In den weitaus meisten Fällen klappten unter Wirkung der Knicklast die Blechproben in ihrer Mitte seitlich aus, wie dies in Abb. 94 *A* links dargestellt ist. Dabei wurde eine Streuung der Lastwerte bis zu ± 15% beobachtet.
Einige Blechproben verhielten sich jedoch anders, indem sie unter einer um 40 bis
60% höheren Last zusammenknickten und eine völlig andere Einknickform *B* aufwiesen. Dabei zeigte sich anstelle des mittigen seitlichen Ausknickens eine wende-
kurvenartige Verformung des zwischen den Druckbalken stehenden Bleches und

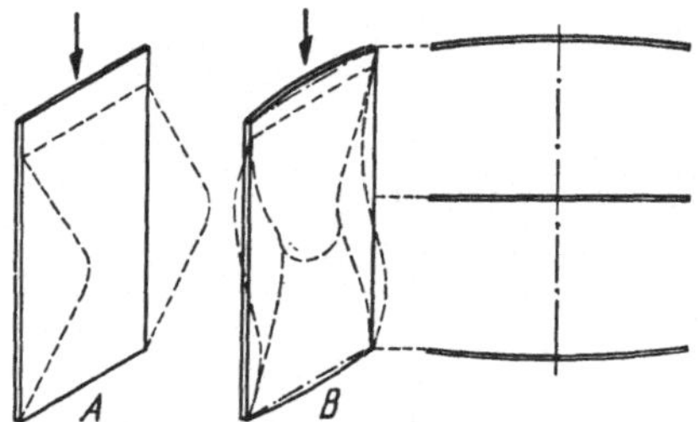
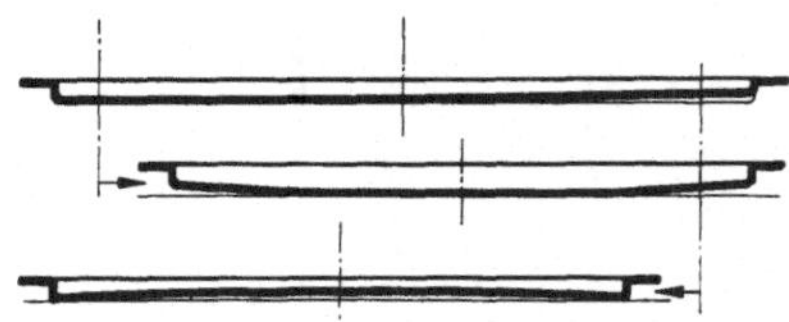

Abb. 94. Knickverformung ebener und beiderseits
umgekehrt gekrümmter Flächen.

Abb. 95. Wellenversteifung eines rechteckigen
Deckels.

eine gegenläufige Einknickung an den Anlagekanten. Als Ursache für dieses Verhalten ergab eine daraufhin vorgenommene gründliche Ebenheitsprüfung der
Proben, daß dieser Effekt nur an solchen Blechzuschnitten zu beobachten war,
deren Anlagekanten und deren anschließende Flächenbereiche gemäß Abb. 94
rechts umgekehrt zueinander gekrümmt waren. Daraufhin wurden die Proben mit
beiderseits umgekehrt gekrümmten Flächen vorbereitet, um auf diese Weise den
zuvor zufällig und ungezielt gefundenen Effekt absichtlich zu erreichen. Hierbei
zeigte sich, daß schon eine sehr geringe beiderseitig umgekehrte Krümmung, deren
Pfeilhöhe etwa einem Hundertstel der Probenbreite und weniger als einer Blechdicke entspricht, zu einer solchen Knickverformung nach Abb. 94 *B* in Verbindung
mit einer Stabilitätserhöhung um 40–60% genügt. Größere Pfeilhöhen bzw. stärker
gegenläufig gekrümmte Blechzuschnitte brachten in bezug auf den Knickwiderstand keinen besseren Erfolg. Im Gegenteil scheint dann dieser Stabilitätsgewinn
wieder verlorenzugehen, soweit dies an den stark streuenden Kraftmeßergeb-
nissen beobachtet wurde. Dieser Effekt läßt sich praktisch verwerten. So zeigt
Abb. 95 die Wellenversteifung eines rechteckigen Emballagendeckels oder Ka-
nisterbodens oben im Längsschnitt und darunter im Querschnitt zu den beiden
Enden des Längsschnittes gemäß der dort angegebenen Hinweispfeile. Man
könnte diese Bauform auch für runde Dosenböden gemäß Abb. 96 anwenden, wo
jeweils nach 60° ein Wölbungswechsel in der Bodenfläche derart vorgenommen
wird, daß an den Stellen *a* die Wölbung nach unten und an den Stellen *b* die Wölbung nach oben verläuft. Allerdings könnte sich in den tieferen Stellen der Kanisterböden Flüssigkeit sammeln, was für manchen Verwendungszweck unerwünscht sein mag. Hinsichtlich der Versteifung auf Knicklast wird jedoch eine
solche nur leichte Umformung ihre Vorteile bringen. Schließlich läßt sich diese

Erkenntnis keineswegs allein auf Kanisterböden und andere Emballagenteile, sondern auch auf weitere Gegenstände anwenden. So könnte gemäß Abb. 97 ein $\Box$-förmiger Trägergurt im Steg eine Wellenversteifung erfahren, die ihm sowohl bei einer senkrecht von oben wirkenden Belastung, als auch im Falle einer Knickbeanspruchung in seiner Längsrichtung gegen unerwünschte Verformungen schützt. Gewiß bedeutet von der Fertigungsseite aus betrachtet das Einprägen einer solchen Wellenversteifung oft einen zusätzlichen Arbeitsgang mit zusätz-

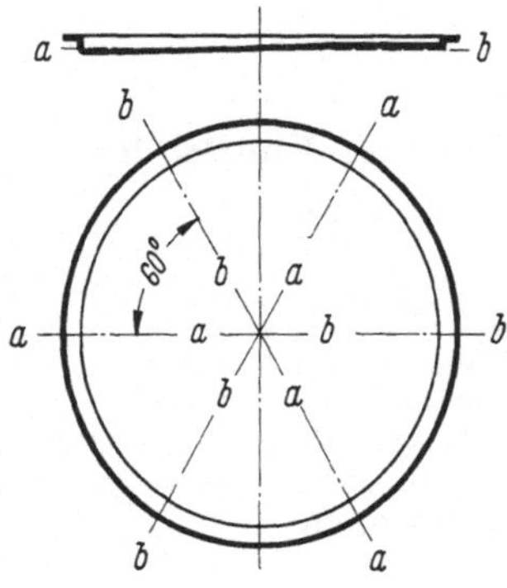

Abb. 96. Wellenversteifung eines runden Deckels.

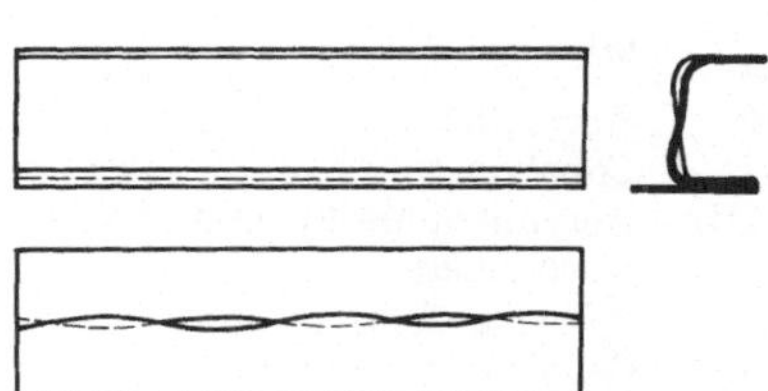

Abb. 97. Wellenversteifung am Steg eines Trag-profiles.

lichem Werkzeug, zumindest eine Verteuerung des vorhandenen Werkzeuges und einen erhöhten Kraftbedarf. Dieser Mehraufwand ist aber mitunter gering. Dies gilt auch für das letztgenannte Profil zu Abb. 97, wenn es walzprofiliert wird. Mittels Durchlauf durch ein zusätzliches Formrollenpaar am Ende der Formrollenstraße auf der Walzprofiliermaschine läßt sich eine solche Wellenversteifung im Steg einprägen. Der Mehraufwand für die Fertigung liegt bestimmt unter 10%. Es lohnt, wenn hierdurch eine Versteifung um 50% bei gleichem Werkstoffaufwand ohne Gewichtserhöhung erreicht wird. Was hier für dieses $\Box$-Profil in bezug auf eine Verbesserung des Festigkeitsverhaltens ausgeführt wird, gilt in entsprechender Weise auch für andere Profilformen.

* * *

Der Konstrukteur von dünnwandigen Kunststoffteilen sei an dieser Stelle darauf hingewiesen, daß die im ersten Teil dieses Buches enthaltenen Ausführungen in erster Linie zwar die Versteifung von Blechen aus Stahl und anderen Metallen im Feinblechbereich bis zu etwa 3 mm Dicke und auch noch darüber betreffen, jedoch ebenso für entsprechend gestaltete schwachwandige Kunststoffteile gelten. Deshalb wird über eine zweckmäßige Anordnung und Gestaltung von Versteifungssicken, über Sickenmuster, über Mehrschichtversteifung, über Rückfederung, wozu bereits in Abb. 71 ein Kunststoffteil gezeigt wurde, zur Vermeidung von Wiederholungen im zweiten folgenden Teil dieses Buches teils nicht, teils nur kurz berichtet.

Maßnahmen zur Versteifung von Kunststoffkonstruktionen

Von **Anton Weber**

1. Verzeichnis der verwendeten Abkürzungen für Kunststoffe (nach DIN 7728, Blatt 1, Februar 1968)

Kurz-zeichen	Erklärung	Kurz-zeichen	Erklärung
ABS	Acrylnitril-Butadien-Styrol-Copolymere	PIB	Polyisobuthylen
AMMA	Acrylnitril-Methylmethacrylat-Copolymere	PMMA	Polymethylmethacrylat
CA	Celluloseacetat	POM	Polyoxymethylen; Polyformaldehyd (ein Polyacetal)
CAB	Celluloseacetobutyrat	PP	Polypropylen
CAP	Celluloseacetopropionat	PS	Polystyrol
CF	Kresolformaldehyd	PTFE	Polytetrafluoräthylen
CMC	Carboxymethylcellulose	PUR	Polyurethan
CN	Cellulosenitrat	PVAC	Polyvinylacetat
CP	Cellulosepropionat	PVAL	Polyvinylalkohol
CS	Casein	PVB	Polyvinylbutyral
EC	Äthylcellulose	PVC	Polyvinylchlorid
EP	Epoxid	PVCA	Vinylchlorid-Vinylacetat-Copolymere
MF	Melaminformaldehyd	PVDC	Polyvinylidenchlorid
PA	Polyamid	PVF	Polyvinylfluorid
PC	Polycarbonat	PVFM	Polyvinylformal
PCTFE	Polychlortrifluoräthylen	SAN	Styrol-Acrylnitril-Copolymere
PDAP	Polydiallylphthalat	SB	Styrol-Butadien-Copolymere
PE	Polyäthylen	SI	Silicon
PETP	Polyäthylenterephthalat	SMS	Styrol-Methylstyrol-Copolymere
PF	Phenolformaldehyd	UF	Harnstofformaldehyd
		UP	Ungesättigte Polyester

2. Kunststoffe als Werkstoffe

Die Kunststoffe haben in den letzten Jahrzehnten eine stürmische Entwicklung hinter sich gebracht und sind heute als Werkstoffe in allen Gebieten der Technik anzutreffen. Ein besonderer Vorteil dieser Stoffe liegt in ihrer einfachen und sehr wirtschaftlichen Verarbeitbarkeit. Sie hat zweifellos das Vordringen der Kunststoffe gefördert, aber gleichzeitig auch ihrem Ruf geschadet, als hinter den wirtschaftlichen Gesichtspunkten vielfach die technischen zurückstehen mußten. Inzwischen aber unterscheiden der Konsument und der Produzent zwischen Massenkunststoffen und solchen mit besonders hochwertigen Eigenschaften. In der Summierung aller Eigenschaften schneiden Kunststoffe meistens relativ günstig ab; einfache Verarbeitbarkeit und ausreichende bis sehr gute technische Eignung bei wirtschaftlichen Fertigungsmöglichkeiten ergänzen sich und lassen sich zum Besten einer Konstruktion auswerten. Die Information über die Kunststoffe nimmt zu, so daß der Konstrukteur in der Lage ist, jeweils den richtigen Kunststoff für seine Zwecke zu wählen.

3. Der Aufbau der Kunststoffe

Metalle haben ein kristallines Gefüge, d. h. ihr Aufbau und ihre Eigenschaften werden von der Kristallitstruktur bestimmt. Im einfachsten Falle, z. B. beim Eisen, besetzen die Atome die Kanten und die Flächen bzw. Raumdiagonalen eines Kubus. Das typische Verhalten der Metalle rührt von diesem Aufbau her. Wegen des festen interatomaren Zusammenhaltes sind große Kräfte erforderlich, um geringfügige Verschiebungen der Atomabstände zu bewirken. Sobald keine Kräfte mehr wirksam sind, gehen die Verschiebungen spontan und vollständig zurück. Plastische Verformungen bei Metallen sind nach der Erklärung der Versetzungstheorie nur dadurch möglich, daß die benachbarten Atome durch die Versetzungsstellen hindurchgeschoben werden. In bezug auf das für Metallbleche typische anisotrope und vom Kunststoff abweichende Verhalten sei auf Abschnitt 1.1 dieses Buches verwiesen. Normalerweise zeigen auch Kunststoff-Tafeln Anisotropien.

Kunststoffe besitzen demgegenüber einen hochmolekularen Aufbau. Sie entstehen durch Polymerisation, Polykondensation oder Polyaddition. Das wesentliche Kennzeichen dieser 3 Reaktionen ist, daß niedrigmolekulare Ausgangsstoffe (Monomere) sich zusammenlagern und lange kettenförmige Moleküle bilden (Polymere). Die Kettenmoleküle können dabei fadenförmig (lineare Ketten) oder aber mit Seitengruppen behaftet sein (PVC, PS) und u. U. Verzweigungen aufweisen (verzweigte Ketten).

Die einzelnen Ketten können miteinander über chemische Bindungen verbunden sein. Die Struktur ist sodann dreidimensional vernetzt (Duromere) vgl. auch DIN 7724.

3.1 Thermoplastische Kunststoffe

Bei unvernetzten Kunststoffen spricht man von Thermoplasten, da sich durch die Wärmebewegung die Kettenabstände vergrößern und die Stoffe schmelzen können.

3.11 Amorphe Thermoplaste. Bei amorphen Kunststoffen sind die Ketten ungeordnet.

Der Zusammenhalt wird bei unvernetzten Kunststoffen durch die Verknäuelung der Ketten und durch die zwischen den Molekülen wirksamen Kräfte bewirkt. Als Bindungskräfte zweiter Ordnung sind die zwischenmolekularen Kräfte wesentlich kleiner als die bei den Metallen wirksamen zwischenatomaren Kräfte.

Kunststoffe können infolgedessen im Normalfalle nicht die Festigkeit von Metallen erreichen. Das elastische Verhalten der Kunststoffe liegt zwischen Energieelastizität und Entropieelastizität und Plastizität. Bei Duromeren und Thermoplasten im glasartigen Zustand überwiegt das energieelastische Deformationsverhalten, bei den Thermoplasten oberhalb der Glastemperatur und bei den Elastomeren das entropieelastische Verhalten (siehe unten). Thermoplaste zeigen zusätzlich immer einen mehr oder weniger hohen plastischen Deformationsanteil.

3.12 Teilkristalline Thermoplaste. Die linearen thermoplastischen Kunststoffe können einen teilkristallinen Aufbau haben, wenn nämlich die Ketten räumlich so gebaut sind, daß sie sich zu größeren geordneten Einheiten zusammenlagern können. Teilkristalline Kunststoffe sind Polyäthylene, Polyamide, Polyoxymethylen usw., um die technisch bedeutsamsten zu nennen.

3.2 Vernetzte Kunststoffe

3.21 Duromere Kunststoffe. Engmaschig vernetzte Kunststoffe können durch Wärmezufuhr nicht geschmolzen werden, weshalb man von Duromeren spricht. Zu ihnen zählen u. a. die Preßmassen und die Gießharze.

Die Kettenmoleküle sind in sich sehr fest, da innerhalb einer Kette die atomaren Bindungskräfte vorherrschen. Folgerichtig wird auch an Teilen mit einer Vorzugsrichtung der Kettenmoleküle eine höhere Festigkeit in dieser Vorzugsrichtung beobachtet.

3.22 Elastomere. Schwach vernetzte Kunststoffe, also vorwiegend linear gebaute Polymere mit wenigen Vernetzungsstellen pro Kette, zeigen bei bestimmter Konfiguration hohe elastische Deformierbarkeit, weshalb man von Elastomeren spricht. Im Gegensatz zu den metallenen Werkstoffen jedoch, bei denen die zwischenatomaren Kräfte die Elastizität bewirken und die man auch als energieelastisch bezeichnet, handelt es sich bei den Elastomeren um sogenannte entropie- oder gummielastische Materialien. Sie werden auch hochelastische Werkstoffe genannt. Ihr Rückstellvermögen beruht auf der Wärmebewegung der Moleküle bzw. der Molekülabschnitte. Durch die Wärmebewegung streben die Kettenmoleküle den Zustand größter Unordnung an. Wenn dieser durch äußere Einwirkung gestört wird, sorgt die Temperaturbewegung dafür, daß der stabile Gleichgewichtszustand wieder erreicht wird. Elastomere verhalten sich deswegen nur bei einer bestimmten Temperatur hochelastisch. Bei niedriger Temperatur ist die Molekülbewegung eingefroren. Sie sind dann energieelastisch. Bei höheren Temperaturen sinken die Zusammenhaltskräfte wegen der Vergrößerung der Molekülabstände.

4. Eigenschaften der Kunststoffe

4.1 Duromere

4.11 Machanische Eigenschaften. Duromere Kunststoffe besitzen entsprechend ihrem vernetzten Aufbau relativ große Festigkeiten und einen ebenfalls – verglichen mit den Thermoplasten – relativ hohen Elastizitätsmodul. Sie sind, was gleichfalls ihrem Aufbau entspricht, spröde. Durch den Zusatz von Verstärkungsstoffen und Füllstoffen kann die Zähigkeit verbessert und gleichzeitig die Festigkeit noch erhöht werden.

4.111 *Preßmassen*. Preßmassen sind hitzehärtbare Formmassen, bestehend aus einem reaktionsfähigen Harz und einem Härter genannten Katalysator, der unter bestimmten Bedingungen die Vernetzungsreaktion in Gang bringt. Unter diesem härten sie zum Preßstoff aus. Durch die Reaktion entsteht ein duromerer Kunststoff. Die hergestellten Teile sind Preßteile. Als Ausgangsmaterialien dienen u. a. Phenolharze, Melaminharze und ungesättigte Polyesterharze. Tab. 5 gibt einen Überblick über die wichtigsten typisierten Preßmassen einschließlich der gebräuchlichsten Verstärkungsmaterialien. In Tab. 6 sind u. a. die wichtigsten technischen Eigenschaften einiger Preßmassen zusammengestellt.

4.112 *Reaktionsharze zur Herstellung von Werkstücken aus glasfaserverstärktem Kunststoff*. Reaktionsharze sind Lösungen reaktionsfähiger Harze in einem polymerisierbaren Lösungsmittel, z. B. Styrol. Durch Zusatz eines geeigneten Härters wird die chemische Vernetzung in Gang gesetzt. Die technisch wichtigsten Vertreter dieser Gruppe sind ungesättigte Polyesterharze und Epoxidharze. Dem Reaktionsmechanismus nach findet bei den Epoxid-Reaktionsharzen eine Polyaddition statt, bei den ungesättigten Polyesterharzen eine Polymerisation. Man spricht im Zusammenhang mit Epoxidharzen und ungesättigten Polyesterharzen auch von Gießharzen, weil sie auch in dünnflüssiger Harzlösung verarbeitet werden.

Tabelle 5. *Wichtige Typen duroplastischer Formmassen (nach Zieschank)*

Typ	Harzbasis	Füllstoff	wärmebeständig	maßhaltig	kriechstromfest	weiße Farben möglich	Bemerkungen
12	Phenol	Asbest, kurz	+	+			
13,5	Phenol	mineralisch	+	+			elektrisch hochwertig
16	Phenol	Asbest, lang	+	+			schlagfest
31	Phenol	Holzmehl					Standardmaterial
31,5	Phenol	Holzmehl					elektrisch höherwertig als Typ 31
31,9	Phenol	Holzmehl					ammoniakfrei
51	Phenol	Zellstoff					weniger kerbempfindlich als Typ 31
71	Phenol	Textilfaser					schlagfest
74	Phenol	Gewebeschnitzel					schlagfester als Typ 71
131	Harnstoff	Cellulose			(+)	+	Standardmaterial für helle Farben
150	Melamin	Holzmehl			+		
152	Melamin	Cellulose			+	+	wärmebeständiger als Typ 131
153	Melamin	Textilfaser			+		schlagfest
156	Melamin	Asbest, kurz			+		wärmebeständigster Typ auf Melaminbasis
181	Melamin + Phenol	Cellulose				+	wärmebeständiger als Typ 131
801	Polyester	Glasfaser, lang	+	+	+		schlagfest, elektrisch hochwertig
802	Polyester	Glasfaser, kurz	+	+	+	+	elektrisch hochwertig
870	Epoxid	mineralisch	+	+	+		elektrisch hochwertig
872	Epoxid	Glasfaser, lang	+	+	+		schlagfest, elektrisch hochwertig

Die gebräuchlichsten Verstärkungsmaterialien sind Glasfasern, die in Form von Glasmatten, Glasgeweben oder Glasseidensträngen eingearbeitet werden (siehe Abschnitt 6). Die Eigenschaften der glasverstärkten Kunststoffe (GFK) sind in hohem Maße abhängig von der Art und dem Anteil der Verstärkungsmaterialien und von der Sorgfalt bei der Verarbeitung. Die Berechnung nimmt einen linearen Zusammenhang zwischen Spannung und Dehnung an. Als Dimensionierungskenngröße wird Bruch oder Schädigungsspannung[42] verwendet.

[42] *Ehrenstein, G. W., Martin, F.:* Konstruieren und Berechnen von GFK-Teilen, Frankfurt: Umschau-Verlag 1969.

Tabelle 6. *Aufstellung der technischen Daten einiger Preßmassen und duromerer Materialien*

Chemische Bezeichnung	Handelsnamen z. B.	Spezifisches Gewicht kp/dm³	Zugfestigkeit[1] kp/cm²	Elastizitäts-Modul kp/cm²	Bruchdehnung %	Schlagzähigkeit kpcm/cm²
Ungesättigtes Polyesterharz mit Glasfasern verstärkt	Palatal-Marken	1,5···1,9³	1200···3400³	10··· 25 · 10⁴ ³	3,5	20···30
(reines Harz)[4]		(1,2···1,3)	(600)	(4 · 10⁴)	(2)	(10)
Phenolharz-Preßmassen mit Holzmehl gefüllt	Preßmasse Typ 31	1,2···1,3	700²	–	–	6
Phenolharz-Preßmassen mit textiler Füllung: Gewebeschnitzel,	Preßmasse Typ 74	1,1···1,2	600²	–	–	12
Gewebebahnen	Preßmasse Typ 77	1,2···1,3	800²	–	–	25
mit Chlorzinklösung oder Schwefelsäure pergamentiertes Papier	Vulkanfieber Hornex	1,3	1000	10 · 10⁴	10	120
Hartpapier: Schichtstoff mit 50% Kresol-Phenolharz-Gehalt	Ferrozell Pertinex Trolitex	1,3···1,4	1000···1200	10 · 10⁴	–	15···25
Hartgewebe: Schichtstoff mit 50% Kresol-Phenolharz-Gehalt	Novotext Resitex	1,3···1,4	1000···1500	9 · 10⁴	–	25···35

[1] längs gemessen   [2] Biegefestigkeit   [3] je nach Glasgehalt und Art des Verstärkungsmaterials
[4] z. B. Palatal P 6

4.2 Thermoplastische Kunststoffe

4.21 Verformungsverhalten. Thermoplastische Kunststoffe verhalten sich bei tiefen Temperaturen überwiegend energieelastisch. Mit steigender Temperatur erweichen sie und gehen über einen quasi gummielastischen Bereich in den geschmolzenen Zustand über. Dabei nähert sich ihr Verhalten dem einer viskosen Flüssigkeit mit immer noch bestehenden elastischen Anteilen. In derselben Richtung wie höhere Temperaturen wirken längere Beanspruchungszeiten. Bei kurzzeitiger Beanspruchung verhält sich ein thermoplastischer Kunststoff spröde, während er bei lang anhaltender Beanspruchung kriecht, das heißt, unter konstanter Spannung nimmt die Verformung zu. Umgekehrt reagieren Kunststoffe auf plötzliche Deformationen verzögert, das heißt, es dauert u. U. lange Zeit bis die kompliziert gebauten Kettenmoleküle nach einer spontanen Ortsveränderung wieder ihr stabiles Gleichgewicht erreichen. Höhere Temperatur beschleunigt diesen Vorgang. Die durch den Verformungsprozeß entstandenen inneren Spannungen klingen entsprechend auf einen niedrigen Gleichgewichtswert ab. Man spricht dabei von Spannungsrelaxation.

Diese Gegebenheiten mathematisch-physikalisch darzustellen, würden den Umfang dieses Buches übersteigen[43]. Sie lassen sich durch zeit- und temperaturabhängige E-Moduln beschreiben. In den Abb. 98 und 99 ist die Zeitabhängigkeit und die Temperaturabhängigkeit der E-Moduln, bestimmt in Relaxationsver-

---

[43] *Stavermann, A. J., Schwarzl, F.* in: Die Physik der Hochpolymeren, Bd. IV, S. 1 ff. Hrsg.: H. A. Stuart, Berlin–Göttingen–Heidelberg: Springer 1956.

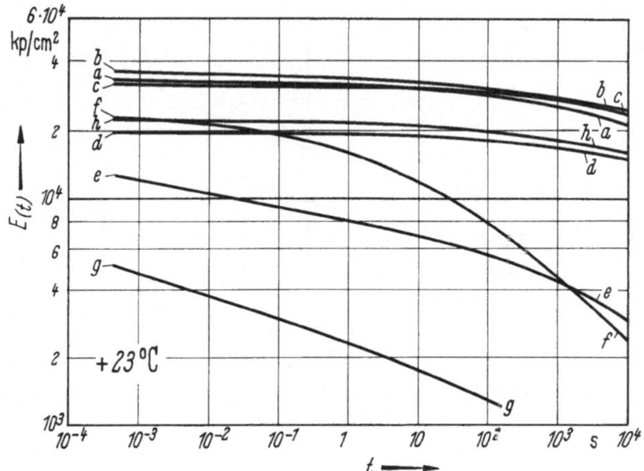

Abb. 98. Zeitabhängigkeit der E-Moduln einiger Thermoplaste bei $+23\,°\text{C}$. a = PVC; b = PMMA; c = PS; d = schlagzähes PS; e = PP; f = PE (ϱ = 0,960 g/cm³); g = PE (ϱ = 0,918 g/cm³); h = ABS-Polymerisat (nach *Retting*).

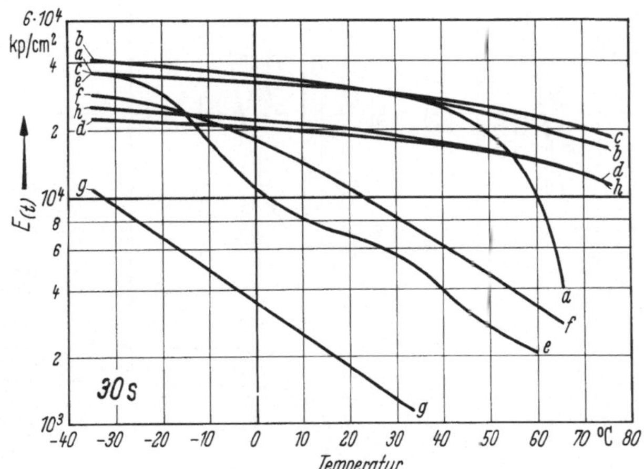

Abb. 99. Temperaturabhängigkeit der E-Moduln einiger Thermoplaste bei 30 s Versuchszeit (entspr. DIN 53457). a = PVC; b = PMMA; c = PS; d = schlagzähes PS; e = PP f = PE (ϱ = 0,960 g/cm³); g = PE (ϱ = 0,918 g/cm³); h = ABS-Polymerisat (nach *Retting*).

suchen, einiger der gebräuchlichsten Thermoplaste aufgeführt[44]. Die Bilder gelten für relativ kurze Zeiten. 10^4 s entsprechen knapp 3 Stunden.

Zur Ermittlung des Kriechmoduls werden Kunststoffstäbe einer konstanten Belastung unterworfen und die Dehnungen in Abhängigkeit von der Belastungszeit und der Spannung, bezogen auf den Ausgangsquerschnitt, verfolgt. Die Ergebnisse lassen sich in Darstellungen, wie sie die Abb. 100–102 zeigen, zusammenfassen. Durch Schnitte parallel zur Ordinate werden die sogenannten isochronen Spannungs-Dehnungs-Schaubilder ermittelt, aus denen der zeit- und temperaturabhängige Kriechmodul

$$E_c = \frac{\sigma_0}{\varepsilon_t} \tag{16}$$

---

[44] *Retting, W.*: Zeit- und Temperaturabhängigkeiten der Elastizitäts-Moduln von Thermoplasten. Gummi-Asbest-Kunststoff 23 (1970) H. 9, 974–982.

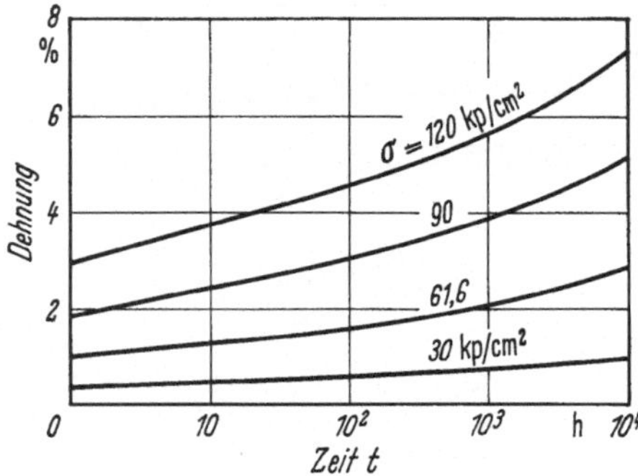

Abb. 100. Zeitdehnlinien von 6-Polyamid gemessen bei 20 °C und einem Feuchtigkeitsgehalt von 2,5 %; Spritzgußproben.

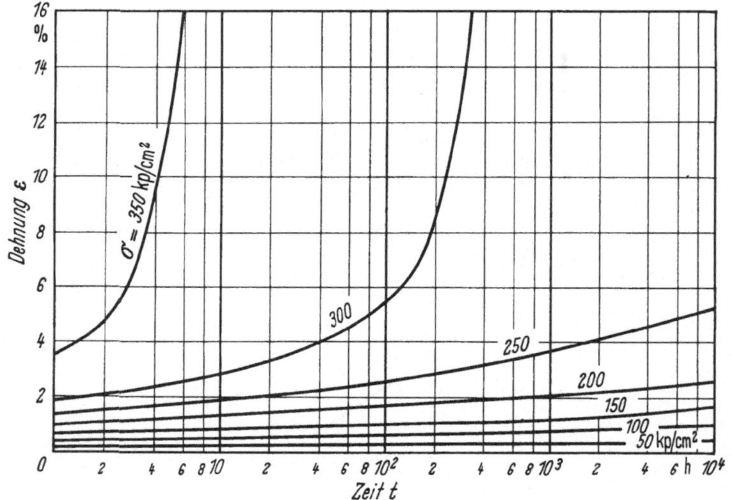

Abb. 101. Zeitdehnlinien von PVC gemessen bei 40 °C; Proben aus extrudierten Platten.

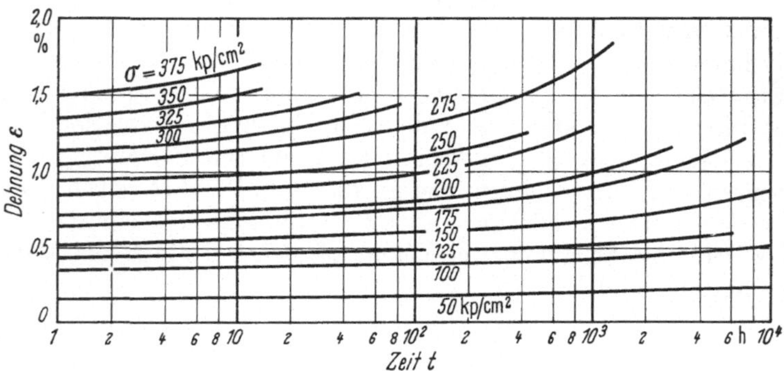

Abb. 102. Zeitdehnlinien von Polystyrol gemessen bei 23 °C; Spritzgußproben.

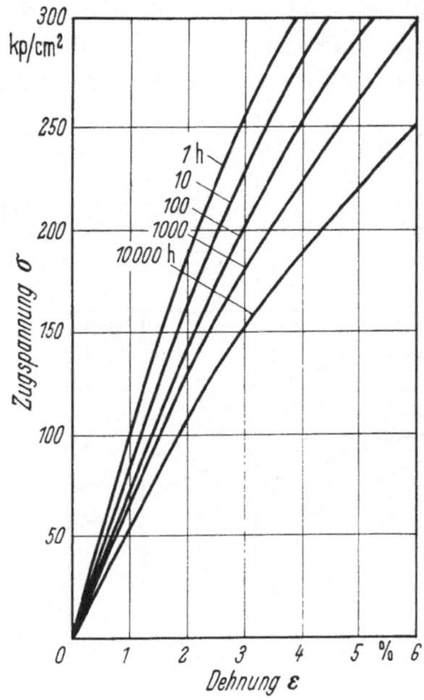

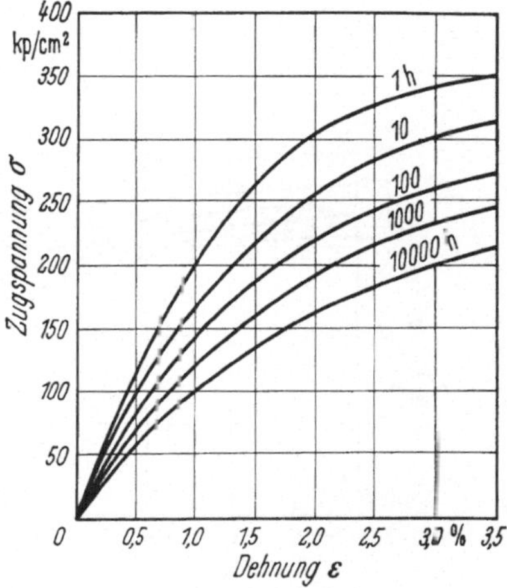

Abb. 103. Isochrones Spannungs-Dehnungs-Diagramm für 6,6-Polyamid. Prüftemperatur 23 °C, Feuchtigkeitsgehalt 2,5 %; Spritzgußproben.

Abb. 104. Isochrones Spannungs-Dehnungs-Diagramm für PVC. Prüftemperatur 40 °C, Proben extrudierten Platten entnommen.

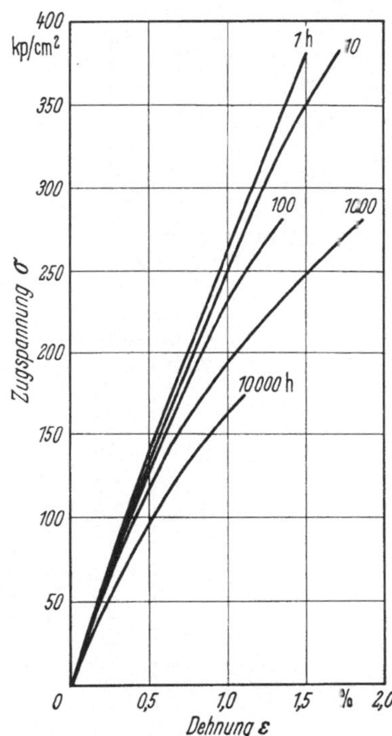

Abb. 105. Isochrones Spannungs-Dehnungs-Diagramm für Polystyrol. Prüftemperatur 23 °C; Spritzguß-proben.

ermittelt werden kann, siehe Abb. 103, 104 und 105 sowie Abb. 106 und 107. In letzteren ist der Verlauf des Kriechmoduls über der Zeit dargestellt. Es ist deutlich zu erkennen, daß die Abweichung vom linearen Verlauf mit zunehmender Zeit und Belastung zunimmt.

Analog würde für den Relaxationsmodul gelten

$$E_r = \frac{\sigma_t}{\varepsilon_0} \qquad\qquad (16\,a)$$

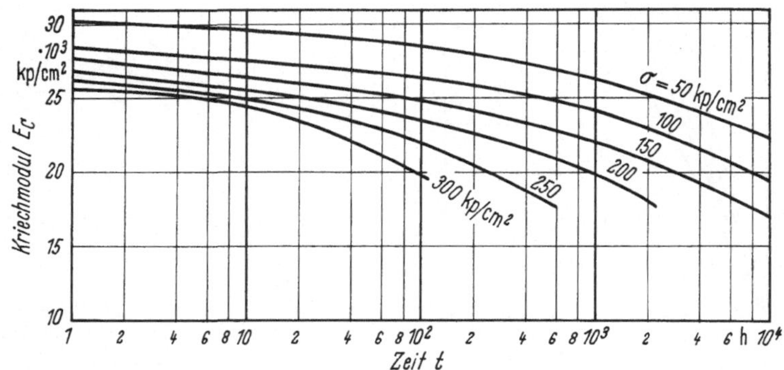

Abb. 106. Kriechmodul als Funktion der Zeit und Belastung für Polystyrol. Prüftemperatur 23 °C; Spritzgußproben.

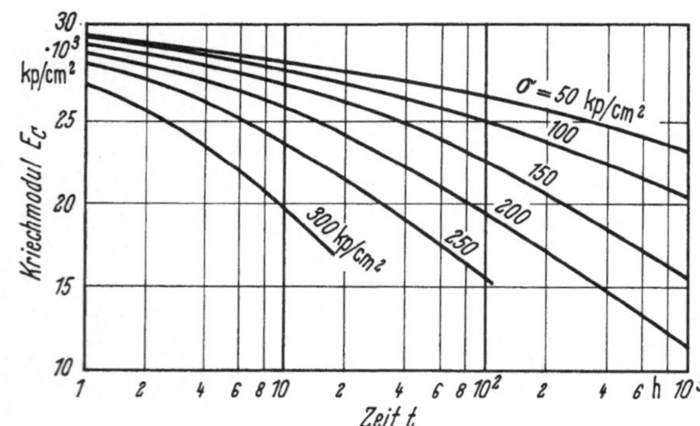

Abb. 107. Kriechmodul als Funktion der Zeit und Belastung für Polystyrol. Prüftemperatur 40 °C; Spritzgußproben.

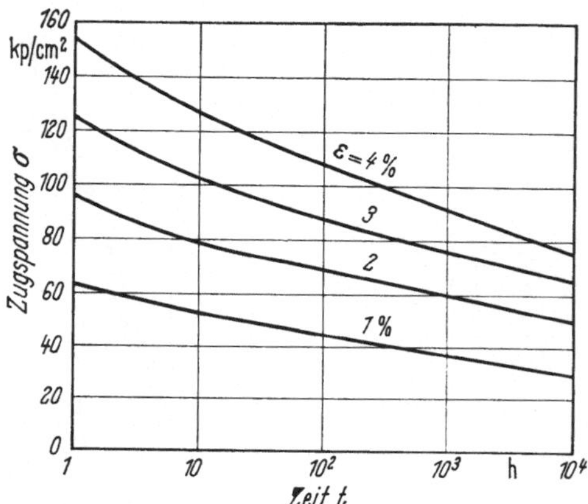

Abb. 108. Zeitstandsdiagramm für 6-Polyamid. Prüftemperatur 20 °C; Feuchtigkeitsgehalt 2,5 %; Spritzgußproben.

Kriech- und Relaxationsmodul sind nicht identisch. Für viele Thermoplaste kann aber in erster Näherung $E_r = E_c$ gesetzt werden. Der Unterschied wird größer bei höheren Temperaturen und längeren Zeiten.

Durch abermalige Schnitte parallel zur Ordinate gehen die isochronen Spannungs-Dehnungs-Schaubilder über in die sogenannten Zeitstand-Schaubilder (Abb. 108 und 109).

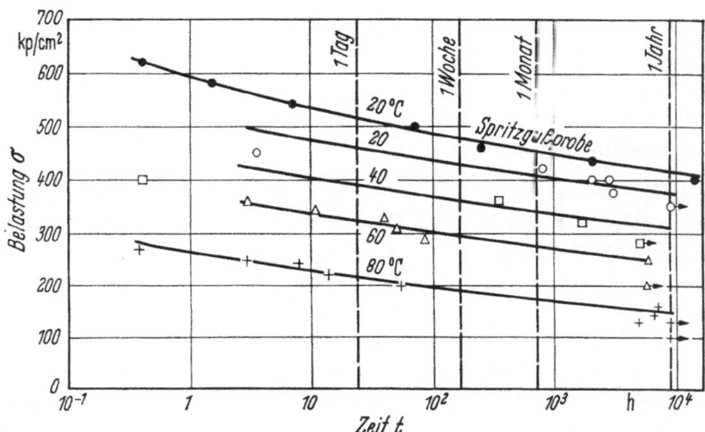

Abb. 109. Zeitstandsdiagramm von SAN. Prüftemperatur 20 °C bis 80 °C; Spritzgußproben. Die einzelnen Punkte geben an, wann der Bruch eingetreten ist. Die Bruchdehnungen wurden nicht vermerkt.

Die geeignetsten Unterlagen für den konstruierenden Ingenieur sind die isochronen Spannungs-Dehnungs-Diagramme. Es ist zu erkennen, daß zwischen Spannung und Dehnung bei gegebener Zeit kein streng linearer Zusammenhang besteht. Die Linearitätsgrenze liegt (vgl. Fußnote 43) für die meisten thermoplastischen Kunststoffe zwischen 0,1 und 0,5% Dehnung und besagt, daß das Verhältnis der Spannung zur Dehnung bis zu dieser Grenze zwar sowohl von der Zeit wie auch von der Temperatur aber nicht von der Spannung selbst abhängig ist. Daraus folgt, daß innerhalb der Gültigkeit dieser Gesetzmäßigkeit Teile aus thermoplastischen Kunststoffen nach den Gesetzen der Elastizitätstheorie berechnet werden können, sofern die Zeit- und Temperaturabhängigkeit der elastischen Kenngrößen bekannt ist. Diese Aussage ist für das Konstruieren mit Kunststoffen von entscheidender Bedeutung. Etwas verallgemeinernd und vergröbernd kann festgestellt werden, daß etwa bis 1% Verformung, wie die Abb. 103–105 zeigen, für technische Rechnungen davon ausgegangen werden kann, daß zwischen Spannung und Dehnung angenähert lineare Beziehungen herrschen. Diese Tatsache haben die meisten Berechnungsverfahren für Teile aus thermoplastischen Kunststoffen zur Grundlage.

Da die Verformungen im Maschinenbau selten 1% übersteigen, ist die Gewähr gegeben, daß die rechnerischen Beziehungen den tatsächlichen Gegebenheiten noch gerecht werden. Der Vorteil, daß in die Gleichungen der Elastizitätslehre lediglich ein zeit- und temperaturabhängiger Modul eingeführt werden muß, überwiegt aus der Sicht des Ingenieurs bei weitem die Nachteile. Der Konstrukteur muß sich lediglich klar darüber sein, daß im Normalfalle bei Verformungen von > 0,3–0,5% also außerhalb des linear viskoelastischen Bereiches, die wirklichen Verformungen größer als die berechneten werden können, da die Spannungs-Dehnungs-Kurven außerhalb des Linearbereichs (siehe Abb. 104) nach unten abbiegen. In kritischen Fällen wird eine genauere Rechnung nicht zu umgehen sein.

Da es jedoch nur schwer möglich ist, alle möglichen Einflußfaktoren zu erfassen, besteht der sichere Weg für den Konstrukteur darin, in einem Praxistest die Richtigkeit seiner Annahmen zu überprüfen.

Die Eigenschaften eines Kunststoffteiles hängen nämlich nicht nur von den mechanischen Eigenschaften des Werkstoffs ab, sondern in entscheidendem Maße ebenfalls von der Verarbeitung und von konstruktiven Einzelheiten. Die Gleichung[45]

$$E = f(M. V, K),\qquad(17)$$

E Eigenschaften,
M Material,
V Verarbeitung,
K Konstruktion,

drückt diesen Sachverhalt aus. Bei gleichem Werkstoff, M = konstant, können die Eigenschaften sehr wohl noch durch Verarbeitung und konstruktive Details, z. B. Wahl der Wanddicke, verändert werden (zu geringe Wanddicken können z.B. bewirken, daß Orientierungen entstehen, die die Festigkeitseigenschaften des Teiles beeinflussen).

Aus der Gleichung folgt ebenfalls, daß die Werkstoffkennwerte der Literatur, die unter gegebenen Verarbeitungsbedingungen an einem relativ einfachen Teil ermittelt wurden (Probestab), nicht ohne weiteres auf sehr komplizierte Formteile – etwa Spritzgußteile, bei denen wesentlich kompliziertere Fließwege und Abkühlbedingungen vorliegen – übertragen werden können. Auch aus dieser Sicht sind Praxisversuche allgemein empfehlenswert und in vielen Fällen erforderlich.

Bei mehrachsiger Beanspruchung bieten sich zur Berechnung die in der klassischen Festigkeitslehre gebräuchlichen Festigkeitshypothesen an. Die Gestaltänderungsenergiehypothese, die in ihrer Aussage identisch ist mit der von-Mises-Fließbeziehung lautet für den Hauptspannungszustand:

$$(\sigma_1 - \sigma_2)^2 + (\sigma_2 - \sigma_3)^2 + (\sigma_3 - \sigma_1)^2 \leq 2\,\sigma_v^2,\qquad(18)$$

σ_v ist die im einachsigen Zugversuch (Druckversuch) ermittelte Vergleichsspannung.

Sie vergleicht die zulässige Spannung mit dem Spannungszustand, bei dem der Werkstoff unter mehrachsiger Beanspruchung zu fließen beginnt. Da dieses Kriterium für das Versagen der meisten Kunststoffe zutrifft, liegt es nahe, bei Berechnung von mehrachsigen Spannungszuständen die von-Mises-Fließbeziehung anzuwenden[46,47].

Bei allen mehrachsigen Problemen tritt die Poissonsche Zahl v auf. Wie in der Elastizitätstheorie gezeigt wird, kann v nicht kleiner als 0 und nicht größer als 0,5 werden.

$$v = \frac{\varepsilon_q}{\varepsilon},\qquad(19)$$

ε_q Querdehnung; $v = 0$ gilt annähernd für Beton und besagt, daß keine Querkontraktion eintritt, $v = 0,5$ besagt, daß der Körper inkompressibel ist und Querkontraktionen durch Längsdehnungen ausgeglichen werden.

$v = 0,5$ gilt ziemlich genau für Elastomere.

[45] *Gäth, R., Orthmann, H. J., Schmitt, B.*: Normwerte und Fertigteileigenschaften. Kunststoffe 55 (1965) 709–711.
[46] *Baer, E.* (Herausgeber): Engineering Design for Plastics, London: Reinhold 1964.
[47] *Weber, A.*: Werkstoff- und spritzgußgerechtes Konstruieren mit thermoplastischen Kunststoffen. Vortragsveröffentlichung: Haus der Technik, Essen: Nr. 113 (1966).

Thermoplaste und duromere Kunststoffe besitzen bei Raumtemperatur eine Poissonsche Zahl von etwa 0,30–0,45, genauer:

PS	0,3
PMMA	0,35
CAB	0,46
UP (mit Mattenverstärkung)	0,3 (30% GF)

Je weicher der Kunststoff ist, desto größer ist die Poissonsche Zahl.

Solange nicht der Übergangsbereich (Übergang zur Schmelze) erreicht wird, ist ν über einen weiten Temperatur- und Zeitbereich konstant und kleiner als 0,5. Im Übergangsbereich strebt ν entsprechend einem komplizierten Zusammenhang dem Grenzwert $\nu = 0,5$ zu.

Bei der Berechnung von Kunststoffteilen ist darauf zu achten, daß als Vergleichswerte stets solche angezogen werden, die bei vergleichbaren Zeiten oder, was dasselbe ist, bei gleichen Verformungsgeschwindigkeiten ermittelt wurden. Das heißt also, wenn ein kurzzeitig beanspruchtes Maschinenelement berechnet werden soll, so muß als Vergleichswert ein Prüfwert zur Verfügung stehen, der etwa bei der gleichen Beanspruchungsfrequenz ermittelt wurde.

In vielen Fällen genügt es, mit den nach den Prüfvorschriften nach DIN ermittelten Werkstoffkennwerten zu arbeiten. Bei langzeitiger Belastung sind die Zeit-Dehn-Linien, Kriechmodul oder Relaxationsmodul die geeigneten Werkstoff-Kennfunktionen. Es ist wesentlich, daß auch die Temperaturen, bei denen die Kennfunktionen ermittelt wurden, mit der Beanspruchungstemperatur übereinstimmen.

Aus Gründen der Reproduzierbarkeit werden Festigkeitswerte zweckmäßigerweise an gepreßten, nichtorientierten Probestäben ermittelt. Demgegenüber besitzen gespritzte Teile Orientierungen und demzufolge andere Festigkeitseigenschaften. Man geht mit Festigkeitskennwerten bzw. -funktionen, die an gepreßten Stäben ermittelt wurden, stets sicherer, da deren Festigkeitsniveau niedriger ist als das der gespritzten Teile.

Bei teilkristallinen Thermoplasten dagegen, insbesondere bei PA, das einen kristallinen Anteil von 40–60% hat, zeigt die Erfahrung, daß die Festigkeit von gepreßten oder extrudierten, also weitgehend orientierungsfreien Probekörpern wegen der besseren Kristallinität dieser Kunststoffe größer ist als die von spritzgegossenen, zum Teil amorphen, Probestäben. In diesen Fällen würde eine Rechnung bei gespritzten Teilen zur unsicheren Seite hin erfolgen, daher hat der Konstrukteur durch Verarbeitungsanweisungen dafür zu sorgen, daß der Werkstoff im Fertigteil weitgehend kristallin ist. Diese Vorschrift kann geprüft werden.

Auch Tests zur Prüfung von inneren Spannungen und Orientierungen sind möglich. Beim Heißtempern verziehen sich zum Beispiel spannungsfreie Teile nicht.

Es ist allerdings zu beachten, daß höherkristalline Thermoplaste meist auch spröder sind. Das heißt, daß beispielsweise die Forderung nach möglichst hoher Kristallinität nicht bei Elementen vorgeschrieben werden darf, von denen große Nachgiebigkeit verlangt wird. In allen Fällen müssen Konstrukteur und Verarbeiter zusammenarbeiten. Letztlich sind nur so optimale Ergebnisse möglich.

4.22 Bruchverhalten. Die von-Mises-Fließbeziehung beschreibt den geometrischen Spannungszustand zu Beginn des Fließens. Sie befindet sich in guter Übereinstimmung mit experimentellen Ergebnissen.

Um vorauszuberechnen, wann der Bruch eintritt, genügt es aber nicht allein, die Spannungsgeometrie zu kennen. Hier spielt vielmehr in sehr komplizierter Weise die gesamte Spannungs-Deformations-Vorgeschichte mit.

Der Brucheintritt ist abhängig:

1. von der Deformationsgeschwindigkeit:
mit zunehmender Verformungsgeschwindigkeit

$$\dot{\varepsilon} = \frac{d\varepsilon}{dt}$$

geht der Kunststoff vom zähen zum spröden Verhalten über (siehe Abb. 110);

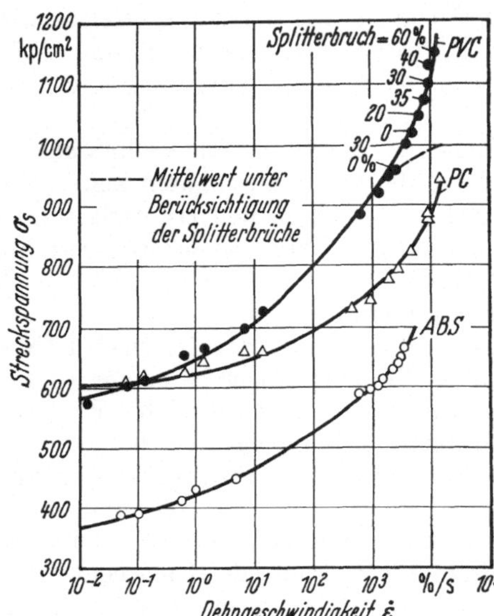

Abb. 110. Streckspannung thermoplastischer Kunststoffe als Funktion der Dehngeschwindigkeit (nach *Oberbach*).

2. von Ermüdungserscheinungen, wie sie sich z. B. im Zeitstandsverhalten ausdrücken;

3. von dynamischen Ermüdungserscheinungen, z. B. nach dem Überschreiten der Wechselfestigkeit.

Für die Erfassung der Bruchvorgänge wird heute, zum Teil mit Erfolg, die statistische Auffassung des Brucheintritts angewendet.

Auch die Schwachstellenhypothese hat sich zur Beschreibung von Bruchvorgängen als brauchbar erwiesen.

Nach der Schwachstellenhypothese findet der Bruch niemals im ungestörten Material statt. Dieses verformt sich plastisch. Der Bruch beginnt an Störungsstellen, also an Schwachstellen, an denen eine Verformungsbehinderung eintritt[43].

4.23 Verhalten bei schwingender Beanspruchung. Im Gegensatz zu Stahl ist es bei duromeren und thermoplastischen Kunststoffen nicht möglich, eine Dauerwechselfestigkeit zu bestimmen. Zu dieser Tatsache, die in Abschnitt 6 noch näher erläutert wird, tritt die rein experimentelle Schwierigkeit, daß sich infolge des hohen Dämpfungsvermögens, namentlich der thermoplastischen Kunststoffe, die Probe bei wechselnder Beanspruchung erwärmt. Strenggenommen gelten demnach die in der Literatur anzutreffenden Angaben über Dauerwechselfestigkeit nur für niedrige Frequenzen[48] und nur für die bestimmten Versuchsbedingungen (vgl. Abb. 111 und 112).

---

[48] *Oberbach, K.*: Erwärmungsverhalten von Kunststoffen bei dynamischer Beanspruchung. Kunststoffe 59 (1969) 9–37.

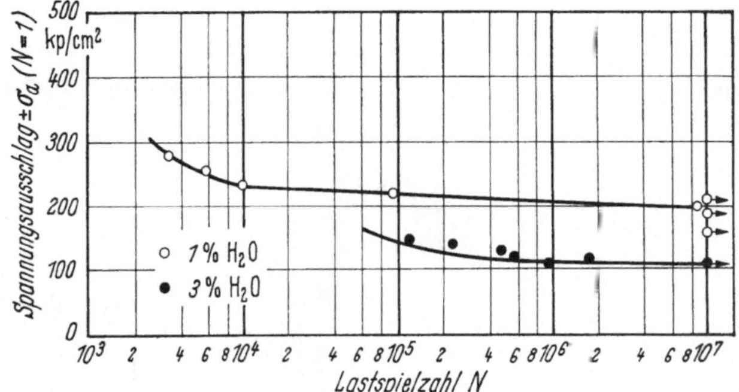

Abb. 111. Wöhler-Kurve für den Zugschwellbereich für glasfaserverstärktes 6-Polyamid (nach *Oberbach*).

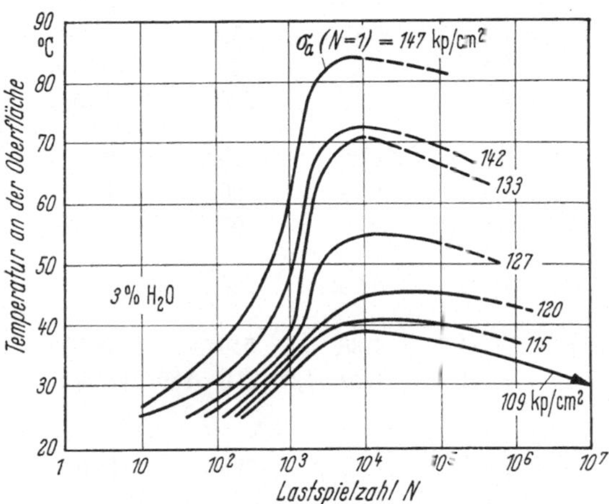

Abb. 112. Verlauf der Oberflächentemperatur als Funktion der Lastspielzahl beim Zugschwellversuch mit glasfaserverstärktem 6-Polyamid (nach *Oberbach*).

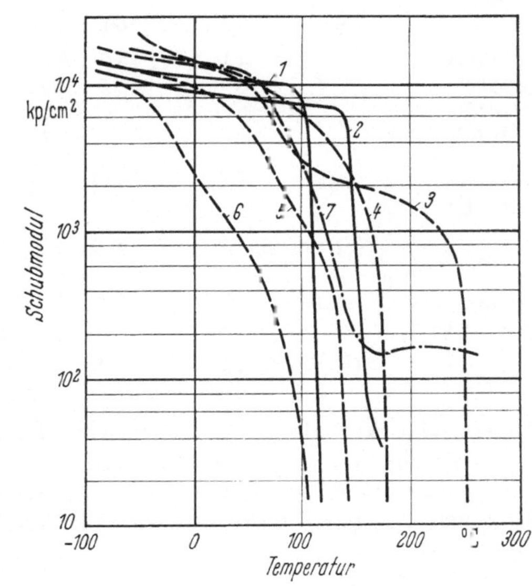

Abb. 113. Schubmodul, gemessen im Torsionsschwingversuch nach DIN 53 445, in Abhängigkeit von der Temperatur.

Tabelle 7. *Werkstoffrichtwerte*

Chemische Bezeichnung Kurzzeichen (DIN 7728)		Mechanische Werte bei 20 °C				
		Rohdichte (DIN 53479) g/cm^3	Zugfestigkeit bzw. Streckspannung (DIN 53455) kp/cm^2	Elastizitätsmodul aus dem Biege- bzw. Zugversuch (DIN 53457) kp/cm^2	Schubmodul aus dem Torsions-schwingungsversuch (DIN 53445) kp/cm^2	Reißdehnung (DIN 53455) %
6,6-Polyamid	PA	1,14	600	20000	12500	170
6,6-Polyamid mit 35 % GF	PA	1,39	1600	100000	24000	5
6-Polyamid	PA	1,13	500	17000	10500	150
6-Polyamid hochmolekular	PA	1,13	400	15000	10500	250
6-Polyamid mit 35 % GF	PA	1,39	1300	75000	23000	7
Gußpolyamid	PA	1,15	600	16000	13500	40
Polyäthylen niedriger Dichte	LDPE	0,918	90	1600	1400	550
Polyäthylen hoher Dichte	HDPE	0,952	280	11000	9000	600
Polyvinylchlorid hart	PVC	1,38	550	30000	10500	30
Polyvinylchlorid 20···40 Gew. % Weichmacher	PVC	1,30···1,20	280···160	variiert	variiert	150···300
Styrol-Acrylnitril Copolymerisat	SAN	1,08	780	37000	13800	5
modifiziertes SAN auf d. Basis Acrylester, Styrol, Acrylnitril	ASA	1,07	520	26000	9000	15
Polystyrol	PS	1,05	600	33000	12000	3
schlagf. Polystyrol modif. Polystyrol auf der Basis von Styrol und Butadien	SB	1,05	370	24000	7500	40
ungesättigtes Polyesterharz　UP	(zäh)	1,23	700	36000	15000	4
	(Standard)	1,22	600	40000	16000	2
glasfaserverstärktes Polyesterharz　GFK	(Matte)	1,50	1200	100000	30000	$> 3{,}5$
	(Gewebe)	1,88	3400	250000	—	$> 3{,}4$
	(Roving)	1,98	6300	300000	—	2

4.24 Thermisches Verhalten. Bei thermischer Beanspruchung müssen Kunststoffteile in zweifacher Hinsicht gewertet werden:

4.241 *Erweichungsverhalten.* Die Materialien erweichen mit zunehmender Temperatur. Dadurch wird der Schubmodul, der mit dem Elastizitätsmodul durch die Beziehung

$$E = 2\,G\,(1 + \nu) \tag{20}$$

verknüpft ist, abgesenkt (vgl. Abb. 113 und 99). Bei kristallinen Kunststoffen be-

für Kunststoffe

Verformungsarbeit bis zum Bruch (aus dem Zugversuch) cm kp/cm³	Logarithmisch. Dekrement der mechanisch. Dämpfung (DIN 53445) Maximalwert im Bereich 20···50°C	Thermische Werte			linearer Wärmeausdehnungskoeffizient 1/°C bei 20°C	Wärmeleitzahl kcal/mh°C
		Temperaturgrenzen der Anwendung Erfahrungswerte an Fertigteilen				
		in der Wärme		in der Kälte		
		kurzzeitig °C	dauernd °C	°C		
700	0,15	150···170	100	bis −30	7···10 · 10⁻⁵	0,21
35	0,07	150···200	80	bis −30	2,5 · 10⁻⁵	0,23
700	0,30	140···160	80	bis −40	7···10 · 10⁻⁵	0,24
700	0,30	140···160	80	bis −45	7···10 · 10⁻⁵	0,24
30	0,18	140···180	80···110	bis −45	2,5 · 10⁻⁵	0,28
250	0,30	140···160	80···100	bis −45	7 · 10⁻⁵	0,36
400	0,42	∼ 100	∼ 80	unter −50	23 · 10⁻⁵	0,26
−	0,32	∼ 100···110	∼ 90	unter −50	20 · 10⁻⁵	0,29
140	0,09	70	60	0 bis −30	7 · 10⁻⁵	0,14
300···500	0,6···0,8	70	60	−30 bis −60	variiert	variiert
−	0,05	∼ 95	∼ 85	unter −50	7 · 10⁻⁵	0,15
62	0,06	∼ 95	∼ 85	−40	8···11 · 10⁻⁵	0,15
13	0,05	∼ 90	∼ 80	unter −50	7 · 10⁻⁵	0,15
150	0,06	∼ 80	∼ 70	unter −50	9 · 10⁻⁵	0,15
12	0,22	Formbeständigkeit nach Martens: 68 nach ISO R 75 A: 87		unter −50	8 · 10⁻⁵	0,14
6,5	0,12	nach Martens: 80 nach ISO R 75 A: 105		unter −50	13 · 10⁻⁵	0,16
20	0,25	180	100	unter −50	2,8 · 10⁻⁵	0,19
32	0,25	180	100	unter −50	1,2 · 10⁻⁵	0,25
100	0,25	180	100	unter −50	0,8 · 10⁻⁵	0,37

deutet die erste Stufe die Auflösung der amorphen Zwischenbezirke (Glastemperatur!) und die zweite Stufe im Diagramm

$$G = f(T)$$

den Kristallitschmelzbereich.

Duromere erweichen ebenfalls, schmelzen jedoch nicht, das heißt, der Modul bleibt auch bei höheren Temperaturen auf einem gewissen, allerdings niedrigen, Niveau.

4.242 *Thermische Schädigung*. Kunststoffe können durch Wärmeeinwirkung thermisch geschädigt werden. Die Schädigung kann durch Kettenabbruch, Depolymerisation und Oxydation erfolgen. Charakteristisch dafür ist eine Versprödung des Werkstoffs, die häufig mit einer Verfärbung einhergeht. In Tab. 7 sind die Dauergebrauchstemperaturen für technisch wichtige Kunststoffe zusammengetragen.

4.25 Physikalisch-chemisches Verhalten. Beim Konstruieren mit Kunststoffen ist von den chemischen Eigenschaften dieser Materialien die chemische Beständigkeit am wichtigsten. Über sie geben die Beständigkeitstabellen Auskunft[49]. Weitere physikalische Größen wie Wärmedehnung und Wärmeleitzahl sind für einige wichtige Kunststoffe in Tab. 7 aufgeführt.

Unter den physikalischen Eigenschaften nimmt die Spannungsrißbildung bei Kunststoffen eine Sonderstellung ein. Wie dargelegt wurde, geht das Versagen durch Bruch unter Zugspannung nach der Vorstellung der Schwachstellenhypothese vom Vorhandensein zahlreicher kleiner Inhomogenitäten an der Oberfläche und im Innern des Körpers aus, wo es durch Fließbehinderung im Werkstoff zu einem Bruch kommt. Man beobachtet nun, daß die Rißbildung durch flüssiges und dampfförmiges Umgebungsmedium beeinflußt werden kann.

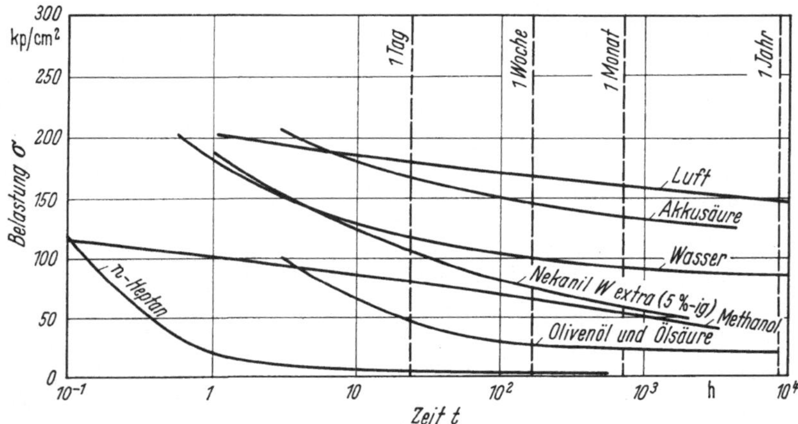

Abb. 114. Zeitstandsprüfung von schlagfestem Polystyrol in verschiedenen Medien. Prüftemperatur 20 °C (nach *Fischer*).

Voraussetzung ist, daß der Körper unter Zugspannung steht. Benetzt ein wirksames Umgebungsmedium die Oberfläche, so wird die Kerbspannung an den Schwachstellen augenblicklich erhöht. Die Wirkung verstärkt sich, wenn der Dampf oder die Flüssigkeit in die Risse eindringt und auf die Flanken einen Spreitungs- oder Quelldruck ausübt. Diese Beanspruchung überlagert sich dann der wirksameren Zugspannung. Die Folge ist, daß es zum Versagen des Teiles kommen kann. Die Spannungsrißbildung ist entscheidend abhängig vom Kunststoff und dem angreifenden Medium. Je nach der Verträglichkeit der beiden Stoffe tritt Spannungsrißbildung auf oder nicht. Ein anderes Medium kann u.U. bereits umgekehrt als Weichmacher wirken und die Spannungsrißbildung verhindern. Als Beispiel[50] (siehe Abb. 114) ist die Wirkung von spannungsrißbildenden Medien, z. B. auf schlagfestes Polystyrol gezeigt.

---

[49] Chemische Beständigkeit von Kunststoffen. Herausgeber BASF.
[50] *Fischer, F.*: Spannungsrißbildung und Spannungsrißkorrosion bei Kunststoffen. Z. Werkstofftechn. I (1970) H. 2, 74–83.

5. Überblick über die Verarbeitung der Kunststoffe

5.1 Duromere

5.11 Pressen. Die Formmasse wird bei der Verarbeitung in beheizbare Formen gefüllt. Durch die Erwärmung schmilzt das Harz, der Verarbeitungsdruck preßt das geschmolzene Harz mit dem Füllstoff in den Formkohlraum. Durch die Erwärmung setzt gleichfalls die Härtungsreaktion (Vernetzung) ein. Es entsteht der duroplastische = duromere Preßstoff.

Preßstoffe besitzen einen hohen E-Modul, besonders dann, wenn mineralische Füllstoffe verwendet werden. Die Oberfläche ist hart und brillant. Sie sind auch, namentlich die Phenolharz-Kunststoffe, für hohe Temperaturen einsetzbar.

Das Pressen ist die älteste Art der Formgebung und wird bei Duromeren auch heute noch am meisten angewendet.

5.12 Spritzpressen. Beim Spritzpressen wird die Formmasse vom Spritzkolben aus einer Vorkammer über einen Anschnitt in die Form gepreßt.

5.13 Spritzgießen. Das Spritzgießen von duroplastischen Formmassen hat Ähnlichkeit mit dem Spritzgießen thermoplastischer Massen. Es unterscheidet sich von diesem dadurch, daß Zylinder und Schnecke relativ kühl sind. Dadurch wird vermieden, daß die Härtungsreaktion bereits im Zylinder einsetzt. Hingegen wird die Form beheizt, um die Härtungsreaktion in der Spritzgußform in Gang zu bringen. Die Temperatur im Spritzzylinder beträgt höchstens 60–130 °C, die Form wird auf 160–180 °C beheizt.

5.14 Herstellung von Werkstücken aus glasfaserverstärktem Polyester- und Epoxidharz (GFK). GFK sind Kombinationswerkstoffe aus Harz und Glasfasern. Bei der Verarbeitung wird die Glasfaser mit dem gießbaren Reaktionsharz getränkt. Formgebung und Härtung finden gleichzeitig oder anschließend statt.

5.141 *Handverfahren.* Erreichbarer Glasgehalt 30–55%. Es wird angewendet zur Herstellung von Einzelstücken und großflächigen Teilen, auch kleinen Serien.

Auf eine Form wird zunächst eine Feinschicht aufgetragen. Feinschichten sind bis zu 600 µm dick. Sie können eingefärbt sein und decken die folgenden Laminatschichten ab, weshalb sie meistens aus einem Harz mit erhöhter Witterungs- und Chemikalienfestigkeit bestehen. Nach dem Aushärten werden auf die Feinschicht abwechselnd weitere Harzschichten und Glasfaserschichten aufgetragen und mit Pinsel oder Walze angedrückt. Beim Handverfahren wird deswegen nur die dem Werkzeug zugekehrte Seite glatt, die andere bleibt roh.

5.142 *Faserspritzverfahren.* Erreichbarer Glasgehalt 20–30%. Es besteht Ähnlichkeit mit dem Handverfahren. Der Aufbau der Schichten ist derselbe. Es werden lediglich mittels einer Spritzpistole das Reaktionsharz und die geschnittene Glasseide zusammen auf die Form gesprüht. Die Verdichtung erfolgt mit der Hand.

5.143 *Pressen.*

5.144 *Kaltpressen.* Das Kaltpressen erfolgt auf handelsüblichen hydraulischen oder mechanischen Pressen. Der Harzansatz muß so eingestellt sein, daß er bei Raumtemperatur zu vernetzen beginnt. Es können billige Werkzeuge, u. U. ebenfalls aus glasfaserverstärktem Harz, verwendet werden. Bei komplizierten Formen mit großer Formhöhe sollten Vorformlinge eingesetzt werden. Sie bestehen aus kurzen Glasfasern, die mit einem Bindemittel verfestigt werden. Erreichbarer Glasgehalt 65%.

5.145 *Warm- oder Heißpressen.* Für Warmpressen werden hochglanzpolierte Stahlwerkzeuge verwendet, die elektrisch oder mit Dampf beheizt werden. Beim

Nr.		Handverfahren	Faserspritz-verfahren	Injektions-verfahren	Kaltpreß-verfahren	Naßpressen
1	Geeignete Harze	UP-Harze	UP-Harze	UP-Harze EP-Harze	UP-Harze EP-Harze	UP-Harze EP-Harze
2	Art der Verstärkung Glasgehalt... Gew.-%	Glasseidenmatten 20...30% Glasseidengewebe 35...50% Roving-Gewebe 40...50% Roving(örtl.) 50...70%	Glasseiden-schnitzel 20...30%	Glasseidenmatten 30...40% Glasseidengewebe 40...65%	Glasseidenmatten-vorformlinge 25...40% Glasseidengewebe 50...65% Roving-Gewebe 50...65%	Glasseidenmatten 30...50% Glasseidengewebe 55...65% Roving-Gewebe 50...60%
3	Abhängigkeit der Bauteil-größe	beliebig	beliebig	Größe der Form oder des Autoklaven	Abmessungen der Werkzeuge und Pressen	Abmessungen der Werkzeuge und Pressen
4	Wand-dicken	2...10 mm üblich	2...10 mm üblich	0,5...10 mm üblich	1,5...10 mm	1...10 mm
5	Unterschied-liche Wand-dicken	möglich	möglich	möglich	bedingt möglich	nicht möglich
6	Toleranzen	Mattenverstärkung bis 50% Gewebeverstärkung bis 20%	bis 80% unvermeidbar	bis 20%	bis 20%	bis 10%
7	Mindest-radien	5 mm	5 mm	5...10 mm	3 mm	3 mm
8	Seiten-neigungen	1:25 bis 1:50	1:25 bis 1:50	einseitig gekrümmt nicht erforderlich sonst 1:25 bis 1:50	1:50 bis 1:100	1:50 bis 1:100
9	Hinter schneidungen	möglich	möglich	möglich	nicht möglich	nicht möglich
10	Sicken	üblich	üblich	üblich	üblich	üblich
11	Rippen	möglich	möglich	bedingt möglich	bedingt möglich	nicht möglich
12	Ein-bettungen	üblich	üblich	üblich	bedingt möglich	bedingt möglich
13	Metall-einsätze	üblich	üblich	möglich	möglich	möglich
14	Durchbrüche	größere möglich	größere möglich	möglich	nicht möglich	möglich
15	Oberflächen-güte	einseitig glatt	einseitig glatt	beidseitig glatt	beidseitig glatt geringe Glasfaser-struktur	beidseitig glatt deutliche Glas-faserstruktur
16	Feinschicht	einseitig üblich	einseitig üblich	einseitig und beidseitig möglich	bedingt möglich	bedingt möglich
17	Transparenz	gut möglich	möglich	möglich	möglich	begrenzt möglich
18	Nacharbeit	beschneiden	beschneiden	beschneiden	beschneiden	entgraten

Warmpreßverfahren Pressen v. Harzmatten (fließfähig)	Pressen v. Harzmatten (nicht fließfähig)	Wickelverfahren	Schleuderverfahren	kontinuierliche Verfahren Profilziehverfahren	Laminierverfahren
UP-Harze	UP-Harze EP-Harze	UP-Harze EP-Harze	UP-Harze EP-Harze	UP-Harze	UP-Harze
Glasseidenmatten mit löslichem Binder 25…30%	Glasseidenmatten 25…35% Glasseidengewebe 50…65% Roving-Gewebe 60…75%	Rovings Glasseidengarne Glasseidenmatten Glasseiden-gewebebänder } 50…80%	Glasseidenmatten 25…35% Glasseidengewebe 30…40% Roving-Gewebe 25…35%	Rovings Spinnrovings Glasseidengarne Glasseiden-gewebebänder } 55…75%	Glasseidenmatten 20…25%
Abmessungen der Werkzeuge und Pressen	Abmessungen der Werkzeuge und Pressen	Wickelanlage	Abmessungen der Schleuderanlage	Profilquerschnitt	Anlagengröße
1…10 mm	1…10 mm	1…10 mm	3…10 mm	3…20 mm	1…3 mm
üblich	üblich	bei gleitenden Übergängen möglich	möglich	in Ziehrichtung üblich	nicht möglich
bis 10%	bis 10%	je nach Verstärkungsart bis 20%	bis 20%	bis 10%	bis 20%
0,5 mm	1 mm	10 mm	—	1 mm	5 mm
1:50 bis 1:100	1:50 bis 1:100	—	—	—	—
möglich	möglich	möglich	nicht möglich	senkrecht zur Ziehrichtung möglich	senkrecht zur Ziehrichtung möglich
üblich	üblich	bedingt möglich	nicht möglich	möglich	möglich
üblich	üblich	nicht möglich	nicht möglich	üblich	nicht möglich
möglich	üblich	möglich	nicht üblich	möglich	möglich
üblich	möglich	möglich	möglich	nicht möglich	nicht möglich
üblich	möglich	nicht zu empfehlen	nicht möglich	nicht möglich	nicht möglich
beidseitig glatt	beidseitig glatt	einseitig glatt	einseitig glatt	allseitig glatt	allseitig glatt
nicht möglich	nicht möglich	möglich	nicht möglich	nicht möglich	Laminat bedingt möglich
nicht möglich	bedingt möglich	möglich	möglich	möglich	Laminat bedingt möglich
entgraten	entgraten	nicht erforderlich bei Rohren beschneiden	beschneiden	nicht erforderlich	nicht erforderlich

Harzansatz entfällt die Zugabe von Beschleuniger. Der Ablauf des Preßvorganges ist derselbe wie beim Kaltpressen. Beim Heißpressen können jedoch im Unterschied zum Kaltpressen vorimprägnierte Verstärkungsmaterialien, sogenannte Prepregs, verarbeitet werden, die als faserige Preßmassen (fließfähig) oder imprägnierte Gewebe und Stränge (nicht fließfähig) geliefert werden. Erreichbarer Glasfasergehalt bis 65%.

5.146 *Wickelverfahren.* Auf einer Einrichtung, die einer Drehbank ähnelt, wird der Kern gedreht; darauf werden die Glasfaserstränge (Rovings) gewickelt, die vor dem Auflaufen auf den Kern mit Reaktionsharzansatz getränkt werden. Drehzahl, Vorschub und Fadenführung müssen aufeinander abgestimmt sein. Es lassen sich Glasgehalte bis zu 80% und demzufolge sehr hohe Festigkeiten erreichen.

5.147 *Schleuderverfahren.* Zur Herstellung von rotationssymmetrischen Teilen wie Rohren etc. können Schleuderverfahren angewandt werden. Das Verstärkungsmaterial wird in die stillstehende Rotationsform eingelegt. Anschließend wird die Form in Umdrehung versetzt und der flüssige Harzansatz eingefüllt. Erreichbarer Glasgehalt bis zu 40%. Einen Überblick über die verschiedenen Verarbeitungsmethoden von GFK gibt Tab. 8[51].

5.2 Thermoplaste

5.21 Extrusion. Thermoplaste werden vom Hersteller als Granulate oder Pulver geliefert und nach dem Aufschmelzen verformt. Beim Extruder, einer Schneckenpresse, wird der Rohstoff vom Einfülltrichter durch die Schnecke mitgenommen und schmilzt an den beheizten Zylinderwänden sowie durch die Reibung und Scherung in den Schneckengängen. Der geschmolzene Kunststoff wird durch eine Düse am Zylinderende ausgepreßt. Mit entsprechenden Düsen können Platten, Folien, Rohre, Profile und Stränge hergestellt werden.

5.22 Umformtechniken, die vom Halbzeug ausgehen.

5.221 *Blasformen.* Der aus der Düse austretende Schlauch läuft zwischen die geöffneten Backen einer zweiteiligen Form und auf einen Blasdorn auf. Die Formhälften werden geschlossen, kneifen das eine Schlauchende ab und verschweißen es. Durch den Blasdorn am andern Ende wird Luft eingeblasen. Diese preßt den plastisch verformbaren Schlauch gegen die Formwand. Durch Blasformen, das heute auch in zahlreichen Varianten des beschriebenen Verfahrens üblich ist, werden neben Verpackungsbehältern in zunehmendem Umfang technisch anspruchsvolle Teile wie Kraftfahrzeugtanks, Luftführungen etc. hergestellt.

5.222 *Umformen.* Mit der Breitschlitzdüse gefertigte Platten und Folien können, solange sie noch warm und plastisch verformbar sind, direkt durch Vakuumtiefziehen verformt werden. Dies ist üblich bei Verpackungsbehältern. Für technische Teile werden die Platten als Halbzeug bezogen und vor dem Vakuumformen nochmals erwärmt. Beim Verformen müssen die Platten fest eingespannt sein. Das Werkzeug fährt von unten in die weich gewordene Platte ein und anschließend wird die Luft zwischen Werkzeug und Platte abgesaugt. Der atmosphärische Druck preßt die erweichte Platte konturenscharf um das Werkzeug. Das Verfahren eignet sich zur Herstellung von Kühlschrankinnenbehältern und großflächigen Teilen aller Art, wie Böden, Schalen, Teilen für den Apparatebau u. a. m.

Ausgehend von plattenförmigem Halbzeug lassen sich Halbzeuge aus thermoplastischen Kunststoffen durch Biegen, Abkanten, Streckziehen, Kaltverformen

---

[51] VDI-Richtlinie 2011 u. 2012: Herstellen von Werkstücken aus GFK und Gestalten von Werkstücken aus GFK.

usw. verformen. Dieser Methoden bedient sich die handwerkliche Verarbeitung von Kunststoffen[52].

5.223 *Spanende Verarbeitung von Kunststoff-Halbzeug.* Kunststoffhalbzeug läßt sich spanend verarbeiten. Dabei sind hohe Schnittgeschwindigkeiten möglich. Bei kleinen Serien kann u. U. die spanende Fertigung von Formteilen, da keine Werkzeugkosten anfallen, preisgünstiger sein als eine thermische Verformung [53,54,55,56].

5.23 Spritzgießen. Beim Spritzgießen wird der Kunststoff in ähnlicher Weise wie beim Extrudieren aufgeschmolzen. Bei den Schneckenspritzgußmaschinen ist die Schnecke axial verschiebbar und dient als Auspreßkolben für die Spritzgußmasse. Sie erhält deswegen häufig am vorderen Ende eine Rückströmsperre. Der geschmolzene Kunststoff wird unter Druck in den Hohlraum des Spritzgießwerkzeugs gefördert. Dort erstarrt die Masse zum fertigen Formkörper.

Das Spritzgießverfahren[57] ist das wichtigste Herstellungsverfahren für Formteile aus thermoplastischen Kunststoffen. Fast alle Vertreter dieser Gattung lassen sich im Spritzguß verarbeiten. Ausnahmen sind noch einige Typen von PTFE, PE mit sehr hohem Molekulargewicht sowie einige Sonderkunststoffe wie Polyvinylidenchlorid und Polyimide.

Auch die Größenordnung der Spritzgußteile ist neuerdings nach oben und unten fast unbegrenzt. Durch Spritzgießen lassen sich kleinste Lagerschalen für Armbanduhren ebenso herstellen wie große Möbelteile.

Die Vielfalt der Möglichkeiten verlangt jedoch vom Spritzgießer gründliche Kenntnisse. Während die Fertigung unkomplizierter Teile mit Hilfe moderner Maschinen und Werkstoffe heute problemlos ist, verlangen aufwendige Teile, Formteile mit hohen Genauigkeitsanforderungen oder komplizierter Gestalt, aber auch große und dickwandige Teile Spezialmaschinen und Spezialkenntnisse.

Für Großteile mit dicken Wandungen ist heute der Spritzguß mit schäumbaren Spritzgußmassen gebräuchlich. Durch das Aufschäumen geht das Raumgewicht z. B. von schlagfestem Polystyrol von 1,05 g/cm³ auf 0,70 g/cm³ und weniger zurück. Dies ist jedoch nicht das Wesentliche. Vor allem ist es durch das Aufschäumen in der Form möglich, auch dickwandige Teile zu spritzen, da das Treibmittel für den notwendigen Nachdruck sorgt, während ohne Treibmittelzusatz trotz langer Nachdruckzeit und entsprechend hohen Zykluszeiten Einfallstellen an Querschnittsübergängen nicht vermeidbar sind.

Dank den so erzielbaren großen Wanddicken lassen sich sehr steife und robuste Großteile fertigen.

Spritzgußwerkzeuge sind normalerweise ziemlich aufwendig, da sie hohen Temperaturen und sehr hohen Spritzdrücken standhalten müssen. Daher eignet sich das Spritzgießverfahren vorzugsweise für große Serien. Allerdings sind Verallgemeinerungen hier nicht zulässig; man sollte jedes Teil stets genau kalkulieren. Mitunter sind komplizierte Teile trotz des teuren Werkzeugs nach dem Spritzgießverfahren aus Kunststoff preiswerter herzustellen als nach anderen Formgebungsverfahren aus konventionellen Werkstoffen.

---

[52] VDI-Richtlinie 2008.

[53] *Spur, G., Zug, G.:* Untersuchung der Zerspanbarkeit von Polyamiden beim Drehen. Werkst. u. Betr. 6 (1968) 325–328.

[54] *Brey, T.:* Die spanende Bearbeitung von Kunststoffen. Konstruktion, Elemente, Methoden 4 (1969) 150–159.

[55] *Diehl, W.:* Die Bestimmung der wirtschaftlichen Grenzstückzahl am Beispiel des Drehens oder Spritzgießens von Polyamid-Teilen. Kunststoffe 59 (1969) 531–534.

[56] *Beck, K.:* Spanende Bearbeitung von Polyamid-Kunststoff, Erkenntnisse beim Stirnfräsen. Klepzig Fachberichte 76 (1968) 479–484.

[57] VDI-Richtlinie 2006.

6. Maßnahmen zur Versteifung von Kunststoffkonstruktionen

6.1 Definition der Biege- und Torsionssteifigkeit von Balken und Platten

Die Steifigkeit biegesteifer elastischer Balken wird in der Festigkeitslehre definiert als

$$N = E \cdot I, \tag{21}$$

für die Torsionssteifigkeit gilt

$$D = G \cdot I_p, \tag{22}$$

E Elastizitätsmodul,
G Schubmodul,
I Äquatoriales Flächenträgheitsmoment des Querschnitts senkrecht zur neutralen Faser,
I_p Polares Flächenträgheitsmoment.

Für dünne Platten gilt analog

$$N = \frac{E \cdot I}{1 - \nu^2} \tag{23}$$

ν Poissonsche Zahl

Die Gleichungen sagen aus, daß die Steifigkeit durch zwei Größen bestimmt wird, zum einen vom E-Modul, zum anderen vom Trägheitsmoment. Der E-Modul ist eine werkstoffspezifische Kenngröße der Elastizität. Das Trägheitsmoment I ist eine Größe, die sich aus der Geometrie des Teiles ergibt.

Infolgedessen kann die Steifigkeit durch zwei Maßnahmen beeinflußt werden: durch Veränderung des E-Moduls und durch Veränderung des Trägheitsmomentes, d. h. Änderung der geometrischen Abmessungen. Die Gleichungen gelten streng nur für den elastischen Bereich. Bei Kunststoffen gelten die unter 4 erwähnten Einschränkungen. Insbesondere bei thermoplastischen Kunststoffteilen ist es infolgedessen notwendig, die Gültigkeit der linearen Spannungs-Dehnungs-Beziehungen zu prüfen und gegebenenfalls eine Fehlerabschätzung vorzunehmen. Duromere Kunststoffteile werden im allgemeinen als elastische Körper betrachtet und berechnet.

6.2 Bemerkungen zum niedrigen E-Modul thermoplastischer Kunststoffe

Entsprechend Gl. (21) ist bei gleichbleibenden Abmessungen die Steifigkeit von Kunststoffteilen im Vergleich z. B. zu Stahlteilen im Verhältnis der E-Moduln beider Stoffe niedriger. Bei Schnappverbindungen wird das als Vorteil ausgenutzt. Ein federnder Haken beispielsweise ist zu berechnen wie ein einseitig eingespannter Balken. Die Durchbiegung f ist (siehe Abb. 115)

$$f = P \frac{l^3}{3\,N}, \tag{24}$$

P Belastung am Balkenende,
l Balkenlänge,
N Steifigkeit $= E\,I$.

Werden die Querkräfte vernachlässigt, so ist die zulässige Durchbiegung

$$f_{zul} = \frac{2}{3} \frac{\varepsilon_{zul}}{h} \cdot l^2 , \tag{25}$$

h Balkendicke (siehe Abb. 115).

Die zulässige Schnapphöhe ist damit eine Funktion der zulässigen Dehnung des verwendeten Werkstoffs und der Geometrie des Biegebalkens. Aus Abb. 116 läßt sich mit den Werten aus Tab. 9[58] die maximal zulässige Schnapphöhe entnehmen.

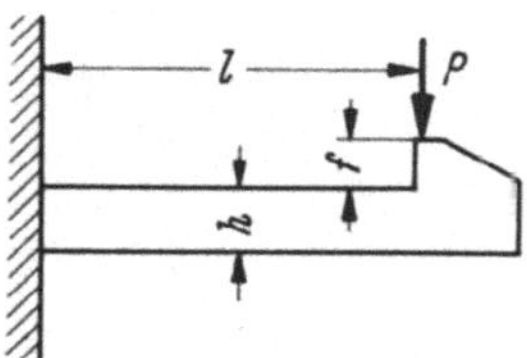

Abb. 115. Bezeichnungen am Federhaken. l freie Länge bis zum Hakengrund; h Querschnittshöhe; f Schnapphöhe.

Von den Möglichkeiten, federnde Schnappverbindungen aus Kunststoffen herzustellen, wird in der Praxis, wie Abb. 117 zeigt, sehr häufig Gebrauch gemacht. Wegen des niedrigen E-Moduls der Kunststoffe sind derartige formschlüssige Verbindungen ausgesprochen werkstoffgerecht.

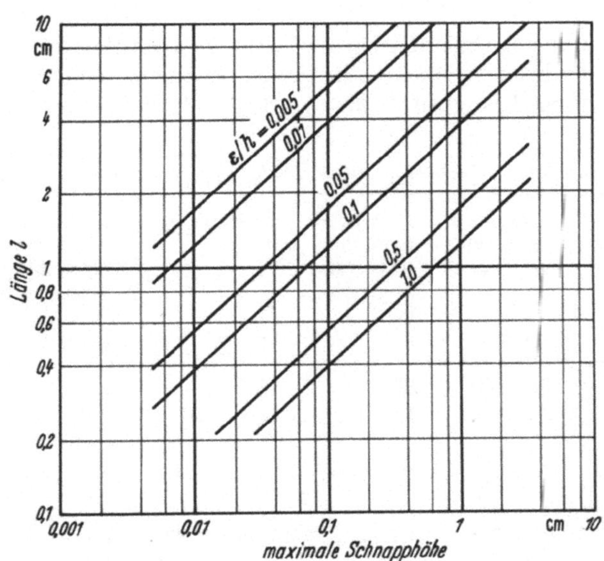

Abb. 116. Maximale Schnapphöhe in Abhängigkeit von der Hakenlänge (nach *Erhard*).

Abb. 117. Federnde Schnappverbindungen aus thermoplastischem Kunststoff (Verbindung von Gehäusedeckel mit der Grundplatte).

---

[58] *Erhard, G.:* Preß- und Schnappverbindungen. Kunststoffe 58 (1968) H. 2, 131–133.

Tabelle 9. *Richtwerte für mögliche Hinterschneidungen*

Werkstoff	Kurz-zeichen	Zulässige Dehnung ε_{zul} bzw. maximale Hinterschneidung H in %
Polystyrol	PS	1···1,5
Schlagfestes Polystyrol	SB	2
Acrylnitril-Styrol-Mischpolymerisat	SAN	1···2
Acrylnitril-Butadien-Styrol	ABS	3
Polycarbonat	PC	1···2
Polyamid	PA	4···5
Polyformaldehyd	POM	3···4
Polyäthylen niedriger Dichte	PE	10···12
Polyäthylen mittlerer Dichte	PE	9···10
Polyäthylen hoher Dichte	PE	7···8

6.3 Maßnahmen zur Erhöhung der Steifigkeit von Kunststoffteilen

6.31 Erhöhung des E-Moduls. Der E-Modul von Kunststoffen kann durch eingebettete Verstärkungsmaterialien erhöht werden. Voraussetzung ist, daß die Verstärkungselemente selbst einen wesentlich höheren E-Modul als die Kunststoffmatrix besitzen.

Voraussetzung ist ferner, daß es technisch möglich ist, einen Verbund zwischen Kunststoff und Verstärker zu bewirken. Zu den meist verwendeten Glasfasern und anderen Füllstoffen (Tab. 11) treten heute Kohlenstoffäden und Borfäden, die noch wesentlich höhere Festigkeiten und insbesondere einen u. U. mehr als doppelt so hohen E-Modul besitzen als Stahl. Die Tab. 10 und 17 ermöglichen einen Vergleich der Festigkeits- und Elastizitätswerte einiger Werkstoffe. Das spezifische Gewicht bleibt auch beim verstärkten Kunststoff relativ niedrig, und somit ergeben sich hohe spezifische Festigkeiten, die derartige Materialien für den

Tabelle 10. *Zugfestigkeit und Elastizitätsmodul einiger Werkstoffe (nach Schmidt)*

Werkstoff	Spez. Gew.	Zug-festigkeit	Reißlänge (gewichts-bezogene Zugfestig-keit)	Elastizitäts-modul	spezifische Steifigkeit (gewichts-bezogener E-Modul)
	g/cm^3	kp/mm^2	km	kp/mm^2	$km \cdot 10^3$
Glasseidengarn	2,5	90···140	36···56	7300···7900	2,9···3,2
Reinaluminium H, 99,5% DIN 1788	2,7	13···18	4,8···6,5	6500···7000	2,4···2,6
Aluminiumlegierung (AlCuMgF 45)	2,8	45···52	16···18,5	7000···7300	2,5···2,6
Stahl (St 37)	7,8	37···43	4,7···5,5	19000···21000	2,4···2,7
Titan	4,5	130	28,4	11200	2,45
Kiefernholz	0,6	7,8	11,5···13,2	1000	1,65
Balsaholz	0,14	2	14,3	350	2,5
Baumwolle roh	1,50	35···75	23···50	rd. 5000	rd. 3,3
Naturseide	1,25	40···55	32···44	rd. 750	rd. 0,6
Polyamidfaser (normal)	1,15	45···60	39···52	200···400	1,75···3,5

Leichtbau, insbesondere aber auch für die Luft- und Raumfahrt interessant machen. Abb. 118 zeigt einen Vergleich der spezifischen Festigkeit und Steifigkeit von borfädenverstärkten Metallen und Kunststoffen im Vergleich zu einer Aluminium-Titan-Vanadium-Legierung[59].

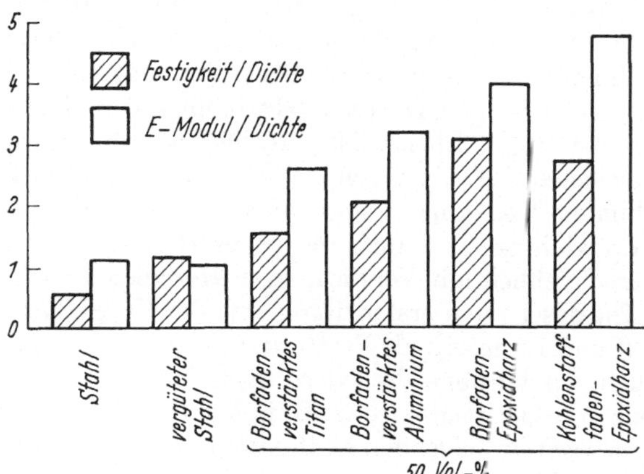

Abb. 118. Vergleich der spezifischen Festigkeit und Steifigkeit bei Raumtemperatur von konventionellen Werkstoffen und von borfadenverstärkten Metallen und Kunststoffen im Vergleich zu einer Aluminium-Titan-Vanadium-Legierung (Ti-6 Al-6 V-2 Sn) (Pratt & Whitney).

Kunststoffe können mit organischen und anorganischen Materialien verstärkt werden. Geeignete organische Materialien sind Textilschnitzel, Textil- und Papierbahnen sowie Synthesefasern und -gewebe.

Anorganische Verstärkungsstoffe sind:

Gesteinsmehl, Kreide, Asbestfaser, Asbestgewebe, Glaskugeln, Glasfasern, Glasrovings, Glasfasermatten, Glasfasergewebe, Metallfäden, Kohlenstofffäden, Borfäden.

6.311 *Phenolharz-, Melaminharz- und Silikonharz-Kunststoffe.* Tab. 11[60] gibt die Eigenschaften von papier- und asbestfaserverstärkten Phenol- und Melaminharzen wieder (vgl. auch Tab. 6).

Tabelle 11. *Verarbeitungsdaten und Eigenschaftswerte einiger asbestverstärkter Kunststoffe (nach Schmidt)*

	Melaminharz mit Asbestgewebe oder -papier	Silikonharz mit Asbestgewebe	Phenolharz mit Asbestgewebe	Phenolharz mit Asbestpapier
Preßtemperatur °C	130···160	180···200	150···180	150···180
Preßdruck kp/cm²	70···125	20···140	20···125	70···125
Spez. Gewicht g/cm³	1,75···1,85	~ 1,75	1,55···1,80	1,65···1,83
Zugfestigkeit kp/cm²	420···840	–	700···840	350···1050
Druckfestigkeit kp/cm²	190···350	280···350	210···280	280
Biegefestigkeit kp/cm²	85···170	85···110	70···245	105···210
E-Modul (aus Zug) kp/cm²	110···155 · 10³	–	70···120 · 10³	110···175 · 10³
Scherfestigkeit kp/cm²	90···120	–	135···150	60···95
Dauertemperatur-beständigkeit °C	135	250	135	135

[59] Pratt & Whitney, Firmenschrift.
[60] *Schmidt, K. A. F.:* Verstärkungsfasern, in: Glasfaserverstärkte Kunststoffe, Hrsg.: P. H. Selden, Berlin–Heidelberg–New York: Springer 1967.

6.312 *Verstärkte ungesättigte Polyesterharze und Epoxidharze.* Die weitaus größte Bedeutung unter den verstärkten duromeren Kunststoffen besitzen die ungesättigten Polyesterharze. Von den beiden Werkstoffen UP und EP sind die ungesättigten Polyesterharze, allein von der Menge her gesehen, die wichtigeren. Ungesättigte Polyesterharze sind billiger (Preisverhältnis UP/EP = 1/4) und entschieden einfacher zu verarbeiten. Sie sind allgemein witterungsbeständiger und deshalb kommt ihnen der Vorrang bei Außenanwendungen zu. Die Epoxidharze hingegen besitzen eine geringere Härtungsschwindung, d. h. die aus ihnen gefertigten Teile sind maßhaltiger. Ebenso ist ihre mechanische Festigkeit den ungesättigten Polyesterharzen z. T. überlegen, da Epoxidharz und Glasfasern sich besser miteinander verbinden. Epoxidharze sind außerdem ausgezeichnete Kleber.

Sowohl die Epoxidharze wie auch die ungesättigten Polyesterharze werden großtechnisch ausschließlich mit Verstärkungsmaterialien verarbeitet. Unter diesen nehmen die Glasfasern den ersten Rang ein. Bei Epoxidharzen werden auch schon Kohlenstoff und Borfasern als Verstärkungsmaterialien angewendet – allerdings nur in Fällen, wo der hohe Preis derartiger Verstärkungen durch die damit erkauften Vorteile gerechtfertigt wird, z. B. in der Luft- und Raumfahrt.

Die Glasfasern liegen in folgenden konfektionierten Formen vor:

Rovingverstärkung. Sie besteht aus 20···60 Spinnfäden, die ihrerseits aus jeweils 51–816 Einzelfäden mit einem Durchmesser von ∼ 10 μm bestehen.

Glasseidenmattenverstärkung. Glasseidenmatten sind filzartige Gebilde aus Glasfasern von 25–50 mm Länge, die durch ein Bindemittel verfestigt sind. Die Festigkeit ist längs und quer etwa gleich groß. Es sind Dicken von 0,2–0,5 mm möglich.

Glasseidengewebeverstärkung. Glasseidengewebe sind Gewebe verschiedener Webart aus verschiedenen Glasseidenfäden. Durch unterschiedliche Schuß- und Kettfäden ergeben sich Variationsmöglichkeiten für möglichst beanspruchungsgerechte Verstärkungen.

Eigenschaften verstärkter EP und UP-Harze. Die Festigkeit unverstärkter Polyesterharze gibt Tab. 12 wieder. P_1 ist ein Standardharz, P_2 ist ein isophthal-

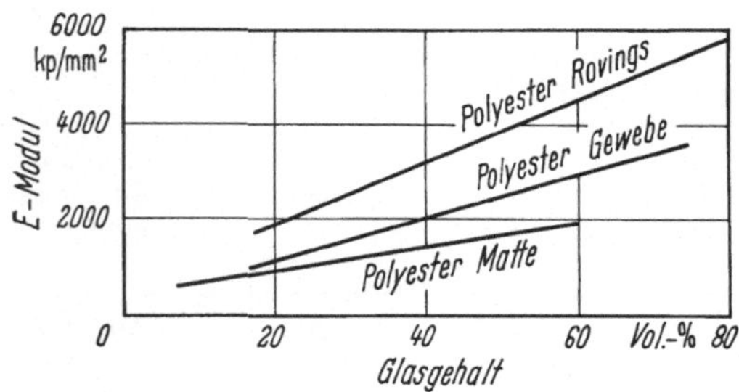

Abb. 119. Der Elastizitätsmodul für Matten-, Gewebe- und Rovingverstärkung in Abhängigkeit vom Glasgehalt (nach *Ehrenstein*).

Tabelle 12. *Eigenschaften von Polyesterharzen*

	Zugfestigkeit kp/cm²	E-Modul kp/cm²	Schlagzähigkeit cmkp/cm²	Dichte g/cm³
Standardharz P_1	660	40000	9	1,22
Isophthalsäurehaltiges Harz P_2	660	36000	20	1,15
Hochzähes Laminierharz P_3	770	31500	31	1,23

säurehaltiges Harz mit höherer Zähigkeit, P_3 ein hochzähes Laminierharz. Die Abb. 119 zeigt die Auswirkung des Glasvolumenanteils auf den E-Modul[61].

Abb. 120 veranschaulicht die Auswirkung verschiedener Harzverstärkungskombinationen auf die Zugfestigkeit[62].

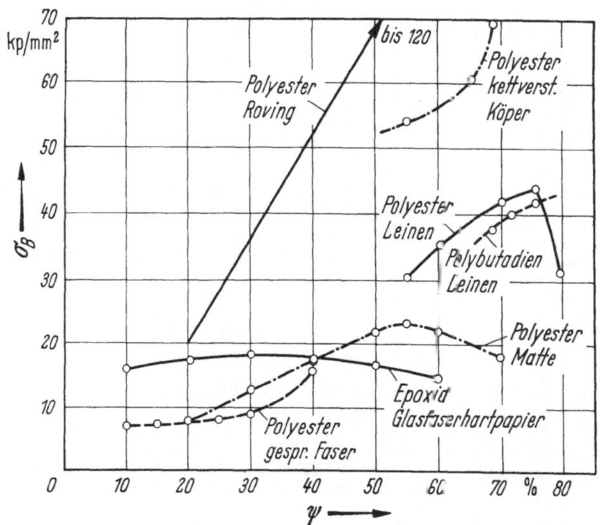

Abb. 120. Auswirkung verschiedener Harzverstärkungskombinationen auf die Zugfestigkeit (nach *Haferkamp*).

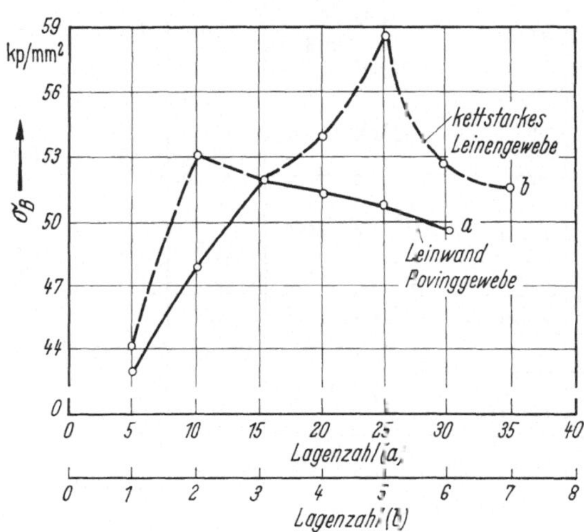

Abb. 121. Abhängigkeit der Festigkeit von der Lagenzahl (nach *Haferkamp*).

Bei Matten- und Gewebeverstärkung besteht verständlicherweise eine Abhängigkeit der Festigkeit und Steifigkeit von der Lagenzahl, d. h. der Anzahl der bei der Herstellung übereinander laminierten Matten bzw. Gewebelagen[62] (siehe Abb. 121).

[61] *Schumacher, G.:* Die mechanischen Eigenschaften durch Glasseidenmatten verstärkter Polyester- und Epoxidharze. Diss. T. H. Stuttgart 1966.

[62] *Haferkamp, H.:* Physikalische Eigenschaften glasfaserverstärkter Kunststoffe, in: Glasfaserverstärkte Kunststoffe. Hrsg.: P. H. Selden, Berlin–Heidelberg–New York: Springer 1967

Tabelle 13. *Kennwerte von*

| Kennwerte | Dimension | Prüf-vorschrift | Mattenverstärkung | | | | |
| | | | UP-Harz | | | EP-Harz | |
						Harz I*	Harz II*
Glasgehalt ψ	Gew.-%	—	25	35	45	35	45
Glasgehalt φ	Vol.-%	—	14	21	28	20	28
Dichte	g/cm³	DIN 53479	1,35	1,45	1,55	1,45	1,55
Mittlerer linearer Ausdehnungskoeffizient bei 10 bis 80 °C	$\dfrac{10^{-6}}{\text{grd}}$	VDE 0304 Teil 1	36	27	22	27	22
Wärmeleitzahl	kcal/m h grd	DIN 52612	0,15	0,20	0,25	0,20	0,25
Zugfestigkeit	kp/cm²	DIN 53455	750	1000	1500	1200	1800
Bruchdehnung	%	DIN 53455	—	—	—	—	—
Querkontraktionszahl aus Zugversuch	—		0,35	0,34	0,33	—	—
E-Modul aus Zugversuch	kp/cm²	DIN 53457	60000	80000	95000	80000	115000
Biegefestigkeit	kp/cm²	DIN 53452	1300	1600	2000	2000	2600
E-Modul aus Biegung	kp/cm²	DIN 53457	60000	80000	100000	80000	155000
G-Modul	kp/cm²	DIN 53455	—	—	—	30000 bis 50000	40000 bis 50000
Druckfestigkeit	kp/cm²	Fed. Test. Method Sdt. No. 406 Method 1021	1200	1500	1800	1800	1800
Oberflächenwiderstand	Ω	DIN 53482	10^{12} bis 10^{14}	10^{12} bis 10^{14}	10^{12} bis 10^{14}	10^{13}	10^{13}
Spez. Durchgangswiderstand trocken naß	$\Omega \cdot$ cm	DIN 53482	10^{15} 10^{10}	10^{15} 10^{10}	10^{15} 10^{10}	10^{15} 10^{11}	10^{15} 10^{11}
Durchschlagfestigkeit	kV/mm	DIN 53481	20	20	20	12	15
Kriechstromfestigkeit	—	DIN 53480	KA 3 c	KA 3 c	KA 3 c	KA 3 c	KA 3 c
Dielektrischer Verlustfaktor tan δ	—	DIN 53483	—	0,006	—	—	—
Dielektrizitätskonstante ε_r bei 800 Hz	—	DIN 53483	—	4,2	—	—	—

*) Das Harz I ist ein unmodifiziertes, kalt gehärtetes Epoxidharz mit Triäthylentetramin als Härter. Geprüft wurden nachgehärtete Laminate. Harz II ist ein unmodifiziertes Epoxidharz, das bei 120 °C mit Hexahydrophtalsäureanhydrid warm gehärtet wurde. Für die Formbeständigkeit in der Wärme ohne äußere Belastung kann bei kurzzeitiger Beanspruchung (Stunden) für Harz I eine Temperatur von 120 °C, bei Harz II von 150 °C angenommen werden. Eine langzeitige Beanspruchung (Monate bis Jahre) kann bei Harz I bis etwa 80 °C, bei Harz II bis 110 °C ertragen werden, wobei diese Werte den Beginn des Erweichungsbereiches charakterisieren.

---

[1] Werkstoffleistungsblätter der Studiengesellschaft Leichtbau der Verkehrsfahrzeuge; Untergruppe Kunststoffe.

GFK-Laminaten[1]

Gewebeverstärkung							Rovingverstärkung			
UP-Harz			EP-Harze				UP-Harz		EP-Harz	
			Harz I*		Harz II*					
45	55	65	45	55	55	65	65	75	65	75
29	37	48	28	34	34	46	48	60	48	60
1,55	1,65	1,80	1,55	1,65	1,65	1,80	1,8	2,0	1,8	2,0
20	17	15	20	17	17	15	8	7	8	7
0,20	0,25	0,30	0,20	0,25	0,25	0,30	0,30	0,35	0,30	0,35
2200	2500	2800	2500	2800	3100	3600	6500	7300	6700	7500
—	—	—	2	2	2	2	2	2	2	2
0,15	0,13	0,11	—	—	—	—	0,28	0,25	0,28	0,25
120000	160000	200000	120000	160000	160000	200000	350000	400000	350000	400000
2400	2800	3500	2700	3100	3400	4000	6000	6400	6500	7300
120000	160000	200000	120000	160000	160000	200000	300000	330000	300000	330000
—	—	—	40000 bis 60000	50000 bis 60000	60000 bis 70000	65000 bis 80000	—	—	—	—
1600	2000	2400	2000	2400	2500	2800	3500	4000	4000	4500
10^{12} bis 10^{14}	10^{12} bis 10^{14}	10^{12} bis 10^{14}	10^{13}	10^{13}	10^{13}	10^{13}	—	—	—	—
10^{15} 10^{10}	10^{15} 10^{10}	10^{15} 10^{10}	10^{15} 10^{11}	10^{15} 10^{11}	10^{15} 10^{11}	10^{15} 10^{11}	—	—	—	—
25	25	25	15	15	20	20	—	—	—	—
KA 3 c	KA 3 c	KA 3 c	KA 3 c	KA 3 c	KA 3 c	KA 3 e	—	—	—	—
—	0,008	—	—	—	—	—	—	—	—	—
—	4,1	—	—	—	—	—	—	—	—	—

Der Glasvolumenanteil φ berechnet sich wie folgt:

Rovingverstärkung:
$$\varphi = \frac{z}{F_{ges}} \frac{g^*}{\gamma_G}.$$

Gewebe- und Mattenverstärkung:
$$\varphi = \frac{n}{t} \frac{\bar{q}}{\gamma_G} = \frac{\text{Anzahl der Lagen} \times \text{Flächengewicht des Gewebes bzw. der Matte}}{\text{Laminatdicke} \times \text{spezifisches Gewicht des Glases}}$$

Die Umrechnung von Glasvolumen- in Glasgewichtsanteil bzw. umgekehrt ist nach folgenden Gleichungen möglich:

$$\psi = \frac{1}{1 + \frac{1-\varphi}{\varphi} \frac{\gamma_H}{\gamma_G}} \quad \text{und} \quad \varphi = \frac{1}{1 + \frac{1-\psi}{\psi} \frac{\gamma_G}{\gamma_H}}$$

Bei zu hoher Lagenzahl nimmt die Festigkeit ab, weil sich die einander überkreuzenden Glasfasern bereits bei dem zur Herstellung erforderlichen Preßdruck zerstören. Eine Harz- und Glaskombination muß als Verbund angesehen werden, dessen Grenzfestigkeit nach oben hin durch den Glasfasergehalt bestimmt wird. Die Harzeigenschaften dagegen sind ausschlaggebend bei Druckbeanspruchung, wo das Harz die ausknickenden Glasfasern stützen muß. Bei Festigkeitsberechnungen bestimmt das Harz die Proportionalitäts- und Schädigungsgrenze[42]. Die

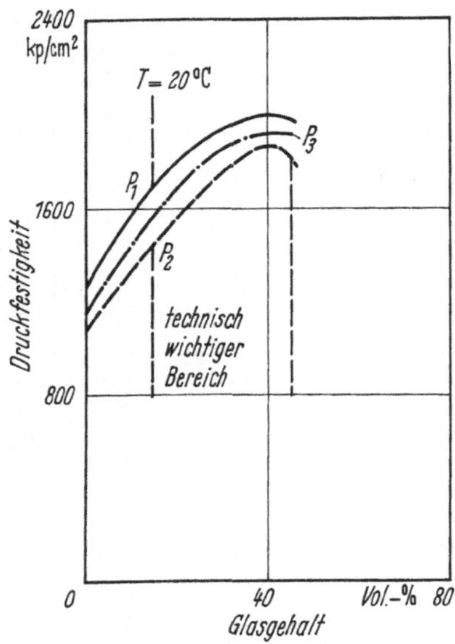

Abb. 122. Druckfestigkeit von UP-Harzen mit Mattenverstärkung (nach *Schumacher*).

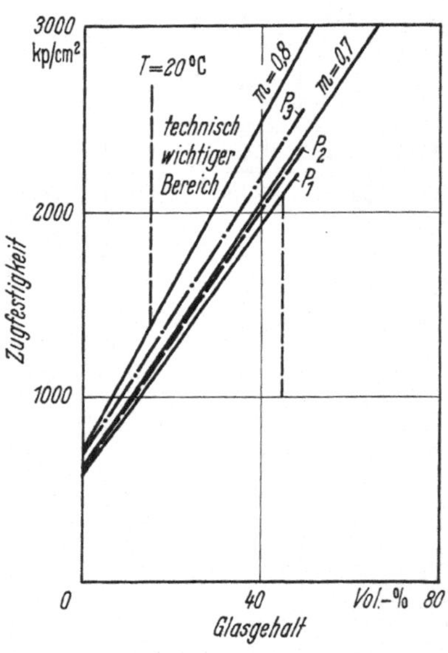

Abb. 123. Zugfestigkeit von UP-Harzen mit Mattenverstärkung (nach *Schumacher*).

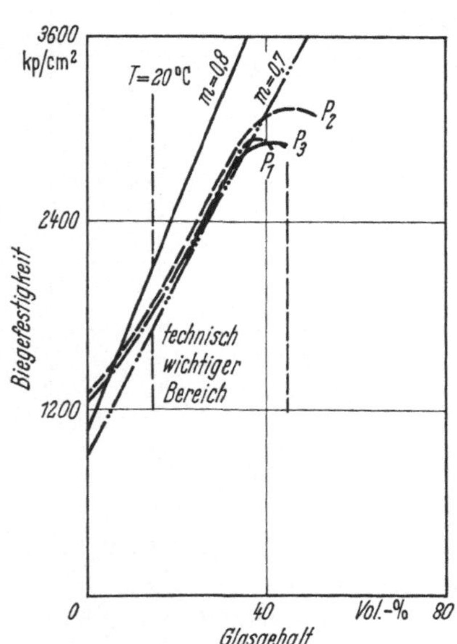

Abb. 124. Biegefestigkeit von UP-Harzen mit Mattenverstärkung (nach *Schumacher*).

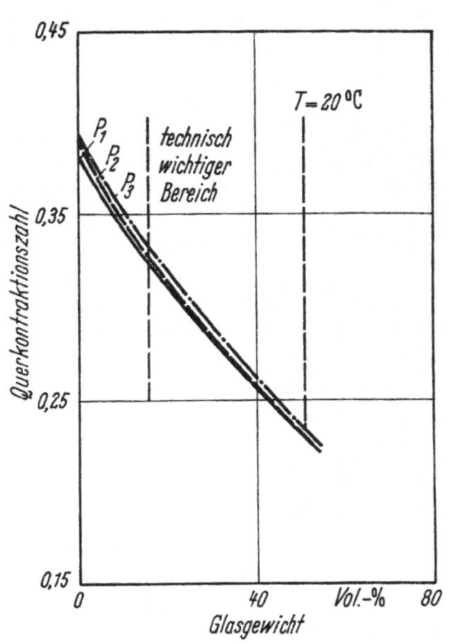

Abb. 125. Die Poissonsche Verhältniszahl von mattenverstärkten UP-Harzen (nach *Schumacher*).

Druckfestigkeit einer Kombination von UP-Harz mit Mattenverstärkung gibt Abb. 122 an. Im Hinblick auf die Behandlung der Sandwichbauweise (s. unten) geben die Abb. 123 und 124 die Zugfestigkeit und die Biegefestigkeit von UP-Harz mit Mattenverstärkung wieder. Die Verhältniszahl m ergibt sich als Verhältnis des in Wirklichkeit nichtlinearen Spannungs-Dehnungs-Verlaufs zum theoretischen linearen Spannungs-Dehnungs-Verlauf. Für UP-Harz[61] ist $m = 0{,}7 \cdots 0{,}8$; für Standard-EP-Harz $m = 0{,}8 \cdots 0{,}9$. Die beiden mit $m = 0{,}7$ und $m\ 0{,}8$ gekennzeichneten Geraden ergeben sich mit $\gamma_H = 1{,}15\ \mathrm{g/cm^3}$ und $\sigma_G = 6300\ \mathrm{kp/cm^2}$ aus der Formel für die Zugfestigkeit[61]

$$\sigma_B = \frac{\gamma_G \cdot \sigma_H \cdot G_H + \gamma_H \cdot m \cdot \sigma_G \cdot G_G}{G_H \cdot \gamma_G + G_G \cdot \gamma_H}, \tag{26}$$

γ spezifisches Gewicht, m Korrekturfaktor,
σ Festigkeit, G (Index) Glas und
G Gewichtsanteil, H (Index) Harz.

Für die Biegefestigkeit gilt $\sigma_b = 1{,}5\ \sigma_B$.

Tabelle 14. *Gewichtsspezifische Materialwertung, Kenngrößen*

<table>
<tr><td colspan="3">als variabel angenommene Querschnittsgröße</td><td>Stab</td><td colspan="5">Platte</td></tr>
<tr>
<td rowspan="9">Festigkeitswertung</td>
<td rowspan="3">Zug</td>
<td>$\dfrac{P_1}{P_2}=$</td>
<td>$\dfrac{\sigma_1 F_1}{\sigma_2 F_2}=1$</td>
<td colspan="5">$\dfrac{\sigma_1 s_1}{\sigma_2 s_2}=1$</td>
</tr>
<tr>
<td>$\dfrac{G_1}{G_2}=$</td>
<td>$\dfrac{\gamma_1 F_1}{\gamma_2 F_2}=\dfrac{\gamma_1 \sigma_2}{\gamma_2 \sigma_1}$</td>
<td colspan="5">$\dfrac{\gamma_1 s_1}{\gamma_2 s_2}=\dfrac{\gamma_1 \sigma_2}{\gamma_2 \sigma_1}$</td>
</tr>
<tr>
<td>Wertung</td>
<td colspan="6">σ/γ</td>
</tr>
<tr>
<td rowspan="3">Biegung</td>
<td>$\dfrac{M_1}{M_2}=$</td>
<td>$\dfrac{\sigma_1 W_1}{\sigma_2 W_2}=\dfrac{\sigma_1 r_1^3}{\sigma_2 r_2^3}=1$</td>
<td>$\dfrac{\sigma_1 W_1}{\sigma_2 W_2}=\dfrac{\sigma_1 s_1}{\sigma_2 s_2}=1$</td>
<td colspan="4">$\dfrac{\sigma_1 W_1}{\sigma_2 W_2}=\dfrac{\sigma_1 s_1^2}{\sigma_2 s_2^2}=1$</td>
</tr>
<tr>
<td>$\dfrac{G_1}{G_2}=$</td>
<td>$\dfrac{\gamma_1 r_1^2}{\gamma_2 r_2^2}=\dfrac{\gamma_1}{\gamma_2}\left(\dfrac{\sigma_2}{\sigma_1}\right)^{2/3}$</td>
<td>$\dfrac{\gamma_1 s_1}{\gamma_2 s_2}=\dfrac{\gamma_1 \sigma_2}{\gamma_2 \sigma_1}$</td>
<td colspan="4">$\dfrac{\gamma_1 s_1}{\gamma_2 s_2}=\dfrac{\gamma_1}{\gamma_2}\sqrt{\dfrac{\sigma_2}{\sigma_1}}$</td>
</tr>
<tr>
<td>Wertung</td>
<td>$\sqrt[3]{\sigma^2}/\gamma$</td>
<td>σ/γ</td>
<td colspan="4">$\sqrt{\sigma}/\gamma$</td>
</tr>
<tr>
<td rowspan="3">Druck- bzw. Schubstabilität</td>
<td>$\dfrac{P_1}{P_2}=$</td>
<td>$\dfrac{E_1 I_1}{E_2 I_2}=\dfrac{E_1 r_1^4}{E_2 r_2^4}=1$</td>
<td>$\dfrac{E_1 I_1}{E_2 I_2}=\dfrac{E_1 s_1}{E_2 s_2}=1$</td>
<td>$\dfrac{E_1 I_1}{E_2 I_2}=\dfrac{E_1 s_1^3}{E_2 s_2^3}$</td>
<td>$=\dfrac{E_1 I_1}{E_2 I_2}$</td>
<td rowspan="3">Biegung</td>
<td rowspan="6">Steifigkeitswertung</td>
</tr>
<tr>
<td>$\dfrac{G_1}{G_2}=$</td>
<td>$\dfrac{\gamma_1 r_1^2}{\gamma_2 r_2^2}=\dfrac{\gamma_1}{\gamma_2}\sqrt{\dfrac{E_2}{E_1}}$</td>
<td>$\dfrac{\gamma_1 s_1}{\gamma_2 s_2}=\dfrac{\gamma_1 E_2}{\gamma_2 E_1}$</td>
<td>$\dfrac{\gamma_1 s_1}{\gamma_2 s_2}=\dfrac{\gamma_1}{\gamma_2}\sqrt[3]{\dfrac{E_2}{E_1}}$</td>
<td>$=\dfrac{G_1}{G_2}$</td>
</tr>
<tr>
<td>Wertung</td>
<td>$\sqrt{E}/\gamma$</td>
<td>E/γ</td>
<td>$\sqrt[3]{E}/\gamma$</td>
<td>Wertung</td>
</tr>
<tr>
<td></td>
<td></td>
<td>$\dfrac{E_1 r_1^2}{E_2 r_2^2}=1$</td>
<td colspan="2">$\dfrac{E_1 s_1}{E_2 s_2}=1$</td>
<td>$=\dfrac{E_1 F_1}{E_2 F_2}$</td>
<td rowspan="3">Zug und Druck</td>
</tr>
<tr>
<td></td>
<td></td>
<td>$\dfrac{\gamma_1 r_1^2}{\gamma_2 r_2^2}=\dfrac{\gamma_1 E_2}{\gamma_2 E_1}$</td>
<td colspan="2">$\dfrac{\gamma_1 s_1}{\gamma_2 s_2}=\dfrac{\gamma_1 E_2}{\gamma_2 E_1}$</td>
<td>$=\dfrac{G_1}{G_2}$</td>
</tr>
<tr>
<td></td>
<td></td>
<td colspan="3">E/γ</td>
<td>Wertung</td>
</tr>
</table>

Die Poissonsche Zahl der entsprechenden Kombination der Harze P_1, P_2 und P_3 veranschaulicht Abb. 125. Ähnlich wie bei den thermoplastischen Kunststoffen ist das Poissonsche Verhältnis von der Belastungszeit nahezu unabhängig. Eine

Zusammenstellung der Kennwerte von glasfaserverstärkten Kunststofflaminaten bietet Tab. 13[63a].

Tabelle 14 bringt eine gewichtsspezifische Materialwertung[42] einiger Werkstoffe, die im Leichtbau Verwendung finden. Man erkennt leicht, daß sich die Gewichte zweier Zugstäbe gleicher Festigkeit umgekehrt verhalten müssen wie die „Reißlängen". Das ist das Verhältnis Zugfestigkeit zu spezifischem Gewicht. Also

$$\frac{G_1}{G_1} = \frac{\sigma_{B_2}}{\gamma_2} \bigg/ \frac{\sigma_{B_1}}{\gamma_1} = \frac{\sigma_{B_2}\cdot\gamma_1}{\gamma_2\cdot\sigma_{B_1}}. \qquad (27)$$

Für Platten gelten ähnliche Überlegungen. Dasselbe trifft zu für biegungsbeanspruchte Stäbe und Platten und für Stabilitätsprobleme[63b], wobei die Verhältnisse selbstverständlich komplizierter werden (siehe Tab. 14, 15 und 16). In Tab. 16 wurde die gewichtsspezifische Wertung grenzbelasteter Bauteile auf borfadenverstärkte und kohlefadenverstärkte Epoxidharze ausgedehnt.

Glasfaserverstärkte Gießharze sind demnach im Festigkeitsverhalten den aufgeführten Vergleichswerkstoffen, unter die auch ein unverstärktes und ein glas-

Tabelle 15. *Gewichtsspezifische Materialwertung, Werkstoffvergleich*

Beanspruchung	Wertung	Werkstoffe					PA 6.6 luft-feucht	
				GFK				
		St 34	Al Mg 5	35 % Matte	55 % Gewebe	75 % Roving	unver-stärkt	35 % Glasf.
Zugfestigkeit	σ_B in kp/mm^2	34	27	10	25	73	6	16
E-Modul	E in kp/mm^2	21 000	7000	800	1600	4000	200	1000
spez. Gewicht	γ in g/cm^3	7,8	2,7	1,45	1,65	2,0	1,14	1,39
Festigkeit								
Zug	σ_B/γ in km	4,4	10	6,9	15,1	36,5	5,3	11,5
Druck (Knickstab)	$\sqrt{E}/\gamma$ in $\dfrac{\mathrm{m}^2}{\sqrt{p}}$	0,57	1,0	0,62	0,77	1,0	0,39	0,72
Platte (Beulen)	$\sqrt[3]{E}/\gamma$ in $\dfrac{\mathrm{cm}^2\sqrt[3]{\mathrm{cm}}}{\sqrt[3]{p^2}}$	164	340	300	330	370	238	330
Biegung	$\sqrt{\sigma_B}/\gamma$ in $\dfrac{\mathrm{cm}^2}{\sqrt{p}}$	237	620	690	1090	1350	662	895
	σ_B/γ in km	4,4	10	6,9	15,1	36,5	5,3	11,5
Steifigkeit								
Zug, Druck	E/γ in km	2690	2650	550	970	2000	175	720
Biegung	$\sqrt[3]{E}/\gamma$ in $\dfrac{\mathrm{cm}^2\sqrt[3]{\mathrm{cm}}}{\sqrt[3]{p^2}}$	164	340	300	330	370	238	330
	E/γ in km	2690	2650	550	970	2000	175	720

[63a] Werkstoffleistungsblätter der Studiengesellschaft Leichtbau der Verkehrsfahrzeuge; Untergruppe Kunststoffe.

[63b] Über die Stabilität zylindrischer GFK-Schalen s. auch: *Ebner, H., Nonhoff, G.:* Plastverarbeiter 21 (1970) 419–423; Handbuch 6. Kunststofftechnisches Kolloquium des IKV, Aachen, 22./23. März 1972.

Tabelle 16. *Gewichtsspezifische Materialwertung bei Grenzbelastung. Vergleich von glasfaserverstärkten Kunststoffen (GFK) mit borfaden-(BFK-) und kohlefaser-(KFK-)verstärkten Kunststoffen; Faservolumenanteil jeweils 60% (nach Kochendörfer und Jahn)*

Kritische Dimensionierungsgröße	Mathematische Beziehung	$\dfrac{G_{\mathrm{BFK}}}{G_{\mathrm{GFK}}}$	$\dfrac{G_{\mathrm{KFK}}}{G_{\mathrm{GFK}}}$
Zugfestigkeit (unidirektional)	σ_B/γ	0,95	1,3
Druckfestigkeit (unidirektional)	σ_D/γ	0,75	1,51
Dehnsteifigkeit eines Zug- oder Druckstabs	$G_1/G_2 = E_2\,\gamma_1/E_1\,\gamma_2$	0,173	0,157
Beulfestigkeit einer Sandwichplatte Knicken eines Rundstabes Durchbiegung eines Biegeträgers (EI = konst.)	$G_1/G_2 = \sqrt{E_2/E_1}\cdot\gamma_1/\gamma_2$	0,411	0,355
Knittern der Sandwichdeckplatten Beulen von Vollplatten	$G_1/G_2 = \sqrt[3]{E_2/E_1}\cdot\gamma_1/\gamma_2$	0,557	0,474

faserverstärktes 6.6-Polyamid aufgenommen wurden, deutlich überlegen (Tab. 15). Bei Steifigkeits- und Beulproblemen verkehren sich die Verhältnisse. Hier übertreffen Leichtmetalle und Stahl die Werte von glasfaserverstärkten Gießharzen, da deren E-Modul immer noch vergleichsweise niedrig ist (Ausnahmen bilden Biegen und Beulen massiver Platten und Stäbe).

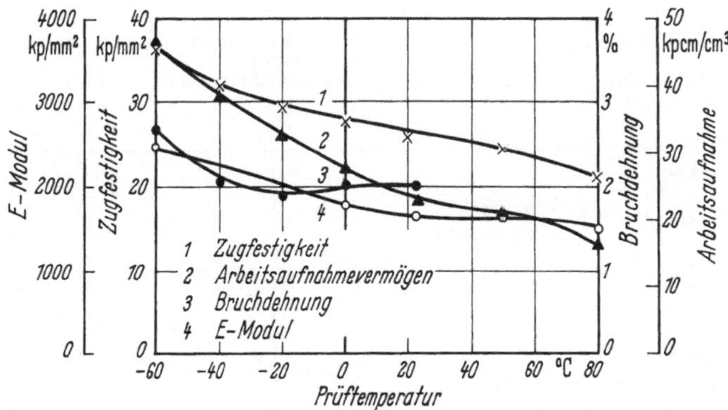

Abb. 126. Einfluß der Prüftemperatur auf die wichtigsten mechanischen Kenngrößen von gewebeverstärktem UP-Harz (nach *Abee* und *Chmura*).
1 Zugfestigkeit; *2* Arbeitsaufnahmevermögen; *3* Bruchdehnung; *4* E-Modul.

Die gewichtsspezifische Wertung von borfaden- und kohlefadenverstärkten Epoxidharzen ergibt bei voller Materialausnutzung im Vergleich zu glasfaserverstärkten Harzen noch wesentlich bessere Werte (siehe Tab. 16).

Auch die Eigenschaften glasfaserverstärkter UP-Harze unterliegen dem Einfluß der Beanspruchungsgeschwindigkeit und der Temperatur[64]. Abb. 126 zeigt den Einfluß der Prüftemperatur und Abb. 127 den der Prüfgeschwindigkeit auf die wichtigsten mechanischen Kenngrößen von gewebeverstärktem UP-Harz. Mit zunehmender Temperatur sinken die Kennwerte ab.

---

[64] *McAbee, E., Chumra, M.:* Effect of rate and temperature on the tensile properties of 181 class cloth reinforced polyester. 21st Ann. Techn. Conf. SPE, Technical Paper Vol. XI.

Die Darstellung der mechanischen Kennwerte über der Zeit läßt einen Anstieg zu kürzeren Zeiten hin erkennen. Am interessantesten ist die Tatsache, daß das Arbeitsaufnahmevermögen mit kürzerer Beanspruchungszeit ansteigt; das heißt, glasfaserverstärkte UP-Harze mit Mattenverstärkung sind gegen Schock- und Schlagbeanspruchungen unempfindlich, was bei der Dimensionierung auf langzeitige Beanspruchung einer Versagensreserve oder Sicherheit gleichkommt.

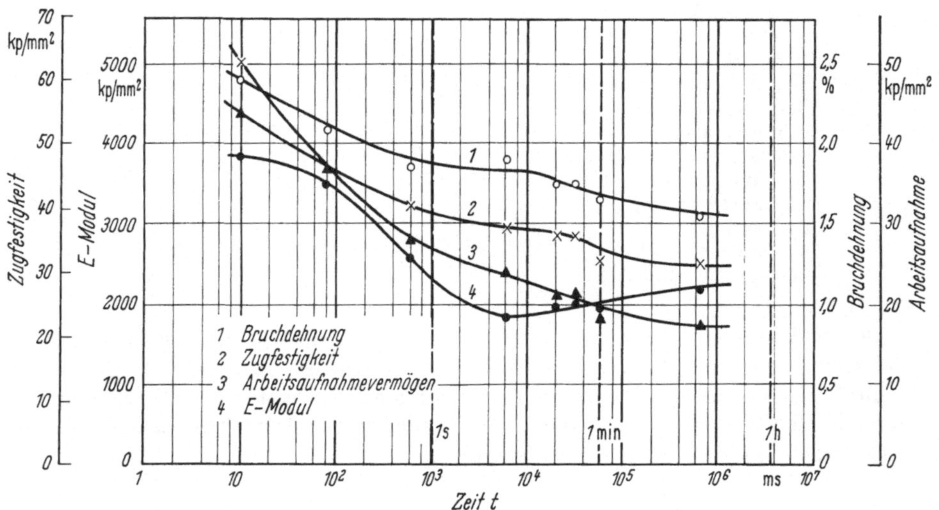

Abb. 127. Einfluß der Prüfgeschwindigkeit auf mechanische Kenngrößen von gewebeverstärktem UP-Harz
(nach *Abee* und *Chmura*).
1 Bruchdehnung; 2 Zugfestigkeit; 3 Arbeitsaufnahmevermögen; 4 E-Modul.

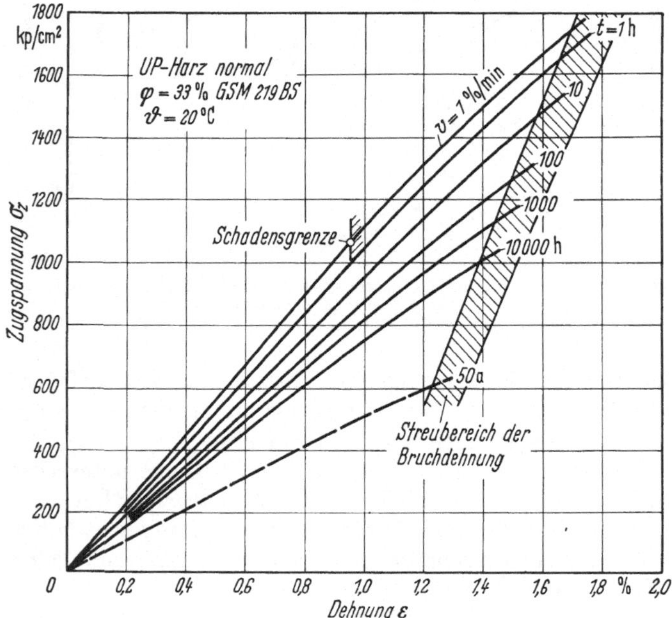

Abb. 128. Isochrone Spannungs-Dehnungs-Linien für glasseidenmattenverstärktes UP-Harz (nach *Schwarz*).

Glasfaserverstärkte UP-Harze besitzen nur eine geringe Kriechneigung[65] (siehe Abb. 128).

Insbesondere kann mit sehr guter Näherung bis 1% Verformung wiederum eine lineare Abhängigkeit von Spannung und Dehnung beobachtet werden (Abb. 128). Es ist also statthaft, glasfaserverstärkte Kunststoffteile nach den Gesetzen der Elastizitätstheorie zu behandeln, eine Zeitabhängigkeit muß jedoch auch bei ihnen berücksichtigt werden.

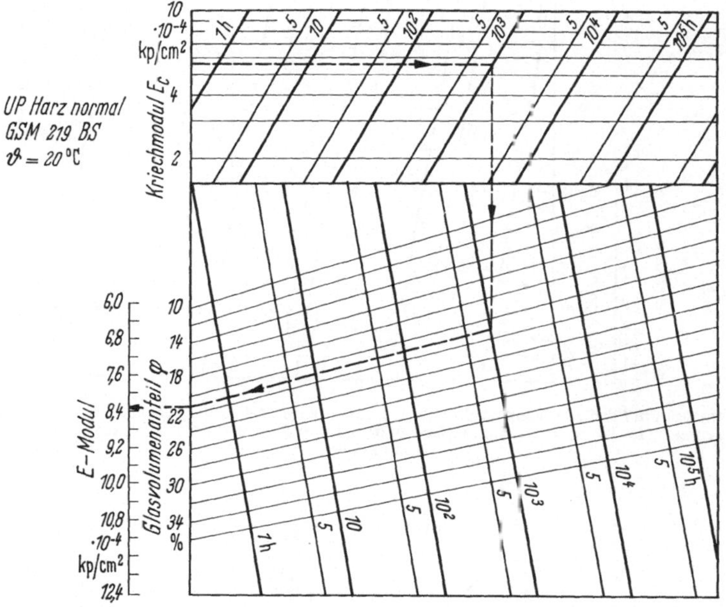

Abb. 129. Nomogramm für die Kriechmoduln von Mattenlaminaten bei 20 °C. Beispiel: Für einen Kriechmodul E_C = 55000 kp/cm² (10³ h) ist ein Mindestglasgehalt von φ = 21,5 Vol.-% erforderlich. Der E-Modul beträgt 83000 kp/cm².

In Abb. 129 und 130 sind in Nomogrammen die Kriechmoduln von Mattenlaminaten bei 20 und 40 °C aufgeführt[65]. Für die Deformationsrechnung geben diese Darstellungen genügend Material. Ehrenstein weist darauf hin, daß bei der Behandlung von Beulproblemen die Verwendung des Kriechmoduls zwar zu sicheren Ergebnissen führt, daß aber dadurch das eigentliche Problem nicht erfaßt

Tabelle 17. *Eigenschaftswerte handelsüblicher Kohlenstoffasern (nach Fuhrmann u.a.)*

Kohlenstoffasern	E-Modul kp/mm²	Zugfestigkeit kp/mm²
Courtaulds Ltd.		
Typ HM/T	35100	131
Typ HT/T	26500	230
Morganite Ltd.		
Typ I	42200	176
Typ II	28200	282

[65] *Schwarz, O.:* Beitrag zum statischen Langzeitverhalten glasfaserverstärkter Kunststoffe. Diss. T. H. Aachen 1969.

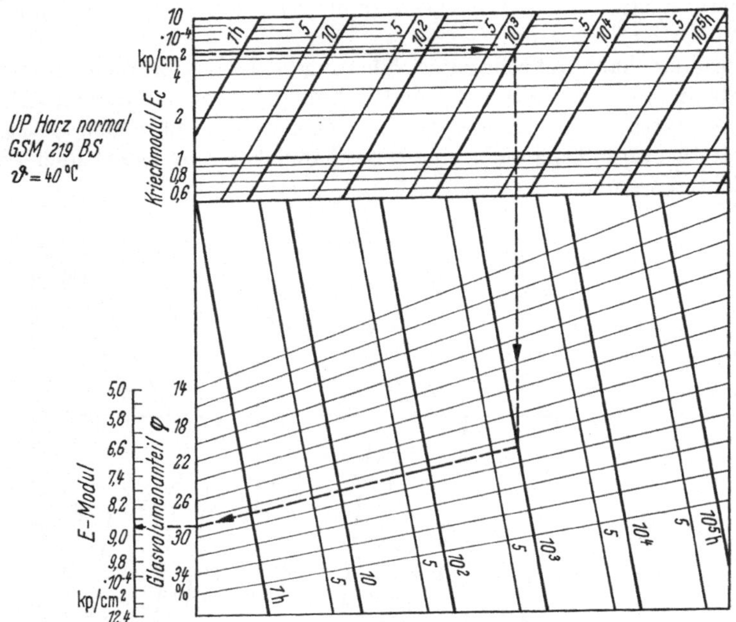

Abb. 130. Nomogramm für die Kriechmoduln von Mattenlaminaten bei 40 °C. Beispiel: Für einen Kriechmodul E_C = 55000 kp/cm² (10³ h) ist ein Mindestglasgehalt von φ = 29 Vol.-% erforderlich. Der E-Modul beträgt 88000 kp/cm².

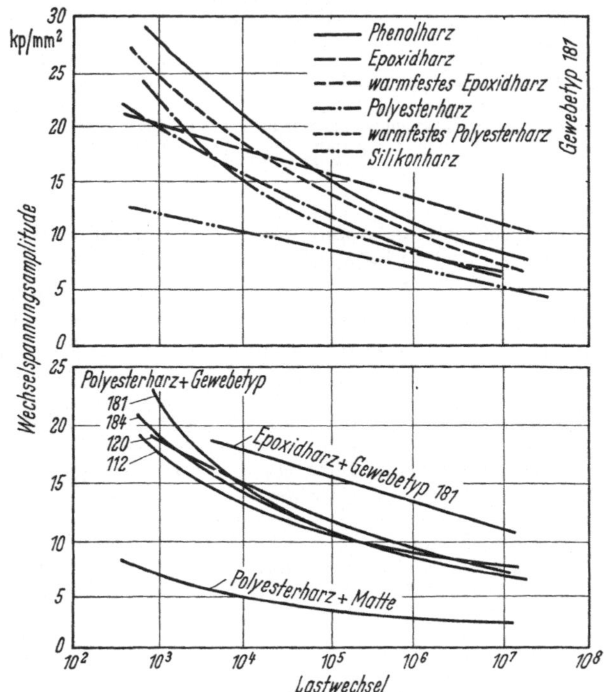

Abb. 131. Wöhler-Kurven von Laminaten mit Glasgewebeverstärkung für verschiedene Harztypen und Glasgewebe resp. Matten. Prüftemperatur 23 °C, Frequenz 900 Lastspiele/min; Mittelspannung O (nach *Haferkamp*).

wird, da der Ausbeulvorgang innerhalb sehr kurzer Zeit stattfindet und es sich infolgedessen nicht um ein Kriechproblem, sondern um ein Problem der Elastizität handelt[66].

Wie bereits ausgeführt, lassen sich die dynamischen Langzeitprüfungen, die in Abb. 131[62] verzeichnet sind, nicht als Dimensionierungskenngrößen verwenden, da sie nur für die jeweiligen Versuchsbedingungen gelten. Doch ist deutlich der Trend zu erkennen, daß sich keine eigentliche Dauerwechselfestigkeit einstellt, sondern die Kurven sich asymptotisch der Abszisse nähern.

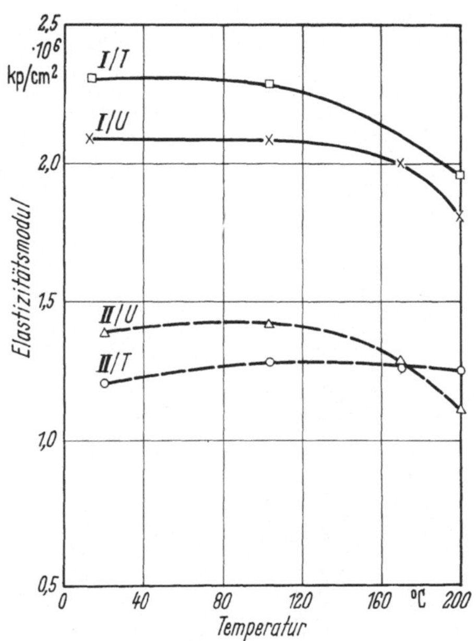

Abb. 132. Elastizitätsmodul in Abhängigkeit von der Faserart und von der Temperatur für Epoxidharz, verstärkt mit zwei verschiedenen Kohlenstoff-Fasertypen. T = behandelt, U = nicht behandelt (nach *Fuhrmann* u. a.).

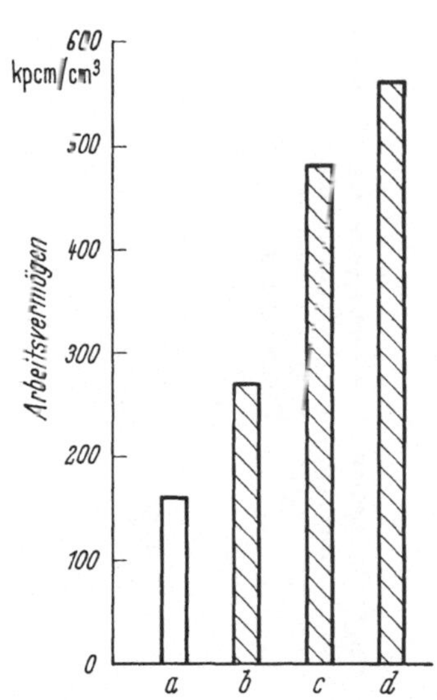

Abb. 133. Arbeitsaufnahmevermögen, ermittelt im Zugversuch, von verschiedenen gewebeverstärkten Kunstharzen (Mittelwerte aus Versuchen mit UP- und EP- sowie AC-Harzen): a) GFK; b) Diolen/Harz; c) Perlon/Harz; d) Nylon/Harz (nach *Hendrix*).

In jüngster Zeit haben sich für die Zwecke des extremen Leichtbaus Verstärkungen mit Borfäden und Kohlenstoffäden durchgesetzt. Wegen des sehr hohen Preises dieser Verstärkungswerkstoffe blieben die Anwendungsfälle hauptsächlich auf das Gebiet der Luft- und Raumfahrt beschränkt. Einen Überblick über die erzielbaren Elastizitätskennwerte vermittelt Tab. 17. Typ I (HM) besitzt einen hohen E-Modul von 42200 kp/mm² (35100 kp/mm²) und eine niedrigere Zugfestigkeit von 176 kp/mm² (181 kp/mm²), Typ II (HT) einen niedrigeren E-Modul von 28200 kp/mm² (26500 kp/mm²) und eine besonders hohe Zugfestigkeit von 282 kp/mm² (230 kp/mm²). Der Zusatz U bedeutet: ohne Oberflächenbehandlung; Bezeichnung T: oberflächenbehandelt. Der Tab. 18 ist zu entnehmen, daß Epoxidharz mit Kohlenfaserverstärkung ganz ungewöhnlich hohe Festigkeitswerte besitzt und diese insbesondere auch bei hohen Temperaturen (vgl. Abb. 132) beibehält[67].

---

[66] *Ehrenstein, G. W.:* Mechanische und thermische Eigenschaften von GFK. VDI-Bildungswerk: Lehrgangshandbuch Grundlage der Kunststofftechnologie.

[67] *Fuhrmann, U., Garnish, E. W., Niederhauser, U.:* Epoxidharze als Matrix für Kohlenstoff-Fasern. Kunststoffe 59 (1969) H. 12, 865–869.

Tabelle 18. *Biegefestigkeit, E-Modul und interlaminare Scherfestigkeit, zusammen mit dem jeweiligen Fasergehalt, in Abhängigkeit vom Härter, von der Faserart und der Temperatur (nach Fuhrmann u.a.).*

Harz/Härter-System	Faserart	Eigenschaft		Temperatur in °C			
				20	110	170	200
Ciba EPN 1138 mit Härter HT 973	Typ I, U	Biegefestigkeit	kp/mm²	69,3	59,4	51,5	50,0
		Fasergehalt	Vol.-%	55,6	53,5	51,6	55,1
		E-Modul	kp/cm²	$1,94 \cdot 10^6$	$1,85 \cdot 10^6$	$1,71 \cdot 10^6$	$1,66 \cdot 10^6$
		interlam. Scherfestigkeit	kp/mm²	2,72	2,38	1,98	1,75
Ciba EPN 1138 mit Härter HT 973	Typ I, T	Biegefestigkeit	kp/mm²	55,1	83,4	79,7	75,0
		Fasergehalt	Vol.-%	65,2	61,5	63,2	63,2
		E-Modul	kp/cm²	$2,49 \cdot 10^6$	$2,34 \cdot 10^6$	—	$2,06 \cdot 10^6$
		interlam. Scherfestigkeit	kp/mm²	3,62	3,44	3,53	2,90
Ciba EPN 1138 mit Härter HT 973	Typ II, U	Biegefestigkeit	kp/mm²	125,0	127,3	94,8	78,8
		Fasergehalt	Vol.-%	56,7	60,3	58,8	61,2
		E-Modul	kp/cm²	$1,31 \cdot 10^6$	$1,43 \cdot 10^6$	$1,26 \cdot 10^6$	$1,14 \cdot 10^6$
		interlam. Scherfestigkeit	kp/mm²	3,64	4,10	3,54	2,77
Ciba EPN 1138 mit Härter HT 973	Typ II, T	Biegefestigkeit	kp/mm²	167,0	136,8	111,5	93,1
		Fasergehalt	Vol.-%	62,1	61,9	62,1	63,2
		E-Modul	kp/cm²	$1,36 \cdot 10^6$	$1,43 \cdot 10^6$	$1,42 \cdot 10^6$	$1,34 \cdot 10^6$
		interlam. Scherfestigkeit	kp/mm²	8,94	6,27	4,55	4,13
Ciba EPN 1138 mit Härter HT 976	Typ II, U	Biegefestigkeit	kp/mm²	154	—	71,1	—
		Fasergehalt	Vol.-%	57,8	—	58,0	—
		E-Modul	kp/cm²	$1,3 \cdot 10^6$	—	$0,98 \cdot 10^6$	—
		interlam. Scherfestigkeit	kp/mm²	8,54	—	2,49	—
Ciba EPN 1138 mit Härter HT 976	Typ II, T	Biegefestigkeit	kp/mm²	150	—	101	—
		Fasergehalt	Vol.-%	52,6	—	54,9	—
		E-Modul	kp/cm²	$1,19 \cdot 10^6$	—	$1,22 \cdot 10^6$	—

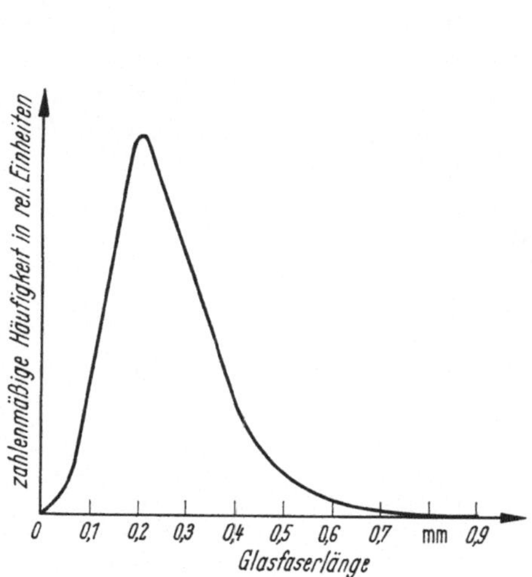

Abb. 134. Glasfaserlängenverteilung in 6-Polyamid (nach *Ehrenstein*).

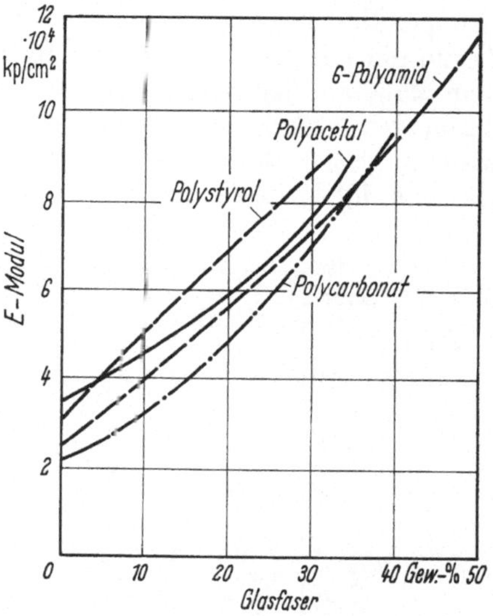

Abb. 135. Abhängigkeit des *E*-Modul vom Glasfasergehalt für verschiedene thermoplastische Kunststoffe (nach *Schlichting*).

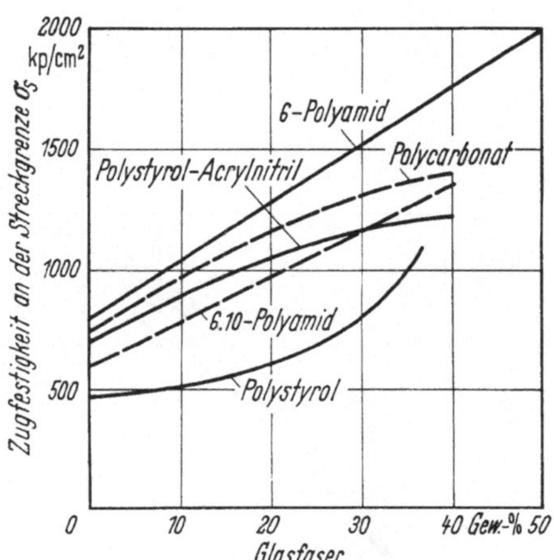

Abb. 136. Zugfestigkeit in Abhängigkeit vom Glasfasergehalt für einige thermoplastische Kunststoffe (nach *Schlichting*).

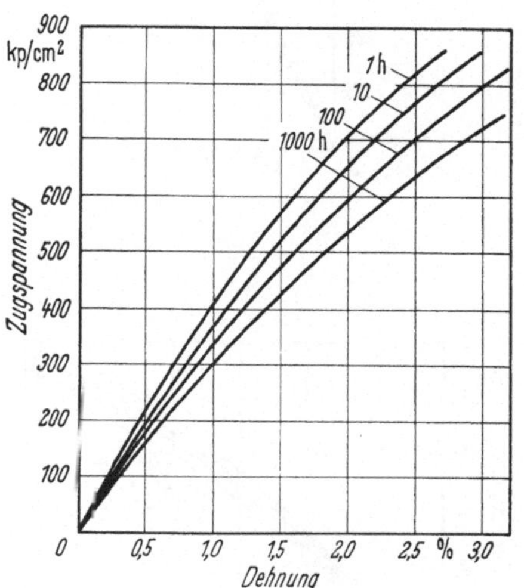

Abb. 137. Isochrone Spannungs-Dehnungs-Linien für 6,6-Polyamid mit 25% Glasfasergehalt. Prüftemperatur 60 °C.

Im Gegensatz hierzu verleihen Textilfasern den Laminaten keine extreme Festigkeit, wohl aber hohe Zähigkeit[68] (siehe auch Abb. 133). Auch das Abriebverhalten chemiefaserverstärkter Kunststoffe ist besser als das der glasfaserverstärkten. An die Temperaturbeständigkeit dürfen allerdings keine sonderlichen Anforderungen gestellt werden.

Verstärkte thermoplastische Kunststoffe. Auch unter den thermoplastischen Kunststoffen sind die glasfaserverstärkten Typen die technisch bedeutendste

---

[68] *Hendrix, H.:* Das Verstärken von Kunststoffen mit Chemiefasern AVK-Tagung 1966, Freudenstadt, Vortragsveröffentlichungen.

Gruppe. Ihre ungewöhnlich hohen Zuwachsraten in den letzten Jahren weisen darauf hin, daß diese Werkstoffe aufgrund ihrer Eigenschaften in stark zunehmendem Maße auf dem technischen Markt eingesetzt werden. Im Gegensatz zu den duromeren Materialien enthält bereits der Rohstoff die Glasfaser, das heißt, es wird ein glasfaserhaltiges Granulat in den Handel gebracht. Die Länge der Glasfasern ist infolgedessen auf wenige Zehntel mm beschränkt.

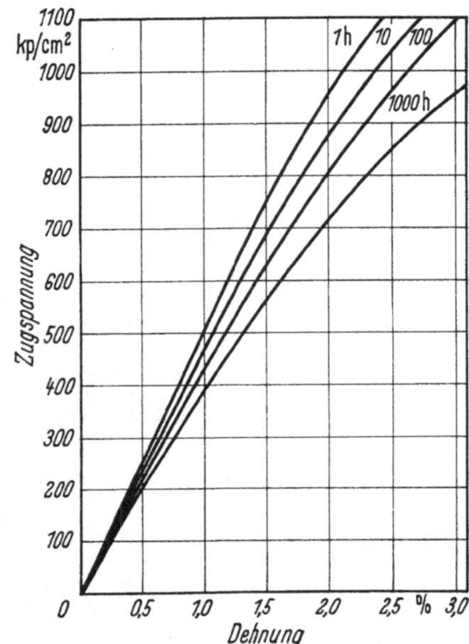

Abb. 138. Isochrone Spannungs-Dehnungs-Linien für 6,6-Polyamid mit 35% Glasfasergehalt. Prüftemperatur 60 °C.

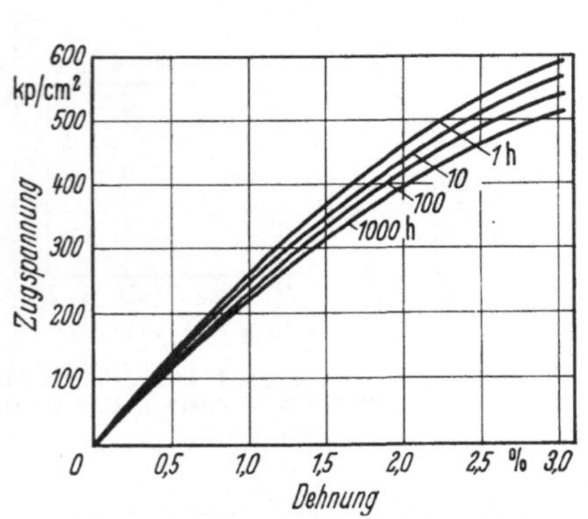

Abb. 139. Isochrone Spannungs-Dehnungs-Linien für 6,6-Polyamid mit 25% Glasgehalt. Prüftemperatur 120 °C.

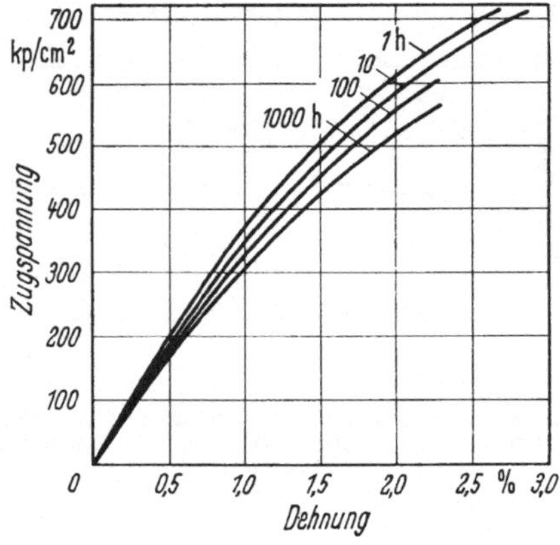

Abb. 140. Isochrone Spannungs-Dehnungs-Linien für 6,6-Polyamid mit 35% Glasgehalt. Prüftemperatur 120 °C.

Die Wirkung eines Verbundmaterials wird zum einen bestimmt durch den Ausgangswerkstoff, die sogenannte Matrix und deren Eigenschaften, wie Festigkeit, thermische Ausdehnung und Schmelzpunkt; zum anderen durch das Verstärkungsmaterial, das heißt durch dessen Art, mechanische und thermische Eigenschaften, Gewichtsanteil und Form (Glaskugeln oder Fasern), deren Länge, Verteilung und Orientierung; siehe Abb. 134[69]. Da ein verstärkter Kunststoff als Verbund angesehen werden muß, ist die Wirksamkeit des Haftvermittlers zwischen Matrix und Verstärkungsstoff von wesentlicher Bedeutung für die Eigenschaften.

Amorphe Thermoplaste erfahren durch die Glasfaserverstärkung eine Erhöhung des Schub- und E-Moduls (vgl. Abb. 135). Die Erweichungstemperatur bleibt jedoch so gut wie unverändert. Bei teilkristallinen Thermoplasten wird zusätzlich jedoch auch die erste Erweichungsstufe zu höherer Temperatur hin verschoben.

Die thermische Ausdehnung des Verbundwerkstoffs nähert sich mit zunehmendem Anteil des Verstärkungswerkstoffs, dem im allgemeinen niedrigeren thermischen Ausdehnungskoeffizienten des Verstärkers.

Der E-Modul glasfaserverstärkter Thermoplaste steigt mit dem Glasfasergehalt an[70] (Abb. 135) und erreicht Werte über 100000 kp/cm². Auch die Zugfestigkeit nimmt zu und erreicht mit 1500 kp/cm² bereits die Festigkeit von Leichtmetall (siehe Abb. 136). Tabelle 19 vermittelt einen Überblick über die handelsüblichen glasfaserverstärkten Kunststoffe samt ihren wichtigsten thermischen, mechanischen und elektrischen Kennwerten[69].

Die Kriechneigung glasfaserverstärkter Thermoplaste ist geringer als die der unverstärkten Marken. Steigender Glasfasergehalt verringert die Kriechneigung (Abb. 137 und 138). Sie ist auch bei höheren Temperaturen (siehe Abb. 139 und 140) reduziert, vgl. z. B. Abb. 103.

6.32 Erhöhung der Steifigkeit durch konstruktive Maßnahmen. Neben der Erhöhung des E-Moduls bieten sich zur Versteifung konstruktive Maßnahmen an, die darauf hinauslaufen, das Trägheitsmoment eines Teiles zu erhöhen. In das Trägheitsmoment I geht die Platten- oder Balkendicke in der 3. Potenz ein. Infolgedessen läßt sich die Steifigkeit durch die Variation der Wanddicke erheblich beeinflussen. Bei Kunststoffen kommt diesen Maßnahmen insofern eine besondere Bedeutung zu, als

1. der E-Modul des Werkstoffs relativ klein ist und auch durch Verstärkungsmaterialien nicht unbegrenzt angehoben werden kann und

2. der Einsatz hochverstärkter Materialien nicht immer möglich ist, z. B. im chemischen Apparatebau (chemische Beständigkeit!), im Spritzguß (schlechtere Verarbeitbarkeit), in der konstruktiven Praxis (schlechteres Gleitvermögen, höherer Verschleiß) und

3. auch bei verstärkten Materialien durch die konstruktive Gestaltung noch eine zusätzliche Versteifung erzielt werden kann.

6.321 *Auf Biegung beanspruchter Balken.* Ein Biegebalken wird durch Kräfte und Momente beansprucht, die im Werkstoff Normalspannungen und Schubspannungen zur Folge haben.

Die Normalspannungen haben in den äußersten Schichten Maximalwerte (Zug- und Druckspannungen). In der neutralen Faser sind sie gleich Null. Die Schub- oder Scherspannungen erreichen umgekehrt in der neutralen Faser ihr Maximum, und sind in den Randschichten gleich Null (Abb. 141).

Die Gleichung der elastischen Linie eines auf Biegung beanspruchten Balkens lautet:

$$y'' = \frac{\mathrm{d}^2 y}{\mathrm{d}x^2} = \frac{M_x}{N}. \tag{28}$$

---

[69] *Ehrenstein, G. W.:* Glasfaserverstärkte Kunststoffe – Grenzen und Anwendungsmöglichkeiten. Kunststoffe 60 (1970) H. 12, 917–924.
[70] *Schlichting, K.:* Glasfaserverstärkte Thermoplaste, in: Glasfaserverstärkte Kunststoffe. Hrsg.: P. H. Selden, Berlin–Heidelberg–New York: Springer 1967.

Tabelle 19. *Eigenschaftsvergleich verschiedener glasfaserverstärkter Thermoplaste (nach Ehrenstein)*

		ABS	Polyacetal	6-Polyamid luftfeucht (trocken)	6,6-Polyamid luftfeucht (trocken)	Polycarbonat
Glasgehalt	Gew.-%	35	20···40	15···50	15···50	10···40
Dichte	p/cm^3	1,33	1,54···1,69	1,25···1,55	1,25···1,55	1,24···1,52
Druckfestigkeit	kp/cm^2		770···1300	900···1400 (1300···2200)		1050···1450
Bruchdehnung	%	3	1,5···7,0	1,5···8	1,5···5	0,9···5,0
Biegefestigkeit	kp/cm^2	850	700···1200	1100···1600 (2100···3500)	(1800···3000)	1200···2100
Biege-E-Modul	kp/cm^2	65000	56000···120000	35000···80000 (55000···130000)	45000···115000 (60000···145000)	(50000···175000)
Zugfestigkeit	kp/cm^2	700	600···950	900···1400 (1300···2200)	800···1500 (1200···2400)	840···1400
Zug-E-Modul	kp/cm^2	90000	42000···70000	35000···100000 (60000···150000)	50000···135000 (65000···160000)	70000···135000
Kerbschlagzähigkeit (ISO R 180)	cmkp/cm	5,4···13	4,3···16,3	tr. 8,7···11,6 f. 21,4···14,7	tr. 8···11,7 f. 12,3···21,5	6,5···21,7
Thermischer Ausdehnungs- koeffizient	10^{-6}/grd	30	19···26	12···41	12···40	12···36
Formbeständigkeit in der Wärme	°C	94	82···105	150···210	180···250	135
Dielektrizitäts- konstante ε_r				6,1···7,0 (3,7···4,2)	5,3···6,6 (3,7···4,1)	3,2···3,7
Durchgangswiderstand	Ω	$< 10^{16}$	$3,8 \cdot 10^{16}$	$10^{10}···10^{12}$ $(10^{12}···10^{13})$	10^{12} (10^{15})	$1,5 \cdot 10^{15}$
Wasseraufnahme (24 h, 3 mm dick)	%	0,4	0,25···0,45	0,17···2,0	0,15···1,8	0,07···0,15

Tabelle 19 (Fortsetzung)

		Polyäthylen hoher Dichte	Polyäthylen niedriger Dichte	Polypropylen	Polyphenylenoxid (PPO)	Polystyrol	Polystyrol (schlagfest)
Glasgehalt	Gew.-%	20···40	20···40	20···40	20···40	35	35
Dichte	p/cm³	1,1···1,3	1,06···1,26	1,04···1,25	1,26···1,38	1,33	1,33
Druckfestigkeit	kp/cm²	280···560	210···250	380···560			
Bruchdehnung	%	3···3,5	3,2···4	3···4	1···3	2	2
Biegefestigkeit	kp/cm²	500···840	280···500	490···770	1400···1700	1200	950
Biege-E-Modul	kp/cm²	18000···50000	9500···21000	21000···58000	70000···100000	78000	75000
Zugfestigkeit	kp/cm²	350···770	280···350	390···630	1100···1400	950	750
Zug-E-Modul	kp/cm²	32000···67000	18000···32000	32000···65000	77000···100000	110000	100000
Kerbschlagzähigkeit (ISO R 180)	cmkp/cm	6,0···21,7		5,4···27,1	5,4···19	2,2	
Thermischer Ausdehnungs-koeffizient	10^{-6}/grd	29···50		28···50		30	32
Formbeständigkeit in der Wärme	°C	107···130	46···76	150···160	126	93	89
Dielektrizitäts-konstante ε_r				2,37			
Durchgangswiderstand	Ω	$2,9 \cdot 10^{16}$	$2,9 \cdot 10^{16}$				
Wasseraufnahme (24 h, 3 mm dick)	%	0,01···0,05	0,14···0,20	0,01···0,05	0,08	0,05	0,05

Tabelle 19 (Fortsetzung)

		Polyterephthal-säureester (PETP)	Polysulfon	Polyurethan	PVC	Styrol/Acryl-Nitril (SAN)	Silikon
Glasgehalt	Gew.-%	15⋯30	20	20⋯40	20⋯40	35	35⋯65
Dichte	p/cm³	1,47⋯1,60	1,38	1,35⋯1,53	1,43⋯1,63	1,36	1,68⋯2,0
Druckfestigkeit	kp/cm²	1600⋯1700	1450	180⋯500			700⋯1050
Bruchdehnung	%	5	2	2⋯3	2⋯4	1,1⋯3,8	
Biegefestigkeit	kp/cm²	1900⋯2250	1700	350⋯530	1400⋯1900	1600	700⋯1000
Biege-E-Modul	kp/cm²	63000⋯100000	65000	11000⋯25000	65000⋯115000	100000	
Zugfestigkeit	kp/cm²	900⋯1800	1350	350⋯700	1000⋯1350	1200	280⋯350
Zug-E-Modul	kp/cm²		105000	19000⋯53000	56000⋯125000	140000	
Kerbschlagzähigkeit (ISO R 180)	cmkp/cm	6,5⋯13,6	13,6	49⋯54	4,3⋯75	–	16,3⋯81,5
Thermischer Ausdehnungs-koeffizient	10^{-6}/grd	24	29	19⋯26	19⋯31	24	7
Formbeständigkeit in der Wärme	°C	190⋯240				105	< 320
Dielektrizitäts-konstante ε_r		1,8⋯4,6			3,7⋯4,2	3,6	3,2⋯5,2
Durchgangswiderstand	Ω	$1,5 \cdot 10^{16}$			$1,7 \cdot 10^{14}$	$> 10^{16}$	$10^{10} \cdots 10^{14}$
Wasseraufnahme (24 h, 3 mm dick)	%	0,4⋯0,5	0,21	0,45⋯0,55	0,08⋯0,55	0,3	0,1⋯0,2

Hieraus läßt sich aus den Randbedingungen und dem Biegemoment an einer beliebigen Stelle x die zugehörige Durchbiegung errechnen. In unserer Betrachtung interessiert besonders die Biegesteifigkeit

$$N = E \cdot I.$$

Werden die durch die Querkräfte hervorgerufenen Schubspannungen berücksichtigt, so lautet die Gleichung der elastischen Linie

$$y'' = \frac{M_x}{N} + \frac{M_x''}{S}, \tag{29}$$

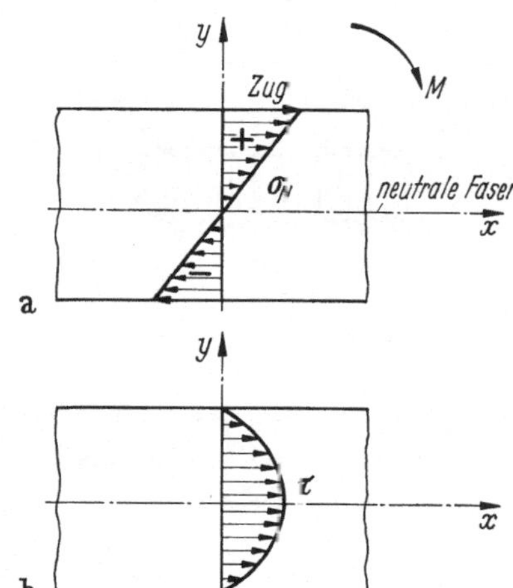

Abb. 141. Verlauf der Normalspannungen und Schubspannungen bei der Balkenbiegung.

woraus zu erkennen ist, daß die Gesamtdeformation sich aus 2 Anteilen zusammensetzt.

$$y = y_B + y_S, \tag{30}$$

y_B Biegeanteil, y_S Scheranteil.

Die Schubsteifigkeit ist definiert durch

$$S = G \cdot \frac{bI}{L}, \tag{31}$$

G Schubmodul,
b Balkenbreite,
I äquatoriales Trägheitsmoment des Querschnitts, bezogen auf die neutrale Faser,
L statisches Moment des Querschnitts, bezogen auf die neutrale Faser[71].

Aus diesen Gleichungen entwickeln wir die mathematischen Beziehungen für versteifende konstruktive Maßnahmen.

Verbundbauweisen, sogenannte Sandwichkonstruktionen.

Sandwichbauteile. Die Erhöhung der Wanddicke würde zwar gemäß Gl. (21) eine Versteifungswirkung, die mit der 3. Potenz der Wanddicke zunimmt, haben, jedoch würde die gewichtsspezifische Wertung derartiger Maßnahmen Nachteile

---

[71] Siehe z.B. *ten Bosch, M.:* Berechnung der Maschinenelemente, Berlin–Göttingen–Heidelberg: Springer 1951, 44. Für den rechteckigen Querschnitt ist z.B. $L_y = \frac{b}{2}\left(\frac{s^2}{4} - y^2\right)$.

erbringen. Um beispielsweise den E-Modul thermoplastischer Kunststoffe, der rund 1/100 des E-Moduls von Stahl beträgt, zu kompensieren, wäre eine Wanddickenkorrektur um den Betrag

$$\sqrt[3]{100} = 4{,}65$$

notwendig. Es ist zweckmäßiger, die Korrektur beanspruchungsgerecht durchzuführen und dabei Gewicht, Material und Arbeitszeit zu sparen. Diese Bedingungen erfüllt die sogenannte Sandwichkonstruktion (= Verbundbauweise), meistens ausgeführt als Sandwichplatte oder Sandwichbalken. Eine Sandwichstruktur (Abb. 142)

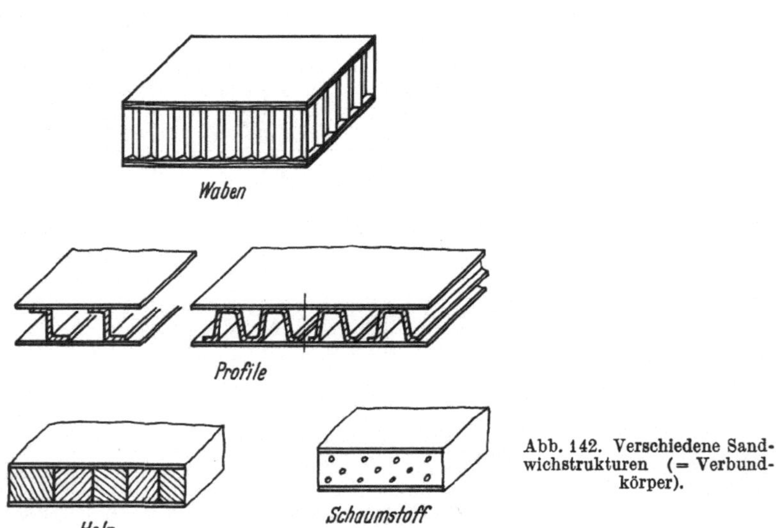

Abb. 142. Verschiedene Sandwichstrukturen (= Verbundkörper).

wird im einfachsten Falle gebildet durch zwei dünne äußere Schichten mit einer dazwischenliegenden, meist dickeren Stützschicht. Alle drei Schichten sind fest miteinander verbunden. Bei Biege- und Knickbeanspruchung übernehmen die Deckschichten die Zug- und Druckspannungen, die Stützschicht verhindert das Ausbeulen der Oberflächenschichten und muß in der Lage sein, die Scherspannungen zu übertragen. Das besagt, daß die Deckschichten aus einem festen Material mit guten mechanischen Zug- und Druckeigenschaften und einem hohen E-Modul bestehen müssen. Die Stützschicht kann aus einem schwächeren Werkstoff gebildet sein, der aber in der Lage sein muß, Scherspannungen zu übertragen, und sich u. U. elastisch und plastisch verformen können muß, um Sicherheitsreserven zu bilden.

Die primäre Beanspruchung liegt auf den Deckschichten, die Stützschicht hat demgegenüber sekundäre Bedeutung. Durch eine entsprechend dicke Stützschicht lassen sich praktisch beliebige Steifigkeiten erzielen. Es gilt daher das Konstruktionsprinzip, die beiden Randschichten so weit voneinander entfernt zu halten, daß die gewünschte Steifigkeit erreicht wird.

Im Leichtbau sind Sandwichkonstruktionen von außerordentlicher Bedeutung. Eine gewichtsspezifische Wertung hinsichtlich der Steifigkeit ergibt bedeutende Vorteile für Sandwichbauteile, siehe unten!

Für Deckschichten von Kunststoff-Verbundkonstruktionen werden namentlich glasfaserverstärkte Polyester- und Epoxidharze eingesetzt.

Besonders im Flugzeug- und Fahrzeugbau werden auch Deckschichten aus Leichtmetall und Titan verwendet. Die Stützschichten bestehen aus Aluminium- oder Kunststoffwaben und werden mittels Kunststoffklebern mit den Deckschichten verklebt.

Im allgemeinen werden für die Stützschichten – insbesondere bei Kunststoffkonstruktionen – Kunststoffschaumstoffe verwendet. Am bedeutendsten ist Polyurethanschaum, der insbesondere den Vorteil besitzt, daß Hohlräume einfach ausgeschäumt werden können. So ist es beispielsweise möglich (siehe unten), zweischalige Bodengruppen von Fahrzeugen nach dem Verkleben von Ober- und Unterschale beide miteinander zu verschäumen, und dadurch einen Sandwich herzustellen. Bedeutungsvoll sind ferner PVC-, PMMA-Schaum und CA-Schaum ebenso wie Polystyrolschaum, die als Platten verarbeitet werden. Besonders leichte Sandwichbauteile entstehen unter Verwendung von sechseckigen (Honig-) Waben-Stützschichten (Honeycomb). Die Waben können aus Leichtmetall oder kunstharzimprägniertem Papier bestehen. Im Flugzeugbau besonders werden auch hochtemperaturbeständige leichte Waben aus imprägniertem Kunststoffaservlies eingesetzt, z. B. NOMEX-Waben (Nylonpapier imprägniert mit Phenolharz).

Für Sandwichbauteile, die besonderen Druckbelastungen ausgesetzt sind, wird gerne ausgesuchtes Balsaholz verwendet. Die Kerne müssen jedoch aus einzelnen Würfeln zusammengesetzt werden, weil die Faserrichtung des Holzes senkrecht zu den Deckschichten stehen muß (Balsakopfholz). Die Herstellung eines Verbundes ist deswegen umständlich. Da auch die Qualität des Holzes schwankt, besteht heute bei druckbelasteten Verbundteilen mehr der Trend zu Wabenkernen.

Biegesteifigkeit von Sandwichkonstruktionen. Für einen Balken mit rechteckigem Querschnitt ist das äquatoriale Trägheitsmoment in bezug auf die Schwerpunktachse

$$I = \frac{b \cdot s^3}{12}, \tag{32}$$

b Balkenbreite,
s Balkendicke.

Die Steifigkeit eines Sandwichquerschnitts mit denselben Abmessungen und zwei gleichen Deckschichten ist

$$N = E_D \cdot \frac{b(s^3 - k^3)}{12} + E_k \frac{b\,k^3}{12}, \tag{33}$$

Index D für Deckschichten,
Index K für Kernschichten,

s Gesamtdicke,
d Dicke der Deckschicht,
k Dicke der Kernschicht (Stützschicht).

Der Beitrag der Kernlage zur Gesamtsteifigkeit ist unerheblich. So wird die Steifigkeit des Verbundes, (Bezeichnungen nach Abb. 143)

$$N = E_D \cdot \frac{b\,s^3}{12}\left(1 - \frac{k^3}{s^3}\right), \tag{34}$$

$$N \approx E_D \frac{b\,d}{2}(k + d)^2. \tag{35}$$

Der Ausdruck $1 - \dfrac{k^3}{s^3}$ bestimmt offenbar den Steifigkeitsverlust der Sandwichkonstruktion gegenüber der Massivbauweise gleicher Abmessungen. Die Steifigkeit des Verbundes verhält sich zur Steifigkeit der Massivkonstruktion wie

$$(1 - k^3/s^3)/1 \, .$$

Auch das Gewicht des Sandwichs wird im wesentlichen durch die beiden Deckschichten bestimmt. Ein Element der Länge 1 wiegt bei Vernachlässigung der Stützschicht

$$G = 2\,d\,b\,\gamma \, , \tag{36}$$

γ spezifisches Gewicht der Deckschicht,
$d = 1/2 \, (s{-}k)$,

mithin

$$\left.\begin{aligned} G &= \gamma\,b\,(s - k) \\ &= \gamma\,b\,s\left(1 - \frac{k}{s}\right) \end{aligned}\right\} \tag{37}$$

worin $(1 - k/s)$ die Gewichtseinsparung der Sandwichkonstruktion gegenüber der Massivkonstruktion repräsentiert. Gewichtsverhältnis Sandwichbauweise/Massivbauweise $= (1 - k/s)/1$.

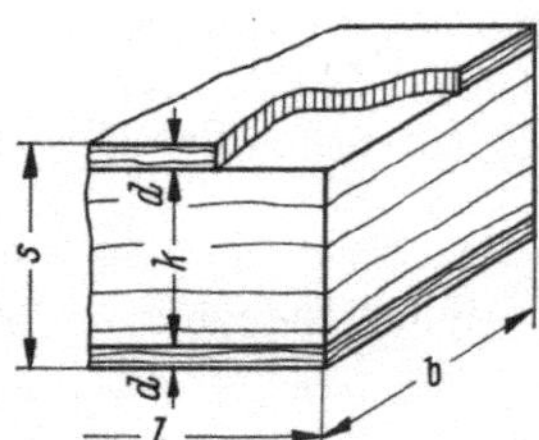

Abb. 143. Sandwichaufbau-
Bezeichnungen.

Zum Beispiel wird bei $k/s = 9/10$ das Gewichtsverhältnis Massiv/Sandwich $10 : 1$. Die Steifigkeit beträgt jedoch noch $3/10$ des Ausgangswertes. Bei $k/s = 4/5$ wird $G_\text{massiv} : G_\text{verbund} = 5 : 1$ und bei Verwendung gleicher Werkstoffe wird $N_\text{massiv} : N_\text{verbund} = 2 : 1$.

Schubsteifigkeit von Sandwichkonstruktionen. Für den massiven Balken wurde die Schub- oder Schersteifigkeit definiert zu

$$S = G\,\frac{b \cdot I}{L} \, .$$

Für einen Verbundträger geht diese Beziehung über in[74]:

$$S = G\,\frac{b\,N}{\Sigma E_i L_i} \approx G \cdot \frac{b\,N}{(E\,L)_K + (E\,L)_D} \, . \tag{38}, (39)$$

Ohne weiter abzuleiten, gilt für

$$d \ll k:$$

$$S = G \cdot b\left(\frac{s + k}{2}\right) = G\,b\,(k + d) \, , \tag{40}$$

G ist hierin der Schubmodul der Stützschicht.

---

[74] Fußnote s. S. 141.

Bei genauerer Rechnung ist nach *March* und *Smith*[72]

$$S = G \cdot \frac{bs}{k} \cdot \left(\frac{s+k}{2}\right) = G \cdot \frac{bs}{k}(k+d) \, . \tag{41}$$

Die Formel für S ist immer noch vereinfacht. Für noch genauere Berechnungen wird auf die Literatur verwiesen[73].

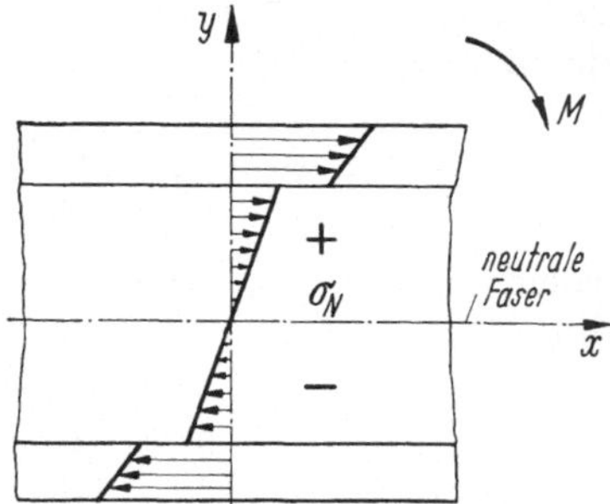

Abb. 144. Verlauf der Normalspannungen in einem biegebeanspruchten Verbundträger.

Spannungen und Verformungen bei Biegung und Scherbeanspruchung. Bei einem durch ein Biegemoment belasteten Verbundträger muß ein Verlauf der Biegespannungen angenommen werden wie in Abb. 144 veranschaulicht, d.h. das wirksame Moment wird aufgeteilt in

1. den Anteil, der von den Randschichten als Zug- oder Druckspannung in bezug auf die neutrale Faser aufgenommen wird,
2. einen Teil, der zu Normalspannungen in der Kernschicht führt,
3. einen Teil, der Biegespannungen in den Deckschichten bewirkt.

Da der E-Modul des Kernmaterials meistens niedrig ist und die Eigensteifigkeit der Deckschichten wegen

$$d \ll s$$

ebenfalls gering ist, können 2. und 3. in erster Näherung vernachlässigt werden. Die Biegespannung wird infolgedessen aufgelöst in Zug- und Druckspannungen in den Deckschichten. Aus der Gleichgewichtsbetrachtung folgt

$$\sigma_{BD} = \frac{4M}{b(s^2 - k^2)} = \frac{M}{bd(d+k)} \, . \tag{42}$$

Durch die Querkräfte werden im Verbundträger Schubspannungen parallel zur neutralen Faser hervorgerufen. In einer Entfernung y von der neutralen Faser gilt:

$$\tau = \int_y^{s/2} \frac{Q\,E_D}{N}\,y\,dy \, , \tag{43}$$

Q Querkraft.

In der Grenzschicht zwischen Deck- und Stützschicht wird:

$$\tau = \frac{Q\,E_D}{8\,N}(s^2 - k^2) = \frac{Q\,E_D}{2}\,d(d+k) \, . \tag{44}$$

Diese Spannung muß von der Klebefuge aufgenommen werden.

---

[72] *March, H. W., Smith, C. B.*: Flexural rigidity of a rectangular strip of sandwich construction. Forest Products Laboratory Report Nr. 1505, 1944.
[73] *Reich, O.*: Die Biegung der Sandwichbalken. Wiss. Z. T. U. Dresden 11 (1962) H. 1.

In der neutralen Schicht wird die maximale Schubspannung

$$\tau_{\max} = \frac{Q}{N}\, E_D\, \frac{(s^2 - k^2)}{8} + E_k \cdot \frac{k^2}{8}\,. \tag{45}$$

Die durch Momente und Querkräfte hervorgerufenen Spannungen haben Deformationen des Sandwichs zur Folge.

Gemäß der Beziehung (29)

$$y'' = \frac{M_x}{N} + \frac{M_x''}{S}$$

sind in die Gleichung der Biegelinie, die für die Verbundbauweise gültige Biegesteifigkeit Gln. (34) bzw. (35)

$$N = E_D \cdot b\, \frac{(s^3 - k^3)}{12}\,,$$

$$N \approx E_D \cdot \frac{b \cdot d}{2}\, (d + k)^2$$

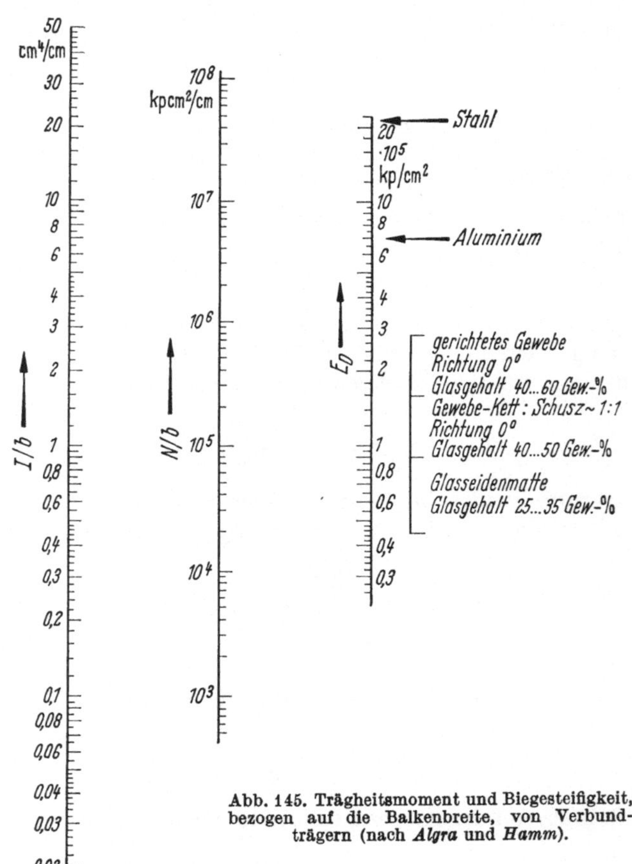

Abb. 145. Trägheitsmoment und Biegesteifigkeit, bezogen auf die Balkenbreite, von Verbundträgern (nach *Algra* und *Hamm*).

und die Schubsteifigkeit Gln. (40) bzw. (41)

$$S = G\,b\left(\frac{s+k}{2}\right) = G\,b\,(k+d)$$

bzw.

$$S = G\,\frac{b\,s}{k}\left(\frac{s+k}{2}\right) = G\,\frac{b\,s}{k}\,(d-k)$$

einzusetzen.

Für den an einem Ende eingespannten Balken gilt beispielsweise

$$f = \frac{P\,l^3}{3\,N} + \frac{P\,l}{S}\,.\tag{46}$$

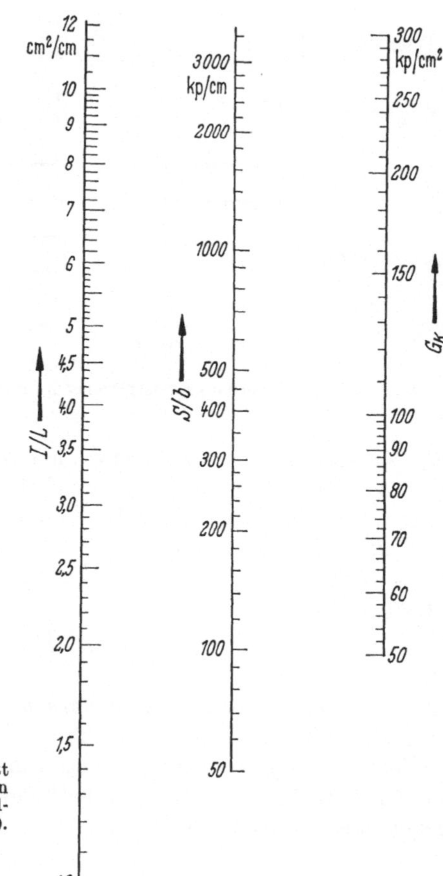

Abb. 146. Reduzierter Querschnitt *I/L* und Schubsteifigkeit, bezogen auf die Balkenbreite, von Verbundträgern (nach *Algra* und *Hamm*).

Weitere Fälle sind unter Verwendung von N und S den bekannten Nachschlagewerken zu entnehmen. Die Werte von I und N von Verbundträgern können dem Nomogramm, Abb. 145 entnommen werden. Das gleiche gilt für die Schubsteifig, die Abb. 146 entnommen werden kann[74]. Einen Überblick über die gebräuchlichsten Stützschichtwerkstoffe und ihre technischen Werte vermittelt Abb. 147[74].

---

[74] *Algra, E. A. H., Hamm, G.:* Konstruieren in Airex-Verbundbau Kunststoffinstitut **T. N. O.,** Delft, 1964. Untersuchung im Auftrage der Airex AG, Sins (Tochtergesellschaft der Lonza AG, Basel).

Druckspannungen in der Stützschicht bei Biegung. Bei der Biegung eines Verbundträgers werden beide Deckschichten aufeinander zu bewegt. Dadurch bauen sich in der Stützschicht Druckspannungen auf, denen die Festigkeit des Kernes widerstehen muß.

$$\sigma_{DK} = \frac{2\,M}{b\,(k+s)\,R} = \frac{M}{b\,(k+d)\,R}\,. \tag{47}$$

Weil R meist sehr groß ist, ist σ_{DK} meist zu vernachlässigen.

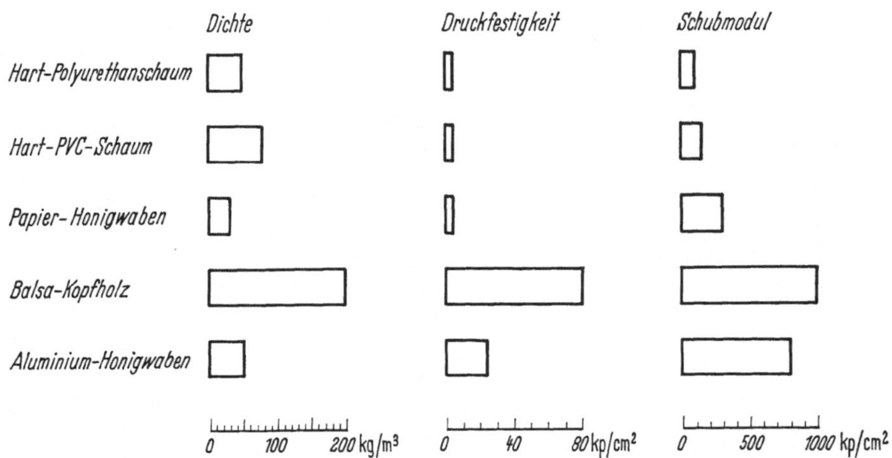

Abb. 147. Die Eigenschaften verschiedener Kernmaterialien (nach *Algra* und *Hamm*).

Knickspannungen. Bei der Biegung eines Verbundbalkens kann die auf Druck beanspruchte Deckschicht knicken. Zeitlich betrachtet wird sie zunächst ausbeulen. Es entstehen Runzeln, die bei weiterer Überlastung zu Knickstellen werden. Die Stützwirkung des Kerns sucht das Ausknicken zu verhindern. Nach Versuchen von *Hoff* und *Mautner*[75] tritt das Knicken ein, wenn die Druckspannung den kritischen Wert

$$\sigma_k = 0{,}5\,\sqrt[3]{E_D\,E_K\,G_K} \tag{48}$$

erreicht.

Biegespannungen in den Deckschichten unter der Wirkung einer senkrecht angreifenden Last. Druckkräfte senkrecht zur Ebene der Deckschichten bewirken örtliche Spannungskonzentrationen und damit Druckspannungen im Kern und Biegemomente in der belasteten Deckschicht. Diese versucht sich aufzuwölben. Das Biegemoment wird hierbei [76]

$$M_B = \frac{P}{4}\,\sqrt[4]{\frac{k\,d^3\,E_D}{3\cdot E_K}}\,, \tag{49}$$

P angreifende Punktlast

Die daraus resultierende Biegespannung, die sich der Spannung nach Gl. (42) überlagert, wird

$$\sigma_B = \frac{6\,M_B}{b\,d^2}\,. \tag{50}$$

---

[75] *Hoff, N. J., Mautner, S. E.:* The buckling of sandwich type panels. J. Aeronaut. Soc. 12 (Juli 1945).

[76] *Roark, R. I.:* Formulas for stress and strain, New York: McGraw-Hill 1954.

Die Verschiebung des Kraftangriffspunktes errechnet sich zu

$$y = \frac{P}{2\,b\,E_K} \sqrt[4]{3\,\frac{E_K}{E_D}\left(\frac{k}{d}\right)^3}\,.$$ (51)

Knickung von Verbundträgern bei Belastung parallel zu den Deckschichten. Die verschiedenen Versagensfälle bei Knickbeanspruchung parallel zu den Deckschichten sind in Abb. 148 dargestellt[77].

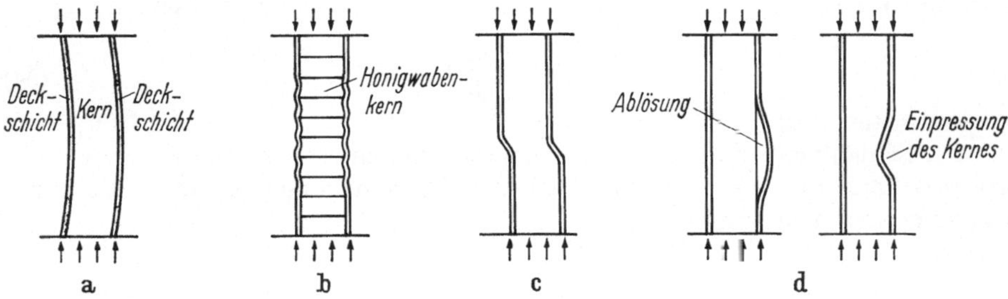

Abb. 148. Versagensfälle an Verbundkonstruktionen bei Druckbeanspruchung parallel zu den Schichten.

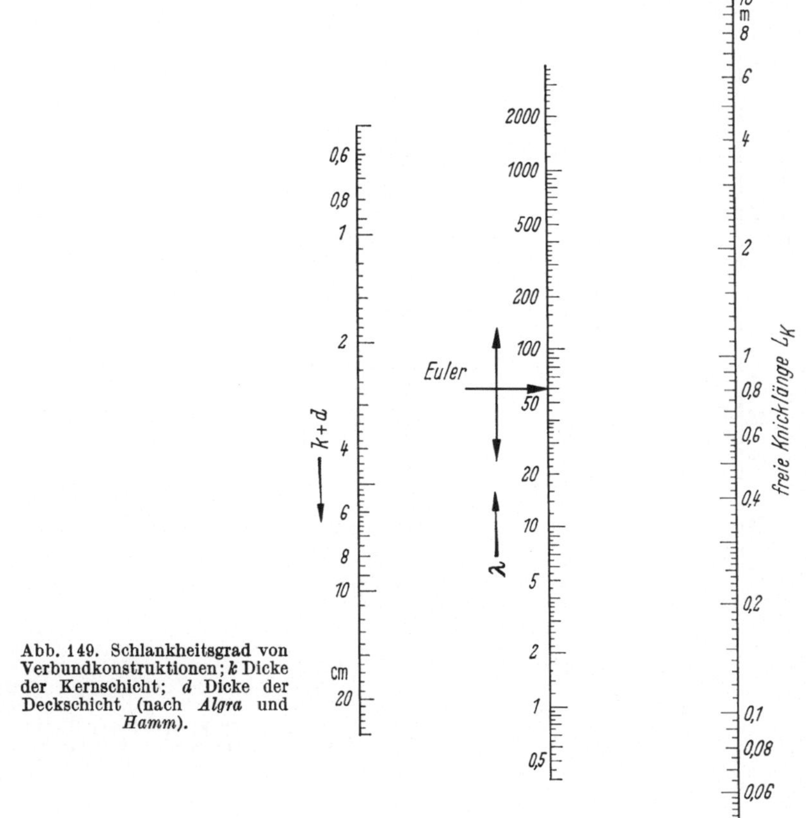

Abb. 149. Schlankheitsgrad von Verbundkonstruktionen; *k* Dicke der Kernschicht; *d* Dicke der Deckschicht (nach *Algra* und *Hamm*).

[77] *Kuenzi, E. W.:* Structural sandwich design. Criteria 1959, Fall Conference of the Building Research Institut at Washington, D. C.

Knickung bei großen Schlankheitsgraden. Bei sehr großen Schlankheitsgraden

$$\lambda = \frac{L_k}{i} = \frac{2\,L_k}{k + d} > 70 \;. \tag{52}$$

L_k freie Knicklänge,
i Trägheitsradius,

$$i = \sqrt{\frac{I}{2\,F_D}} = \frac{k + d}{2} \tag{53}$$

wird der Verbund als Ganzes ausknicken, wenn die kritische Druckspannung

$$\sigma_k = \frac{\pi^2 E_D}{\lambda^2} \tag{54}$$

überschritten wird[74].

Der Schlankheitsgrad für Verbundkonstruktionen ist Abb. 149 zu entnehmen. Hieraus kann mit Abb. 150 die Eulersche Knickspannung schlanker Verbundsäulen entnommen werden[74].

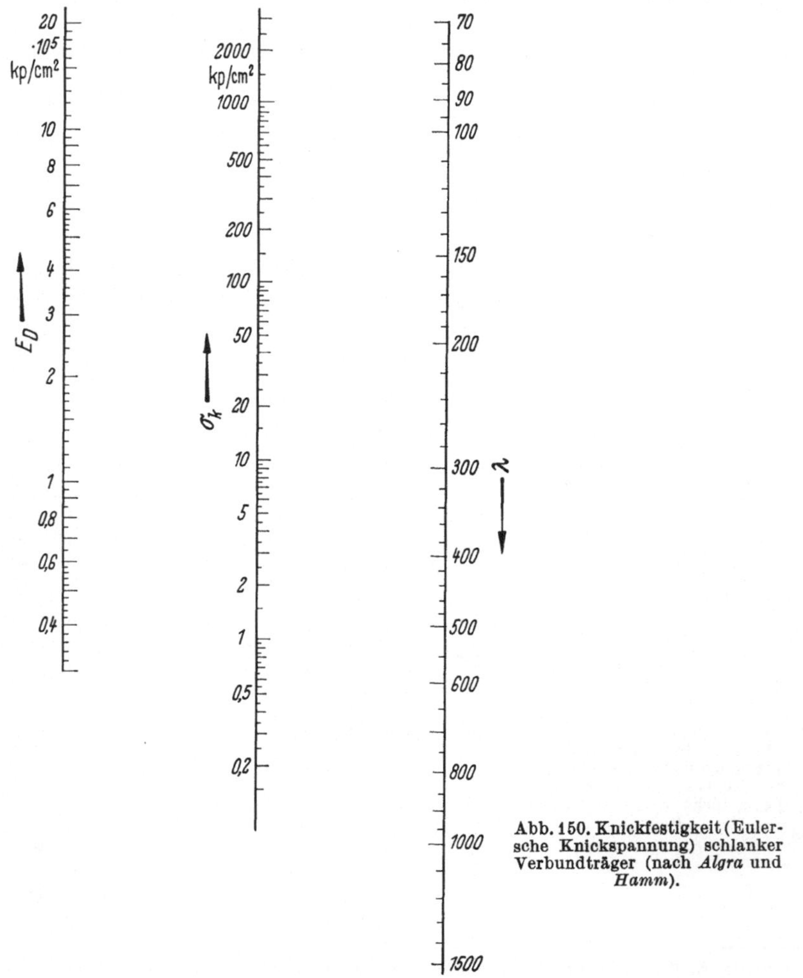

Abb. 150. Knickfestigkeit (Eulersche Knickspannung) schlanker Verbundträger (nach *Algra* und *Hamm*).

In Abb. 151 ist die kritische Druckspannung für Schlankheitsgrade < 70 für Verbundträger mit Glasfaserpolyester als Deckschichten und PVC-Schaum (Airex) als Stützschicht dargestellt.

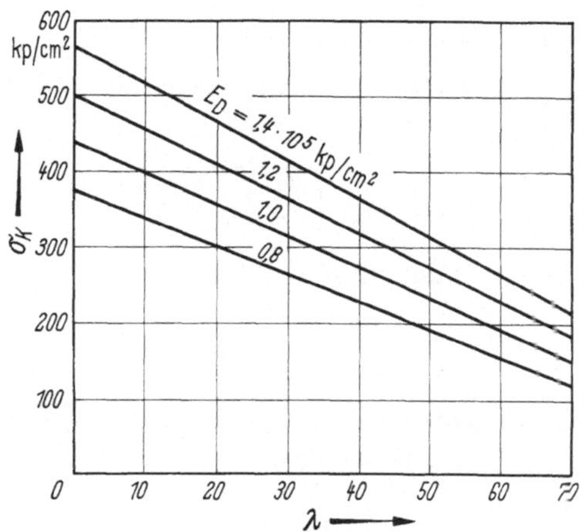

Abb. 151. Knickfestigkeit von Verbundkonstruktionen mit Hart-PVC-Schaum-Kern (Airex) und Polyester-Glasfaser-Deckschichten bei geringen Schlankheitsgraden (nach *Algra* und *Hamm*).

Knickung bei geringen Schlankheitsgraden. Bei geringen Schlankheitsgraden tritt Versagen ein, wenn die Druckfestigkeit der Deckschichten überschritten wird.

$$\sigma_k = \frac{P}{2\,b \cdot d} = \frac{P}{b\,(s - k)} \tag{55}$$

Kernscherung bei Sandwichbauteilen. Wenn der Kern sehr spröde ist, kann Versagen durch Abscheren des Kernes eintreten, was namentlich bei kleinen Schlankheitsgraden der Fall sein kann. Für sehr dünne Deckschichten gilt[74,78].

$$P_k = \frac{P_E}{1 + \dfrac{P_E}{S}} , \tag{56}$$

P_k Knicklast,

P_E Eulersche Knicklast $= \dfrac{\pi^2 N}{L_k^2}$.

Faltenbildung in den Deckschichten. Die Deckschichten können beginnen, Falten zu werfen. Hierbei können sie sich von der Stützschicht lösen und auf Knickung beansprucht werden. Wie bereits dargelegt wurde, gilt hierfür Gl. (48).

6.322 *Plattenbiegung*. Die Verhältnisse bei Platten können nur näherungsweise angegeben werden, insbesondere muß darauf verzichtet werden, die Theorie anzugeben[78].

Bei einem Verhältnis Plattenlänge : Plattenbreite von

$$l/b > 3$$

können diese bereits als Balken betrachtet und behandelt werden[74].

Sandwichplatten. Bei Verhältnissen $l/b < 3$ gilt:

---

[78] *Timoshenko, S.*: Theory of plates and shells, New York: McGraw-Hill 1940.

1. Biegung. Nach *Timoshenko*[78] kann die Plattensteifigkeit flacher Platten aus der Balkenbiegung abgeleitet werden

$$N_{\text{Platte}} = \frac{N_{\text{Balken}}}{1 - \nu_D^2},$$

ν_D Poissonsche Zahl der Deckschicht. N nach Gl. (34).

2. Lokaler Kraftangriff durch Punktlast. Wiederum nach Timoshenko gilt für die maximale Druckspannung unter der Last

$$\sigma_{\max} = \frac{P}{4} \; \sqrt{\frac{3(1 - \nu_D^3)}{k\,d^3} \cdot \frac{E_k}{E_D}} \tag{57}$$

beziehungsweise die Eindrückung unter der Last P:

$$f_{\max} = \frac{P}{4\,d\,E_k} \; \sqrt[4]{\left[3(1 - \nu_D^2)\,\frac{k}{d}\,\frac{E_k}{E_D}\right]^2}. \tag{58}$$

3. Faltung der Deckschichten durch Normalspannungen (Druckspannungen). Ähnlich wie in Gl. (48) gilt eine Beziehung

$$\sigma_k = C \sqrt[3]{E_D \cdot E_K \cdot G_K}. \tag{59}$$

Wird diese kritische Spannung (Runzelspannung) überschritten, muß mit Runzelbildung gerechnet werden.

Hierin ist zu setzen[79]

$$C = 0{,}3 \text{ für } \sigma_1 = \sigma_2,$$
$$C = 0{,}5 \text{ für } \sigma_2 = 0 \text{ (Balken)},$$
$$C = 0{,}7 \text{ für } \sigma_2 = -\sigma_1.$$

6.4 Gestaltung von versteiften Konstruktionen

6.41 Verbundbauteile. Für die Berechnung sind die im vorigen Abschnitt enthaltenen Berechnungsmethoden zu verwenden. In Abb. 147 sind die wichtigsten Angaben über die Kernwerkstoffe aufgeführt[74].

Als Klebstoffe für die Verbindung von Deckschicht und Stützschicht kommen Phenolharzkleber, Polyester- und Epoxidharzkleber in Frage. Die Festigkeitseigenschaften dieser Kleber sind z. T. den Tabellen über Harzeigenschaften (siehe Tab. 6 und 17 des vorigen Abschnittes zu entnehmen. Genauere und spezifischere Aussagen bieten die Unterlagen der Klebstoffhersteller (siehe auch Fußnote 80).

Vor dem Verkleben der Kernschicht mit der Deckschicht müssen beide Oberflächen gründlich gereinigt werden. Dies geschieht am besten mit Lösungsmitteln. Das Aufrauhen der Deckschicht verbessert zwar die Klebegüte, ist aber im allgemeinen nicht erforderlich, da die Klebefuge keine höhere Festigkeit als die Kernschicht besitzen muß.

In Abb. 152 ist ein amphibisches Geländefahrzeug für 0,5 t Nutzlast dargestellt, das in selbsttragender Kunststoff-Sandwich-Bauweise konstruiert wurde. Der Sandwich wird durch zwei GFK-Schichten mit dazwischenliegender PUR-Schaum-Stützschicht gebildet. Die Bodengruppe des Fahrzeugs, die die dynamischen und statischen Beanspruchungen aufnehmen muß, wird in Füllbauweise hergestellt,

[79] *Beckel, K.:* Werkstofftechnische und statische Probleme im Verbundbau. VDI-Z. 103 (1961) Nr. 35, 1757–1763.

[80] *Hintersdorf, G.:* Stützstoffbauweise – Gestaltung und Dimensionierung. Institut für Leichtbau, Dresden 1965.

Abb. 152. Amphibisches Geländefahrzeug für 0,5 t Nutzlast in GFK-Sandwichbauweise. Kern: PUR-Schaumstoff, Füllbauweise (in vorgefertigte Deckschichten eingeschäumt); Deckschichten: GFK-Naßlaminate mit eingelegten Inserts (Werkfoto: Waggon- und Maschinenbau AG, Donauwörth).

Abb. 153. Abgehängte Decke in GFK-Sandwichbauweise. Kern: PVC-Schaumstoff (CONTICELL); Sichtseite: Eingefärbte Feinschicht (keine Lackierung); Deckschichten: Naßlaminat aus UP-Harz mit 1 Glasfasermatte 300 g/cm² (je Seite) (Werkfoto: Waggon- und Maschinenbau AG, Donauwörth).

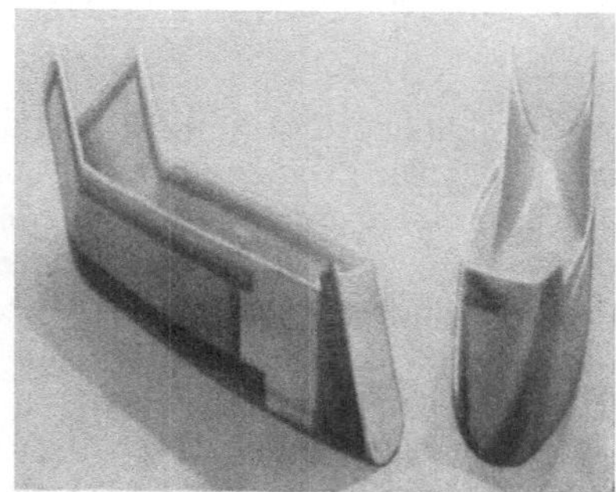

Abb. 154. Radom Airbus A 300 B, Sandwichbauweise. Kern: NOMEX-Wabe, hexagonal (Nylonpapier, imprägniert mit Phenolharz); Deckschichten: 4 Lagen EP-Prepreg (je Seite) (Werkfoto: Waggon- und Maschinenbau AG, Donauwörth).

Abb. 155. Höhenruder-Endkappe Airbus A 300 B, Sandwichbauweise. Kern: NOMEX-Wabe; Deckschichten: EP-Prepreg (Werkfoto: Waggon- und Maschinenbau AG, Donauwörth).

d.h. der Polyurethanschaum wird in die vorgefertigten, bereits miteinander verklebten Deckschichten eingeschäumt. Als Anschlußstellen für Verbindungselemente dienen Inserts, die bereits bei der Herstellung der Deckschichten in die GFK-Naßlaminate eingelegt werden.

Die abgehängte Decke eines U-Bahn-Wagens wurde gleichfalls in GFK-Sandwichbauweise gefertigt, Abb. 153. Aus Gewichtsgründen mußte die Decke in Kunststoff ausgeführt werden und wegen der erforderlichen Steifigkeit wurde die Sandwichbauweise gewählt. Die Deckschichten bestehen aus UP-Naßlaminat mit einer eingelegten Glasfasermatte (300 g/m²). Die Sichtseite erhält eine weiß eingefärbte Feinschicht, die die Lackierung erübrigt. Die Stützschicht besteht aus PVC-Schaum (*Conticell*).

Beispiele aus dem Flugzeugbau zeigen die beiden nächsten Bilder. Es handelt sich, Abb. 154, um das Radom des Airbus A 300 B sowie, Abb. 155, um die Höhenruder-Endkappe des gleichen Flugzeugs, Airbus A 300 B. Beide Teile werden in Sandwichbauweise ausgeführt. Die Deckschichten, Abb. 154, bestehen aus vier Lagen EP-Prepreg mit dazwischen liegendem Hexagonal-Wabenkern aus phenolharzimprägniertem Nylonpapier (NOMEX).

Stützschichten und Deckschichten werden mit Phenolharzkleber verbunden. Die Skizze, Abb. 156, veranschaulicht die sorgfältige, beanspruchungsgerechte Krafteinleitung. Die Deckschichtlagen werden stufenweise abgesetzt.

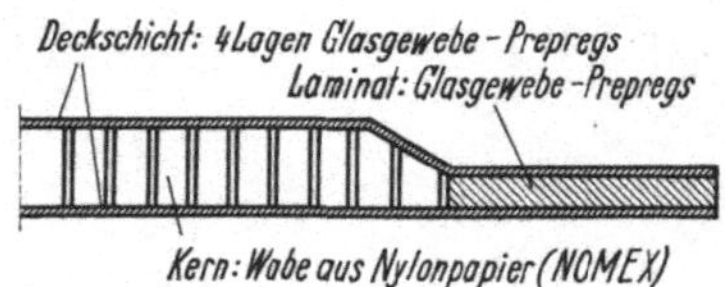

Abb. 156. Schematische Skizze des Lagenaufbaues des Radom von Airbus A 300 B. (Waggon- und Maschinenbau AG, Donauwörth).

   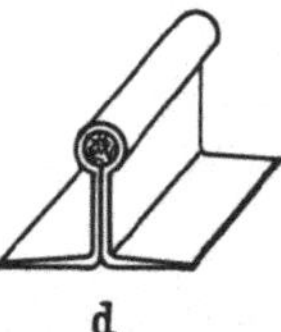 

a   b   c   d   e

Abb. 157. Aufbau borfadenverstärkter Sandwichbauweisen im Flugzeugbau (Stringerprofile). Die borfadenverstärkten Epoxidharzschichten sind schwarz gezeichnet (nach *Kochendörfer* und *Jahn*).

Abbildung 157 zeigt die Anwendung borfadenverstärkter Sandwichbauten. Die nach Lageplänen vorgefertigten borfadenverstärkten Kunststoffschichten dienen als Deckschicht und werden mit der Stützschicht, hier Aluminiumprofilen, unter Verwendung von Klebstoffen, vornehmlich Epoxidharzen, verklebt. Durch derartige Maßnahmen können bei hochbeanspruchten Teilen, beispielsweise Landeklappen und Höhenleitwerken von Flugzeugen, Gewichtseinsparungen bis zu 30% erzielt werden[81].

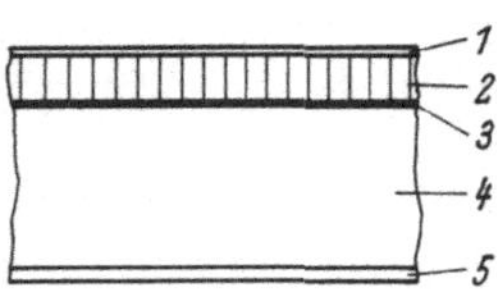

Abb. 158. Als Doppelsandwich ausgeführte Bodenplatte eines Eisenbahnwagens. *1* Deckschicht: Glasfaser-Polyester; *2* 1. Stützschicht: Balsakopfholz; *3* Stahldrahtlage; *4* 2. Stützschicht: Polyurethanschaum; *5* Deckschicht: Glasfaser-Polyester.

Abbildung 158 zeigt einen asymmetrisch aufgebauten Doppelsandwich[82] als tragende Bodenschicht eines Eisenbahnwagens. Die obere Deckschicht ist ihrerseits wieder als Sandwich aufgebaut: Einer GFK-Schicht mit Glasgewebe folgt die Stützschicht aus Balsaholz und die innenliegende Deckschicht aus GFK mit einlaminiertem Stahldraht. Dieser hat die Zugkraft aufzunehmen. Die Hauptstützschicht besteht aus Polyurethanschaum. Die zweite Deckschicht ist eine einfache

[81] *Kochendörfer, R., Jahn, H.:* Belastbarkeit, Technologie und Anwendung borfadenverstärkter Kunststoffe. Kunststoffe 59 (1969) H. 12, 859–864.
[82] *de Pauw Gerlings, H. D., Stretton, R. A.:* Application of wire sheet in reinforced plastics. Sixth International Reinforced Plastics Conference, 13–15 November 1968.

glasfaserverstärkte Polyesterharzschicht. Diese Beispiele sollen einige der vielfältigen Gestaltungsmöglichkeiten aufzeigen. Die Sandwich-Verbundbauweise ist heute eines der meistangewendeten Konstruktionsprinzipien des Leichtbaues.

Sandwichkonstruktionen sind hochsteife Bauteile. Bei der konstruktiven Gestaltung sind besondere Beachtung dem Randabschluß und den Krafteinleitungsstellen zu schenken.

6.411 *Randabschluß von Verbundbauteilen.* Den Randabschluß können hölzerne Deckleisten bilden. Zweckmäßiger ist es, die eine Deckschicht bzw. beide Deckschichten als Schalen auszubilden und den Rand durch die heruntergezogene Wandung abzuschließen (siehe Abb. 159). In Gebrauch sind ferner Profilleisten, ⊔-Profile und ⌐-Profile[83]. Durch solche Profile kann der Rand auch noch zusätzlich versteift werden (Abb. 160).

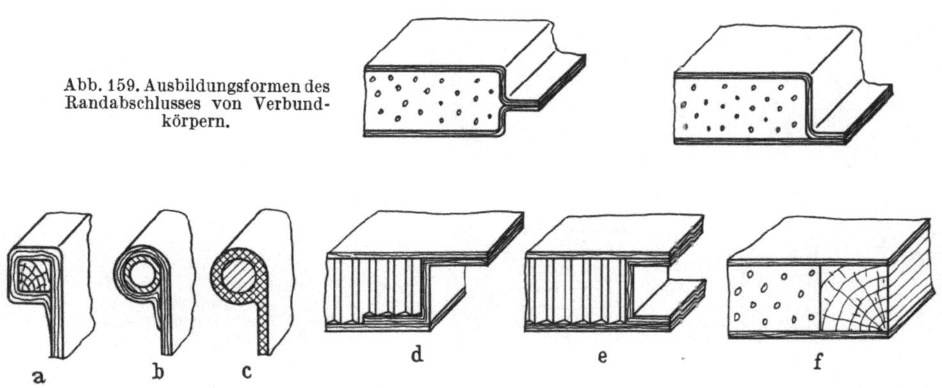

Abb. 159. Ausbildungsformen des Randabschlusses von Verbundkörpern.

Abb. 160. Versteifung des Randabschlusses von GFK- und GFK-Verbundteilen. a) Holz; b) Metallrohr; c) Stabmaterial; d); e) Profile, Kernschicht in Wabenbauweise; f) Holz (VDI 2012).

6.412 *Krafteinleitungsstellen an Verbundbauteilen.* In eine Sandwichplatte können Kräfte meistens nicht unmittelbar eingeleitet werden, weil Anschlußstellen, die lediglich an einer Deckschicht befestigt werden, zur Überlastung dieser Seite und damit zum Versagen führen. Daher muß dafür gesorgt werden, daß Beanspruchungen stets gleichmäßig in beide Deckschichten eingeleitet werden. Entsprechende Ausführungsbeispiele zeigen die Abb. 161 und 162. Dabei ist es im

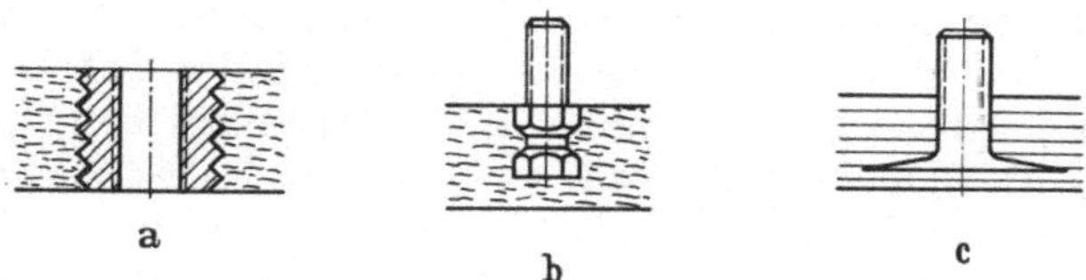

Abb. 161. Einbettungen zur Krafteinleitung in GFK-Schichten. a); b) Metalleinsätze vorwiegend für die Verarbeitung von fließfähigen Harzmatten; c) Metalleinsatz, vorwiegend für Handlaminate (VDI 2012).

Prinzip unerheblich, ob die Stützschicht aus Schaumstoff oder einer Wabenkonstruktion besteht. Zur Gestaltung von Krafteinleitungsstellen läßt sich bei GFK ein Hauptvorteil glasfaserverstärkter Polyester- und Epoxidharze erfolgreich ausnützen, nämlich der schichtweise, beanspruchungsgerechte Aufbau. Durch Varia-

---

[83] VDI-Richtlinie 2012.

tion der Lagenzahl und damit der Wanddicke sowie durch zusätzlich eingebaute Verstärkungselemente kann für einen gleichmäßigen Kraftfluß gesorgt werden. Auf eine Mattenschicht können beispielsweise Gewebeelemente, die eine bedeutend höhere Festigkeit und Steifigkeit verleihen, laminiert werden. Stählerne Krafteinleitungsstücke können in den Glasgewebeverbund mit einbezogen werden; auf diese Weise erhält man einen optimal beanspruchungsgerechten Aufbau.

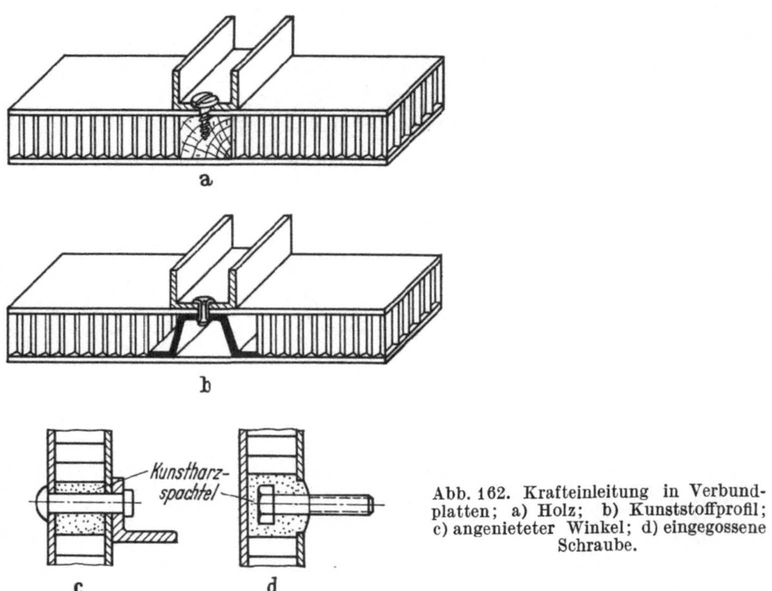

Abb. 162. Krafteinleitung in Verbundplatten; a) Holz; b) Kunststoffprofil; c) angenieteter Winkel; d) eingegossene Schraube.

6.413 *Mehrschichtenverbund bei thermoplastischen Kunststoffen*.

Kombinationen von glasfaserverstärktem Polyesterharz mit thermoplastischen Kunststoffen. Zur Verstärkung und Versteifung von Teilen aus thermoplastischen Kunststoffen, insbesondere aus PVC, z. B. Rohren, Behältern und dergleichen im chemischen Apparatebau, eignet sich gleichfalls glasfaserverstärktes Polyesterharz. Hierzu wird vorwiegend ein gut haftendes, zähes Harz als Haftvermittlerschicht auf den thermoplastischen Kunststoff aufgetragen. Die weitere Beschichtung erfolgt mit glasfaserverstärktem Polyesterharz; bei Rohren wird ein Glasgewebestreifen, der mit reaktionsfähigem Harz getränkt wird, um das Rohr herumgewickelt. Bei dieser Kombination bietet der thermoplastische Kunststoff die gute chemische Beständigkeit. Die Glasfaserverstärkung widersteht der thermischen und mechanischen Beanspruchung und vermittelt die Steifigkeit.

Zu erwähnen sind auch bereits vorkonfektionierte glasfaserverstärkte thermoplastische Kunststoffhalbzeuge. Im Handel erhältlich sind z. B. Polypropylenplatten, auf die ein Glasgewebe auflaminiert ist. Dieses Glasgewebe bildet später bei der Weiterverarbeitung die Grundlage für den Verbund mit weiteren Glasfaserpolyesterschichten. Die thermoplastischen Kunststoffplatten lassen sich nach den Verfahren der handwerklichen Kunststoffverarbeitung verarbeiten und können nach der Formgebung durch Glasfaserpolyesterschichten verstärkt und versteift werden. Im chemischen Apparatebau (siehe Abb. 163) haben sich derartige Kombinationsbauteile gut eingeführt.

Mehrschichtig aufgebaute thermoplastische Kunststoffteile. Auch nach dem Spritzgießverfahren ist es möglich, mehrschichtige Verbundteile herzustellen. Ein Ver-

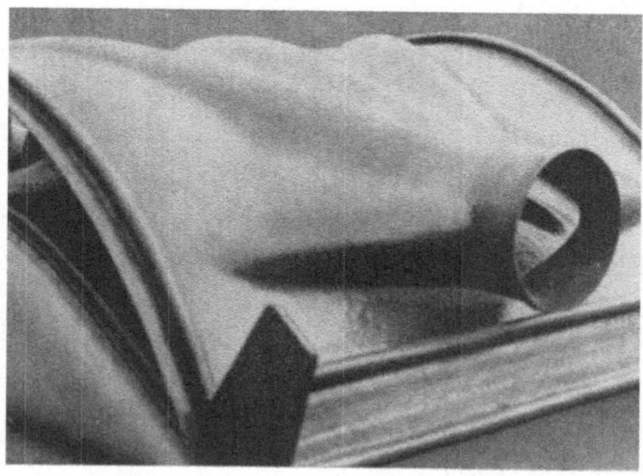

Abb. 163. Bauteil aus Polypropylen mit Oberflächenverstärkung aus Glasgewebe (Werkfoto Schnakenberg).

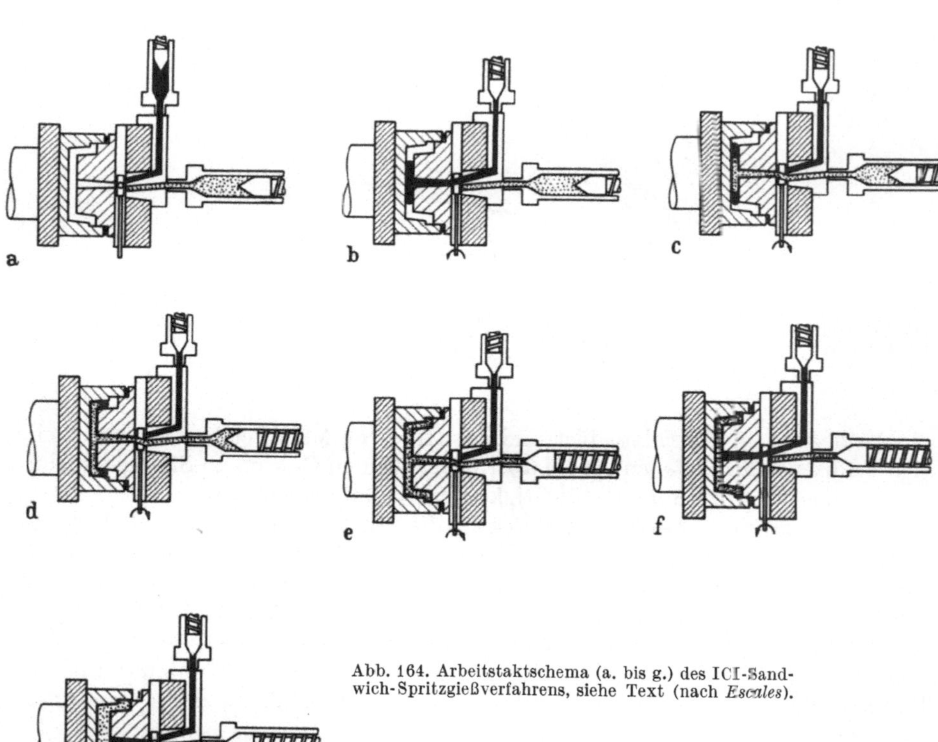

Abb. 164. Arbeitstaktschema (a. bis g.) des ICI-Sandwich-Spritzgießverfahrens, siehe Text (nach *Escales*).

fahren[84] (es sind mittlerweile auch andere bekanntgeworden) beruht darauf, daß beim Spritzgießen, wie üblich, die Form quellend vom Anschnitt her gefüllt wird. Wird also eine Spritzgußform zunächst zum Teil mit einer Masse 1 gefüllt und die Masse 2 nachgedrückt, so schiebt die Masse 2 die Masse 1 vor sich her und diese legt sich an die Werkzeugwandung an. Voraussetzung ist, daß die Mengenabstufung richtig gewählt wird. Das fertige Teil besitzt dann einen Kern aus der Masse 2, während die Deckschichten von der Masse 1 gebildet werden. Ein nochmaliges Nachdrücken der Masse 1 schließt die Anschnittstelle (siehe Abb. 164 a–g) und es

---

[84] *Escales, E.:* Das ICI-Sandwich-Spritzgießverfahren. Kunststoffe 60 (1970) H. 11, 847 bis 852.

liegt ein durchgehend zweischichtiger Aufbau vor. Das Verfahren erfordert aller
dings zwei auf eine Form arbeitende Spritzgußmaschinen.

Durch geeignete Materialabstufungen kann erreicht werden, daß analog einem
Sandwichaufbau die Außenschichten durch einen steiferen Kunststoff, die Innen-
schicht, also die Stützschicht, durch einen leichteren, z. B. einen aufgeschäumten
Thermoplasten, gebildet wird. Das Verfahren kann also auch zur Erhöhung der
Steifigkeit von Kunststoffteilen angewandt werden (Abb. 165).

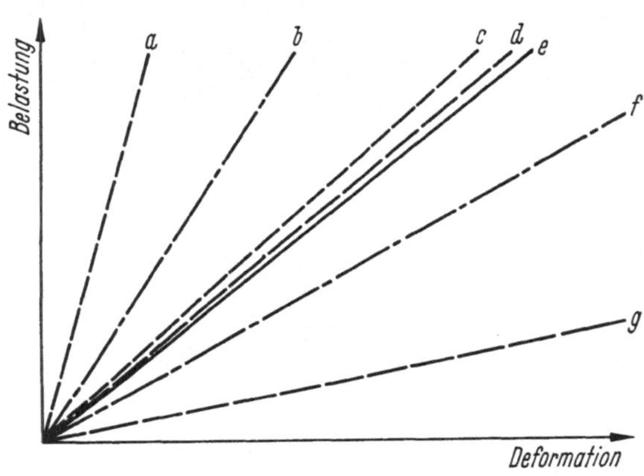

Abb. 165. Biegesteifigkeit von thermoplastischen Sandwichplatten (nach *Escales*). *a* Polyamid-Haut/Schaum-
polyamid-Kern; *b* asbestgefüllte PP-Haut/Schaumpolypropylen-Kern; *c* Polyamid, kompakt; *d* PP-Haut/
Schaum-PP-Kern; *e* Stahlblech; *f* asbestgefülltes PP, kompakt; *g* PP, kompakt.

Auch auf dem Extrudergebiet sind mit Hilfe von Mehrfachdüsen mehrschichtige Halbzeuge herzustellen, wobei aber meistens kein Gewinn an Steifigkeit, sondern vielmehr Lichtschutz, Gasdichtigkeit u. a. m. angestrebt wird.

Schaumspritzguß. Große Wanddicken, die eine ausreichende Steifigkeit bewirken, sind nur schwer nach dem konventionellen Spritzgußverfahren herzustellen, da sich Einfallstellen am Fertigteil nicht vermeiden lassen. Durch ein
Treibmittel, das dem Kunststoffrohstoff zugesetzt wird, läßt sich Abhilfe schaffen
und erreichen, daß auch extrem dicke Wandungen (mehrere cm!) gespritzt werden
können. Das dem Kunststoffpulver oder Granulat zugesetzte Treibmittel ist bei
Raumtemperatur stabil und wird erst bei der Verarbeitungstemperatur des Kunststoffs gespalten und setzt dann Gase frei.

Auf der Spritzgußmaschine wird die Masse unter Druck aufgeschmolzen und
innerhalb sehr kurzer Zeit in die Form eingeschossen. Diese wird jedoch nur zum
Teil gefüllt. Das Treibmittel treibt dann die Spritzgußmasse auf, so daß die Form
gefüllt wird. Weil der Druck des Treibmittels wesentlich kleiner ist als der sonst
übliche Spritzdruck, genügen für diesen Spritzgießprozeß leichte Formen. Der
Nachdruck kommt aus der Spritzgußmasse selbst, somit treten keine Einfallstellen
auf und es ist möglich, sehr große Wanddicken zu spritzen.

Durch die Gasabspaltung wird die Struktur des Kunststoffs porig. Es entsteht
ein strukturierter Schaumstoff. Die Dichte ist an der gekühlten Werkzeugwandung
größer als in der Mitte (siehe Abb. 166), wo am längsten eine hohe Temperatur erhalten bleibt und sich die Wirkung des Treibmittels voll entfalten kann. Im Fertigteil liegt infolgedessen ein sandwichartiger Aufbau vor. Die mittlere erreichbare
Dichte liegt bei geschäumtem schlagfestem Polystyrol etwa bei 0,5 bis 0,7 g/cm³.

Der E-Modul des Schaumkunststoffs nimmt mit der Dichte ab. Da es aber möglich ist, dicke Wandungen zu erzeugen, können erheblich versteifte Konstruktionen – bei gleichem Materialaufwand – durch Vergrößerung der Wanddicke erreicht werden. Wie die Abb. 167 zeigt, wird bei Biegebeanspruchung der Abfall des E-Moduls durch den Anstieg des Flächenträgheitsmomentes kompensiert, so daß bei gleichem Materialeinsatz steifere Bauteile zu erzielen sind. Das Hauptanwendungsgebiet für derartige Kunststoffmassen liegt auf dem Möbelsektor, wo es möglich

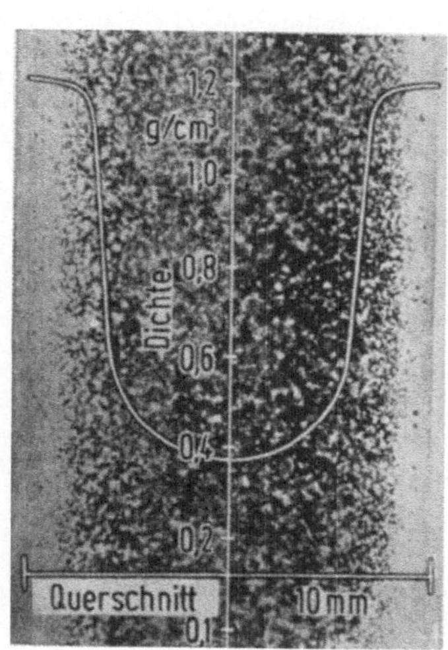

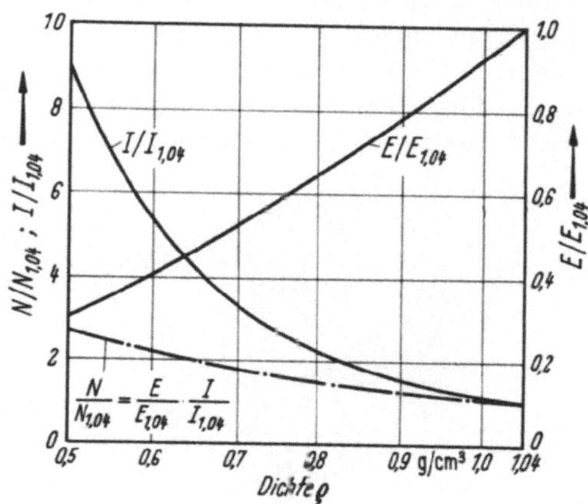

Abb. 166. Querschnitt durch die Wandung eines Teiles aus aufgeschäumtem ABS.

Abb. 167. Biegesteifigkeit von Probestäben gleichen Gewichts aus geschäumtem, schlagfestem Polystyrol in Abhängigkeit von der Dichte des Werkstoffs.

geworden ist, große selbsttragende Einheiten wirtschaftlich durch Spritzgießen herzustellen. Es werden jedoch auch kleinere Gehäuseteile, Apparatechassis und dergleichen, bei denen es auf Steifigkeit ankommt, aus demselben Werkstoff gespritzt (Abb. 168 und 169).

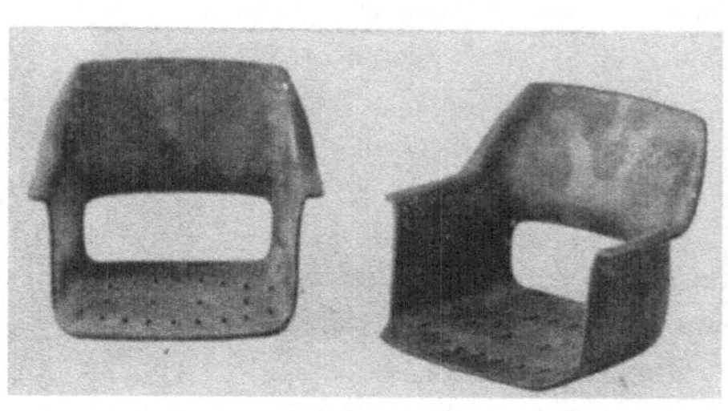

Abb. 168. Sesselschale aus geschäumtem, schlagfestem Polystyrol.

Abb. 169. Apparatechassis aus geschäumtem ABS.

6.42 Versteifung durch Sicken.

6.421 *GFK-Bauteile mit Sickenversteifung.* Sicken vergrößern das Flächenträgheitsmoment eines Querschnitts. Die Einarbeitung von Sicken ist bei GFK-Teilen möglich und üblich, Abb. 170. Bisher wurde an Kunststoffkonstruktionen noch nicht untersucht, inwieweit eine Abweichung von der geradlinig gleichbreiten Sickenform Nutzen bringt, wie solches sich für Stahlblechkonstruktionen gemäß Ausführungen zu S. 36 bis 38 bewährt hat. Aus Kostengründen sollte, wo immer möglich, eine Schalenbauweise angestrebt werden, die die Tragfähigkeit der räumlichen Anordnung ausnützt. Derartige Maßnahmen können bereits, wie die Abb. 171 zeigt, durch einfache Kanten gebildet werden (siehe auch Abb. 172). Immerhin finden sich jedoch auch zahlreiche Anwendungsbeispiele für Sickenversteifungen. Es sei nur an die Wellplatten für Dachabdeckungen usw. erinnert.

Abb. 170. Versickter Transportbehälter aus GFK (Werkfoto Mellert).

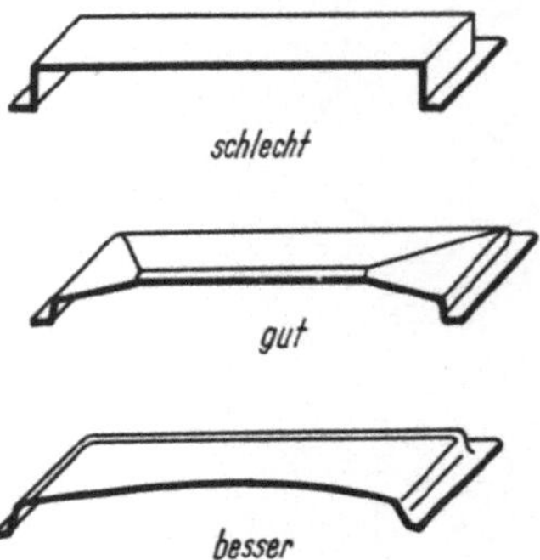

Abb. 171. Versteifende Maßnahmen an großflächigen Elementen.

Abb. 172. Kanten lassen sich zur Aussteifung verwenden (Werkfoto Mellert).

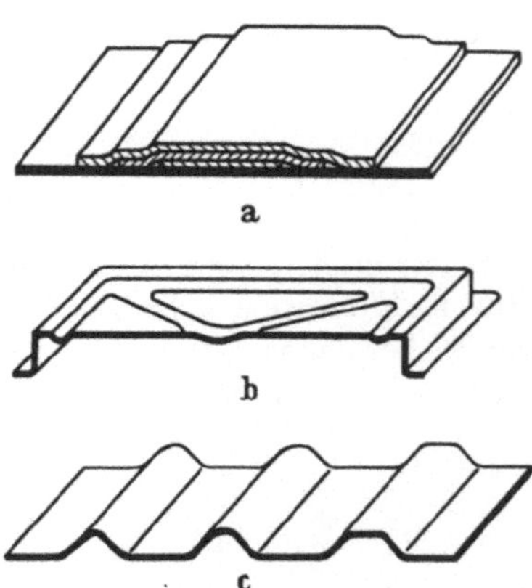

Abb. 173. Anordnung von Versteifungen. a) Erhöhung der Lagenzahl; b) offene Sicken in einem Deckel; c) Längssicken in einer Platte.

Wegen der freien Gestaltungsmöglichkeiten können Sicken bei GFK-Teilen offen (siehe Abb. 173–175) und geschlossen ausgeführt werden. Geschlossene Sicken, die auch als Hohlrippen bezeichnet werden können, entstehen, wenn ein Schaumstoffkern, z.B. PVC- oder CA-Schaum, einlaminiert wird. Die Festigkeit und Steifigkeit dieser Kerne ist vernachlässigbar klein, so daß die versteifende Wirkung allein durch die Versickung bzw. Verrippung zustande kommt (siehe Abb. 175; siehe auch unten!). Der Gewichtsersparnis wegen werden im Flugzeugbau Schaumkerne aus einem thermoplastischen Kunststoff, z.B. CA, nachdem die tragenden GFK-Schichten darumherum laminiert und ausgehärtet sind, wieder ausgeschmolzen, so daß Hohlkammern entstehen.

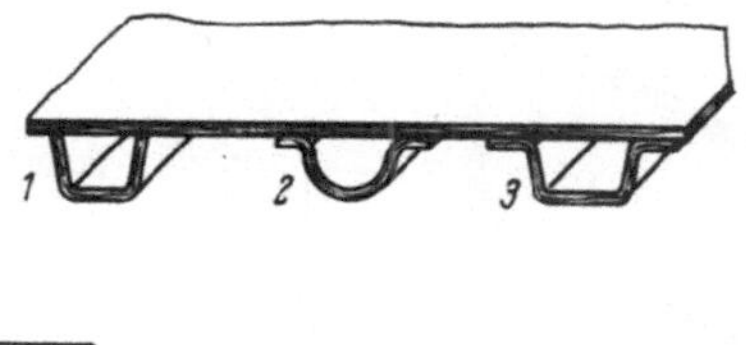

Abb. 174. Aufgeklebte Profile; *1* Ungünstige Ausführung, die Klebefläche ist zu klein, schlechter Verbund; *2* gute Verklebung ist möglich; *3* das größere Trägheitsmoment ergibt bessere Versteifungswirkung (VDI 2012).

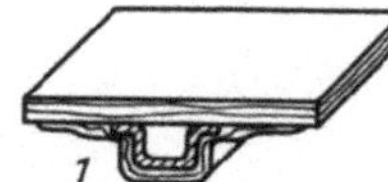 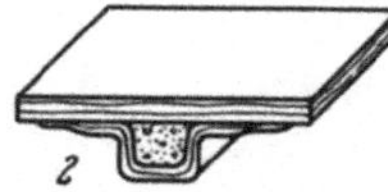 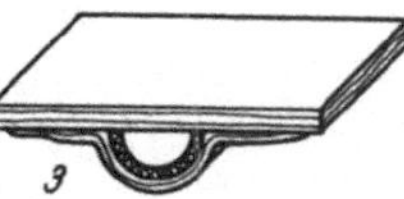

Abb. 175. Auflaminierte Profile mit Kernen aus verschiedenen Werkstoffen. *1* Metalleinlage; *2* Hartschaum- oder Holzeinlage; *3* Hartpapiereinlage (VDI 2012).

So hergestellte Bauteile zeigen die Abb. 176 und 177. Es handelt sich um Teile-Verkleidungen für den Hubschrauber CH 53 G von Messerschmidt-Bölkow. Als Laminat dient EP-Prepreg. Die Versteifungen werden mit Hilfe von CA-Schaum gebildet, der nach dem Härten ausgeschmolzen wird.

Abb. 176. Gehäuse für Antriebsverkleidung des Hubschrauber CH 53 G der Firma Messerschmidt-Bölkow. Laminat aus EP-Prepreg mit Versteifungen, verlorene Kerne aus CA-Schaumstoff (Werkfoto: Waggon- und Maschinenbau AG, Donauwörth).

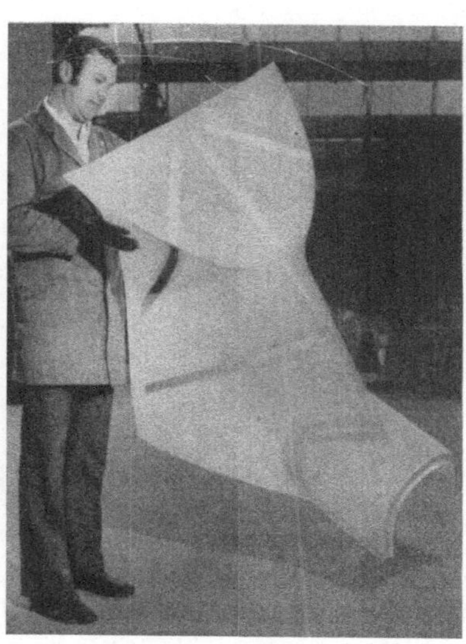

Abb. 177. Gehäuse für Antriebsverkleidung des Hubschrauber CH 53 G der Firma Messerschmidt-Bölkow. Laminataufbau wie bei Abb. 176 (Werkfoto: Waggon- und Maschinenbau AG, Donauwörth).

Versteifende Sicken und Rippen sind billiger als große Wanddicken. Verarbeitungstechnisch lassen sich größere Wanddicken bei GFK-Teilen durch sogenannte Endlosmatten, die aus aufspreizenden Glasfasern bestehen, herstellen. Die räumlich gespreizten Glasfasern sorgen für einen guten dreidimensionalen Verbund der verdickten Schicht.

Auch Randversteifungen können als Sicken aufgefaßt werden, wenn sie die ebene Fläche in ein offenes oder geschlossenes Profil überführen. Wichtig hinsichtlich der Herstellung ist dabei, daß (siehe die folgende Abb. 178) keine Wanddickenanhäufungen entstehen.

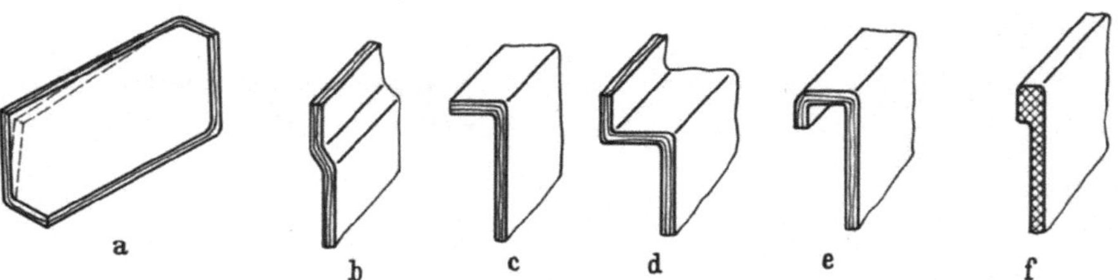

Abb. 178. Ausbildung von Randversteifungen. a) Glatte Abschlußkanten sind ungünstig, Wandungen neigen zum Durchbiegen; b) gut; c) gut; d) sehr gut; e) sehr gut; f) Vollkanten; nur für Preßmassen und Harzmatten geeignet (VDI 2012).

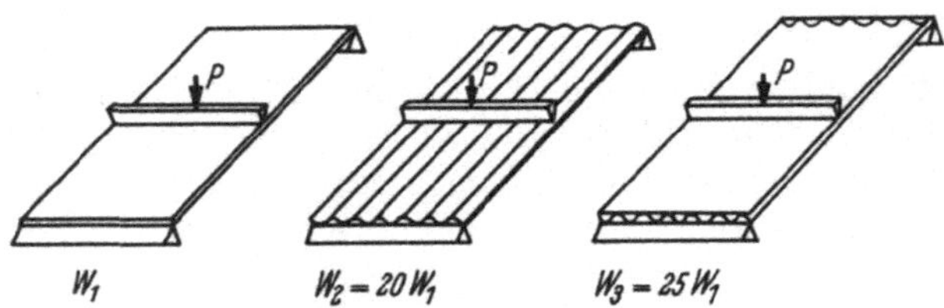

Abb. 179. Die Auswirkung von Sickenversteifungen durch Vergrößerung des Trägheitsmomentes (VDI 2012).

Abb. 180. Großer sickenversteifter Wickelbehälter aus HD-PE. Die Sicke ist als Hohlsicke bereits im Wickelband vorhanden und dient der Aussteifung (Werkfoto: Kunststofftechnik Troisdorf).

Experimentell gesicherte Berechnungsunterlagen über die Auswirkung von Sickenversteifungen fehlen in der Literatur. Die Anordnung und die Abmessungen der Sicken werden mehr oder weniger „nach technischem Gefühl" bestimmt und sind meist das Ergebnis von Praxiserfahrungen. Die erwähnten Hohlsicken können auch nachträglich am fertigen Bauteil angebracht werden, so daß die Steifigkeit den Beanspruchungsverhältnissen angepaßt werden kann. Die Steifigkeit von versickten Flächen verhält sich zu der von unversickten wie das Verhältnis der Trägheitsmomente. Einen Anhaltspunkt bietet Abb. 179[83].

6.422 *Sicken zur Versteifung von Bauteilen aus thermoplastischen Kunststoffen. Plattenförmige Teile mit Sickenversteifung.* Sicken zu Versteifungszwecken lassen sich durch die verschiedensten Verfahren der Umformtechnik in Platten anbringen. Eine besondere Technik (siehe Abb. 180) stellt das Wickeln großer Behälter aus einem Sickenprofil (Hohlsicke) dar. Bei serienmäßig gefertigten Teilen ist das Kaltumformen oder Vakuumstreckziehen gebräuchlich. Die Teile können kalt oder warm, je nach dem verwendeten Kunststoff, tiefgezogen werden. Das Kalttiefziehen ist bei ABS-Kunststoffen möglich. Die Versteifung wird durch das vergrößerte Trägheitsmoment des versickten Querschnitts bestimmt. Die Versteifungswirkung von Sicken an flächigen Teilen ist jedoch begrenzt. Sicken können meistens nicht so tief ausgeführt werden, daß sie zu wirksamen Versteifungen bei äußeren Belastungen werden. Im Normalfall soll lediglich erreicht werden, daß sich großflächige Teile, z. B. des Apparatebaues, nicht verziehen.

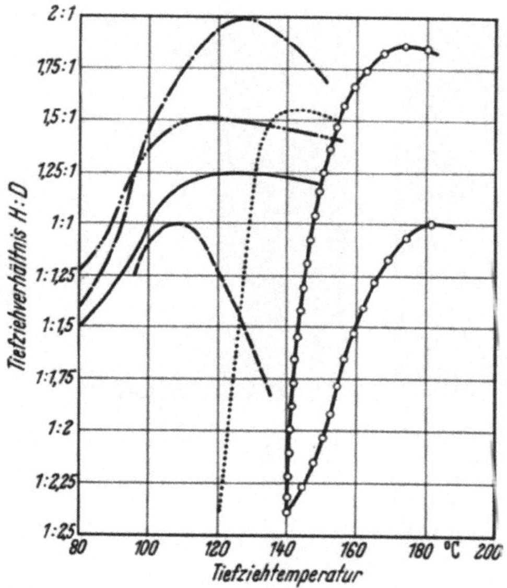

Abb. 181. Tiefziehverhältnis von thermoplastischen Kunststoffen in Abhängigkeit von der Temperatur.
– · – schlagfestes Polystyrol; – · · – PVC-Mischpolymerisat; ———— Suspension-Hart-PVC; – – – – – Emulsions-Hart-PVC; –o– Polypropylen; · · · · · Niederdruckpolyäthylen; –o– Polycarbonat.

Abb. 182. Durch Sicken versteifte Flaschen, hergestellt durch Tiefziehen.

Bei kleinen Teilen hingegen werden Sicken als wirksame Versteifungshilfen benutzt, insbesondere bei Verpackungsteilen, wie sie durch Vakuumformen hergestellt werden. Die maximale Ziehtiefe wird dabei meist weniger von der gewünschten Steifigkeit bestimmt als von der erreichbaren Ziehtiefe. Abb. 181 gibt Anhaltswerte über die maximalen Ziehverhältnisse beim Vakuumformen.

Sehr hohe Sicken, wie sie praktisch wohl hergestellt werden können, haben nur eine begrenzte Versteifungswirkung, weil sie durch Ausbeulen, das heißt durch Knickbeanspruchung versagen. Dasselbe trifft für die unten zu behandelnden

Rippen zu. Flache Sicken in Umfangsrichtung, z. B. in Trinkbechern, verhindern, daß die dünnwandigen Gefäße beim Anfassen einbeulen. Gleichzeitig dienen sie als Griffhilfe (siehe Abb. 182).

Sicken in Spritzgußteilen. Auch an Spritzgußteilen werden Sicken angewandt. Richtig dimensionierte Sicken führen zu keiner Masseanhäufung, weshalb es unverständlich ist, daß Versickungen an Spritzgußteilen im ganzen gesehen bisher recht spärlich angewendet werden. Erst in jüngster Zeit sind Konstruktionen bekanntgeworden, z. B. Gerätechassis aus schlagfestem Polystyrol, bei denen systematisch durch Sicken die Steifigkeit erhöht wurde.

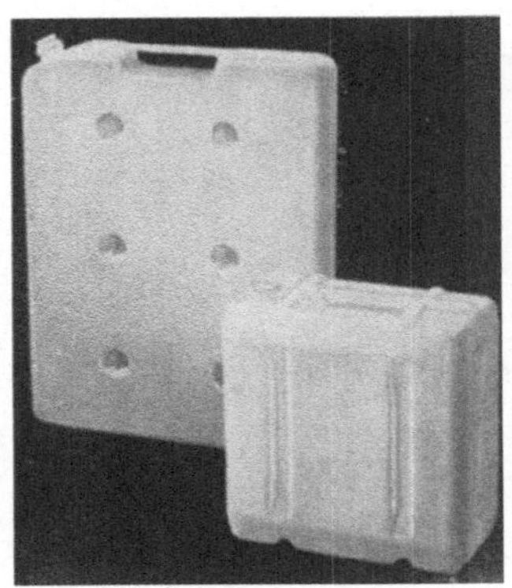

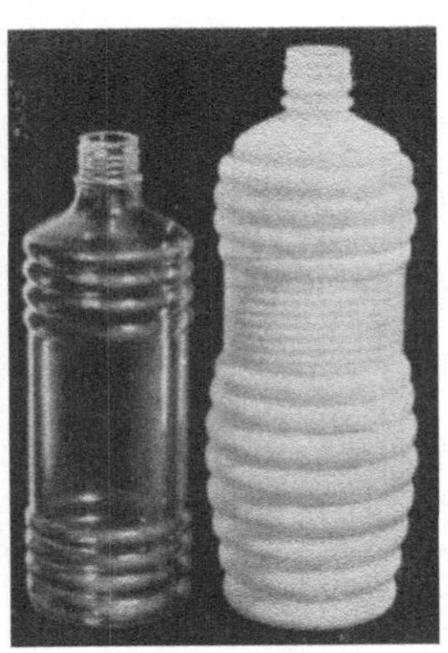

Abb. 183. Als Stapelhilfe ausgebildete Versteifungssicken an Transportbehältern. Bei dem großen flachen Behälter wird über die punktförmigen Sicken die Verschweißung mit der gegenüberliegenden Behälterwandung ermöglicht.

Abb. 184. Im Blasverfahren hergestellte Flaschen mit Sickenversteifung am Umfang.

Abb. 185. Sich überkreuzende Sicken bewirken nur eine mäßige Versteifung.

Sicken in Blasformteilen. In Blasformteilen werden Sicken vorgesehen, um den Verzug und die Verwindung in Grenzen zu halten. Bei geschickter Formgebung können diese Sicken an Behältern neben ihrer versteifenden Funktion auch als Stapelhilfen dienen (siehe Abb. 183). Die positiv geformten Sicken der einen Behälterseite legen sich beim Stapeln in die negativen Sicken der gegenüberliegenden Behälterwandung. Rundgefäße erhalten Sicken zur Verbesserung der Einbeulfestigkeit, z. B. Fässer, Tonnen, Flaschen (siehe Abb. 184). Für die Gestaltung dieser Sicken gelten dieselben Überlegungen, wie sie in Kapitel 4 und 5 für Blechteile dargelegt wurden. Die versteifende Wirkung einer Sickenanordnung, wie sie in Abb. 185 zu sehen ist, nämlich zwei sich überkreuzende Sicken, ist nur mäßig. Die Sicken sollten nicht in dieser Form ausgeführt werden, erheblich besser ist die Anordnung, wie sie Abb. 28 p, q, r und s zeigt.

In der Übergangzone der Sicke in die Wandung können sich durch Fließbehinderung im Werkstoff Spannungsspitzen ausbilden, die zu Brüchen oder aber, was bei Kunststoffen häufiger auftritt, zur Spannungsrißbildung führen.

6.43 Versteifung durch Rippen. Durch Rippen, die auf ebene oder räumliche Bauteile aufgesetzt werden, wird das Trägheitsmoment erhöht und dementsprechend die Konstruktion versteift. Wegen der Materialersparnis und um den Werkstoff möglichst voll auszunutzen, d. h. um an die Beanspruchungsgrenze gehen zu können, hat es sich als konstruktive Praxis herausgebildet, möglichst dünnwandig zu konstruieren und die Steifigkeit durch konstruktive Maßnahmen, insbesondere durch Rippen zu erhöhen. Dies trifft besonders für spritzgegossene Formteile und für großflächige Teile des Apparatebaus zu. Ebenso sind Rippen auch bei Glasfaser-Polyesterteilen üblich.

6.431 *Rippen an GFK-Teilen*. Massive Rippen sind bei GFK-Konstruktionen weniger üblich als Hohlrippen. Diese lassen sich durch aufgeklebte Profile herstellen, die eine Vergrößerung des die Steifigkeit mitbestimmenden Trägheitsmomentes bewirken (Abb. 174). Die Steifigkeit kann noch weiter erhöht werden, wenn in den Profilen weitere Versteifungselemente, z. B. Stahleinlagen o. ä. untergebracht werden (siehe Abb. 175). Durch einen Frontabschluß der aufgeklebten Hohlrippen werden die eingebauten Versteifungselemente gegen Korrosion ge-

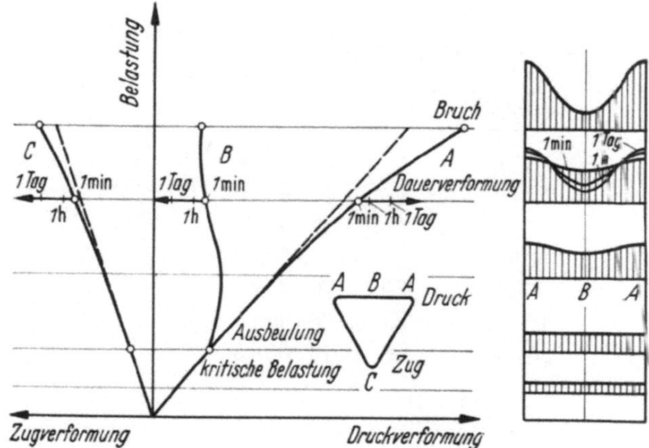

Abb. 186. Verformung des Querschnitts eines dünnwandigen Laminatträgers und seine kritische Spannung (aus dem Diagramm ist die beträchtliche nachkritische Festigkeitsreserve ersichtlich) (nach *Skupin*).

Abb. 187. Rippenversteifter Großbehälter aus GFK.

Abb. 188. Rippenversteifte großflächige Behälter des chemischen Apparatebaus
(Werkfoto: Kunststofftechnik Troisdorf).

schützt. Zu beachten ist jedoch die unterschiedliche Wärmedehnung von Kunststoff und Verstärkungselement. Es ist zweckmäßig, die Rippen in die Druckzone zu legen und als geschlossene Profile auszubilden. Bei dieser Formgebung entstehen Elemente mit beachtlichen Beanspruchungsreserven, wie Abb. 186 zeigt[85] Einen großen, durch Rippen versteiften Behälter aus GFK veranschaulicht Abb. 187.

[85] *Skupin, L.:* Festigkeit von Glasfaser- Kunststoffen, AVK, 7. Öffentliche Jahrestagung der Arbeitsgemeinschaft Verstärkte Kunststoffe e. V., 1968, Freudenstadt. Vortragsveröffentlichungen.

6.432 *Rippen an thermoplastischen Kunststoffteilen.*

Großflächige ebene Teile. Großflächige ebene Kunststoffbauteile, wie sie besonders häufig im chemischen Anlagen- und Apparatebau anzutreffen sind, werden in vielen Fällen durch Rippen versteift (siehe Abb. 188).

Die Rippen werden auf die zu versteifende Fläche aufgeschweißt. Die Versteifungsprofile müssen daher aus dem gleichen Material wie die Platte sein. Der Kunststoff-Halbzeughandel bietet extrudierte Profilstäbe und Streifen in den verschiedensten Abmessungen an. Bevorzugter Werkstoff ist PVC-hart und Polypropylen. In Tab. 20 sind die technischen Kenndaten für einige ausgewählte Profil-

Tabelle 20. *Abmessungen und Trägheitsmomente für einige handelsübliche Profile aus PVC-Hart*

J (cm⁴)	Profilart	
0,77	L	30×30×4
2,7	L	40×40×6
1,85	⊥	30×30×4
11,5	⊥	49×50×5,5
7,28	⊓	70×35×5
46	Ⲥ	70×35×5
55	☐	70×35×5

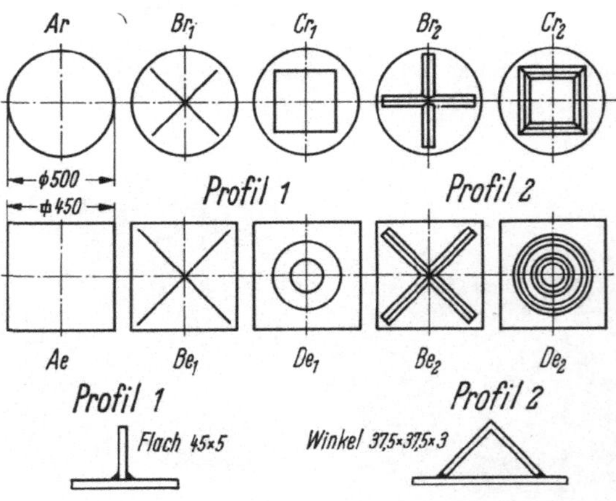

Abb. 189. Anordnung von Versteifungsrippen an großflächigen ebenen Bauteilen.

typen dargelegt. Diese Profile allein sind nach den Gesetzen der Elastizitätslehre als aufliegende Träger zu berechnen. Die Durchbiegung ist eine Funktion der Belastung und der geometrischen Bedingungen. Bei gleicher Belastung, gleichem Auflagerabstand und E-Modul verhalten sich die Durchbiegungen umgekehrt wie die Trägheitsmomente. Als Versteifungselemente gebräuchlich sind vor allem Flachprofile und Winkelprofile. Gebräuchliche Anordnungen dieser Versteifungselemente auf runden und quadratischen Platten zeigt Abb. 189. Aus Abb. 190a–d geht hervor, daß unter vergleichbaren Bedingungen, d. h. bei gleichem Meter-

gewicht des aufgeschweißten Profils, was soviel bedeutet wie gleiche Querschnitts-
flächen, eine sich überkreuzende Versteifung mit Flachprofilen am günstigsten ist
und die beste Versteifung bewirkt. Dieses Ergebnis verwundert nicht, da das
Trägheitsmoment des auf der Schmalseite aufgeschweißten Rechteckquerschnitts
am größten ist. Gleichzeitig legt dieses Ergebnis nahe, eine versteifte, relativ
dünne Platte so zu berechnen, als würde die Steifigkeit des Verstärkungselementes

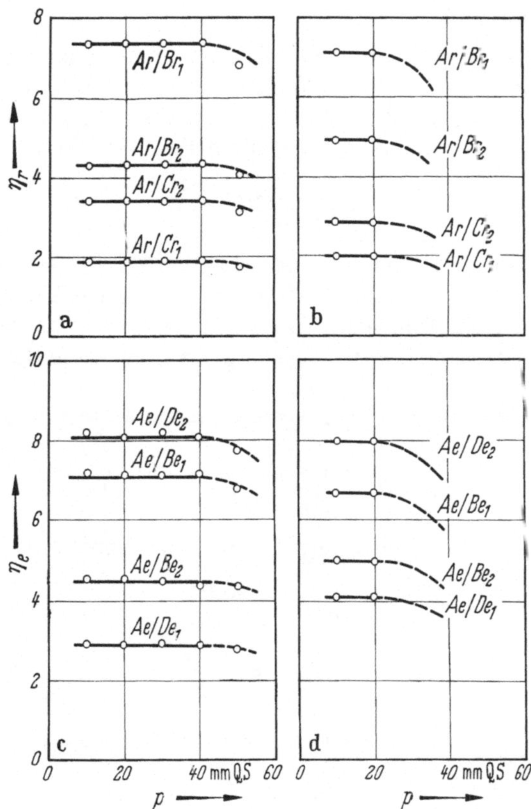

Abb. 190. Das Versteifungsverhältnis (s. S. 162) in Abhängigkeit vom Flächendruck für Rundscheiben und quadratische Platten aus PVC-hart und PP (500 mm ⌀ bzw. ☐ mit aufgeschweißten Verrippungen); Bezeichnungen wie in Abb. 189. a) PVC-Platten rund; b) PP-Platten rund; c) PVC-Platten quadr.; d) PP-Platten quadr.

der Eigensteifigkeit der Platte überlagert. Diese Überlegung ist natürlich streng
nur gültig für kleine Durchbiegungen, wie die gesamten festigkeitstheoretischen
Beziehungen der Plattenbiegung nur für geringe Durchbiegungen im Verhältnis
zur Plattendicke gelten.

Für die allseits eingespannte Kreisplatte unter gleichmäßiger Flächenbelastung gilt

$$f = \frac{p \cdot r^4}{64\,N}, \tag{60}$$

worin ist

$$N = \frac{E \cdot s^3}{12\,(1 - \nu^2)}. \tag{61}$$

Analog gilt für die quadratische Platte

$$f = \frac{A \cdot p \cdot b^4}{E\,s^3}\,. \tag{62}$$

r Radius der Kreisplatte,
$2b$ freie Kantenlänge der quadrat. Platte,
s Plattendicke,
p Druckbelastung pro Flächeneinheit,
A Konstante $\approx 0{,}25$.

Für E sind die entsprechenden E-Moduln bezw. Kriechmoduln einzusetzen.

Um eine Maßzahl für die Versteifungswirkung zu erhalten, wird bei gegebener Belastung und Abmessung die maximale Durchbiegung der unversteiften Platte zur maximalen Durchbiegung der versteiften Platte ins Verhältnis gesetzt.

$$\eta = \frac{f_{\max\,\text{unversteift}}}{f_{\max\,\text{versteift}}} = \frac{f_{uv}}{f_v}\,. \tag{63}$$

Es zeigt sich (siehe Abb. 190a–d), daß dies Verhältnis bei niedrigen Drücken, wie sie für vergleichsweise dünne Platten nur in Betracht kommen, nahezu unabhängig vom Druck ist. Infolgedessen darf angenommen werden, daß bei derart beanspruchten Platten ein linearer Zusammenhang zwischen Belastung und Durchbiegung besteht[86].

Für die unversteifte, fest eingespannte Rundplatte gilt nach den Gln. (60) und (61)

$$f_{uv} = \frac{12\,(1 - v^2)}{64} \cdot \frac{p}{E} \cdot r^4 \cdot \frac{1}{s^3} = f_P\,, \tag{64}$$

für den frei aufliegenden Balken mit Rechteckquerschnitt gilt

$$f_B = 5 \cdot \frac{p \cdot l^3}{384 \cdot N_B}\,, \tag{65}$$

$$N_B = E \cdot \frac{b\,h^3}{12}\,, \tag{66}$$

entsprechend für den beidseitig fest eingespannten Träger

$$f_B = \frac{p \cdot l^3}{384 \cdot N_B}\,. \tag{67}$$

Die Überlagerung der Steifigkeit der Platte und der Rippen läßt sich ausdrücken durch den Ansatz

$$\frac{1}{f_v} = \frac{1}{f_P} + \frac{1}{f_B}\,, \tag{68}$$

$f_v =$ max. Durchbiegung bei Überlagerung von Platten und Balkensteifigkeit oder der versteiften Platte, mithin

$$\frac{f_P}{f_v} = 1 + \frac{f_P}{f_B}\,. \tag{68a}$$

Werden die Gln. (64) und (65) bzw. (67) eingesetzt, so ergibt sich

$$\frac{f_P}{f_v} = 1 + \frac{3\,(1 - v^2)}{10\,\pi} \cdot \frac{b}{r} \left(\frac{s + h}{s}\right)^3 \tag{69}$$

[86] *Blankart, D., Strickle, E., Weber, A.:* Untersuchungen über die Auswirkung versteifender Maßnahmen an Trägern und Platten aus PVC-hart und Polypropylen. Kunststoffe 61 (1971) H. 9, 663/669.

bzw.

$$\frac{f_P}{f_v} = 1 + \frac{3(1 - v^2)}{2\pi} \cdot \frac{b}{r} \left(\frac{s + h}{s}\right)^3. \tag{69a}$$

Wird für f_P/f_v das Versteifungsverhältnis $\eta = f_{uv}/f_v$ eingesetzt, so lauten die Gln. (69) und (69a) allgemein

$$\eta = 1 + k \left(\frac{s + h}{s}\right)^3. \tag{70}$$

Über $\left(\dfrac{s + h}{s}\right)^3$ aufgetragen ist das die Gleichung einer Geraden, die die Ordinate bei 1 schneidet mit der Steigung k und diese ist abhängig vom Verhältnis b/r sowie [vergleiche (69) + (69a)] von den Einspannbedingungen der Versteifungsrippen. Die Gln. (69) und (69a) beschreiben die Grenzkurven.

Da die Gesamtlast $P = p \cdot \pi r^2$ sich bei kreuzweiser Anordnung der Versteifungsrippen bei der geschilderten Betrachtungsweise auf die Randeinspannung sowie die Rippen selbst abstützt, übernehmen die Rippen nur eine Teillast[86].

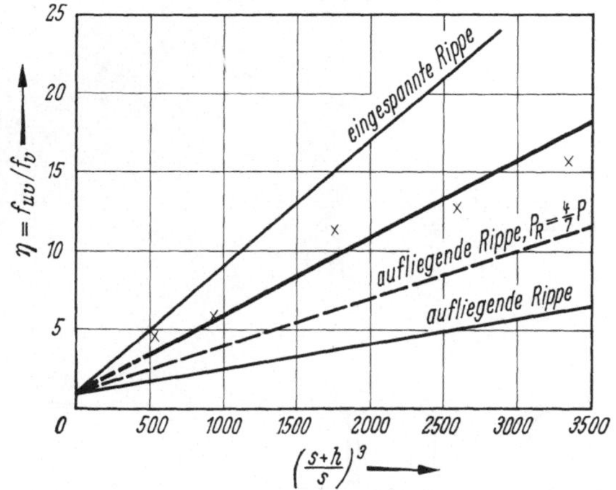

Abb. 191. Verlauf des Verhältnisses f_{uv}/f_v bei Rundplatten in Abhängigkeit vom Verhältnis der Trägheitsmomente von Versteifungsrippe zu Platte.

In Abb. 191 wurde das Versteifungsverhältnis über dem Verhältnis der Trägheitsmomente von aufgesetzter Rippe und Plattenwanddicke aufgetragen. Es zeigt sich, daß der Zusammenhang tatsächlich durch eine Beziehung, wie sie Gl. (70) angibt, beschrieben werden kann. In das Bild wurden die Grenzkurven nach den Gln. (69) und (69a) sowie für den Fall eines auf die Rippen wirksamen Lastanteiles von 60% eingetragen. Mit Hilfe dieser Angaben ist es möglich, die Versteifungswirkung aufgesetzter Rippen für beliebige ebene versteifte Flächen zu berechnen bzw. in erster Näherung zu bestimmen. Obwohl die Beziehungen nur für Versteifung mit Rechteckprofil abgeleitet wurden, dürften dieselben Überlegungen für beliebige Profilquerschnitte gelten, da grundsätzlich die Biegesteifigkeit der Versteifungsprofile der Plattensteifigkeit der unversteiften Fläche überlagert wurde. Voraussetzung ist jedoch stets, daß die Platte flächig versteift ist, wie es bei den sich überkreuzenden Rippen der Fall ist.

Gleichfalls kann gefolgert werden, daß auch bei eingebetteten Versteifungsträgern aus Stahl oder Holz von der Steifigkeit dieser Bewehrungselemente bei der Berechnung ausgegangen werden darf.

Abb. 192. Anwendung von kreuzweise angeordneten Rechteckversteifungen zur Aussstei-
fung von Ventilatorengehäusen (Werkfoto:
Kunststofftechnik Troisdorf).

Abb. 193. Aufgeschweißte Rechteckversteifungen an einem Windkanal
(Werkfoto: Kunststofftechnik Troisdorf).

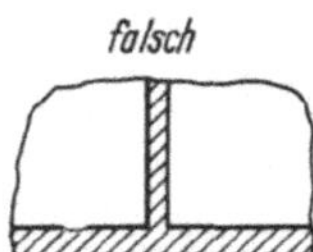
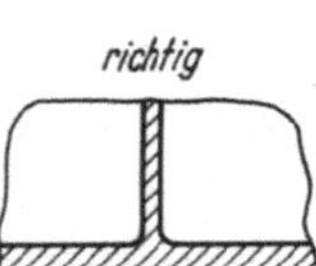
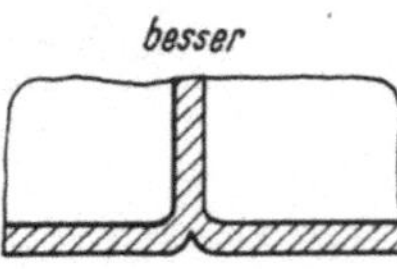

Abb. 194. Ausbildung von Rippen an Spritzgußteilen.

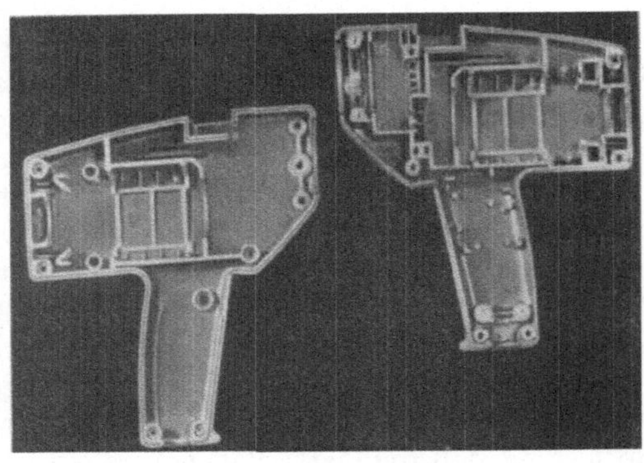

Abb. 195. Stark verripptes Gehäuse einer Handbohrmaschine.

Abb. 196. Stark verrippter Träger aus ABS für eine klappbare Armstütze.

Die Abb. 192 und 193 zeigen verschieden ausgeführte Beispiele derartiger Versteifungen im Apparatebau und im Industrieanlagenbau. Das Trägheitsmoment der Versteifungsrippen kann – bei Rechteckprofilen – nicht unbegrenzt erhöht werden. Bei zu großen Rippenhöhen beulen die unter Druckspannung stehenden Bezirke aus und die Rippen versagen durch Ausknicken.

Rippen an Spritzgußteilen. Die für große Platten gültigen Ergebnisse lassen sich, da es sich um Aussagen handelt, die aus den Beziehungen der Elastizitätslehre abgeleitet wurden, unter den oben gemachten Voraussetzungen vermutlich auch auf einfach geformte, d. h. ebene, plattenförmige Spritzgußteile übertragen. Eine weitere Verallgemeinerung bedarf der Nachprüfung, da Spritzgußteile in der Regel komplizierte räumliche Gebilde sind, die einer einfachen Berechnung nicht zugänglich sind. Immerhin sollte eine Näherungsrechnung aufgrund der Angaben für die Versteifung von Platten möglich sein.

Aus verarbeitungstechnischen Gründen soll die Rippenbreite bei Spritzgußteilen nicht größer sein als $1/2 \cdots 1/3$ der Wanddicke. So werden unzulässige Masseanhäufungen vermieden und Einfallstellen verhindert.

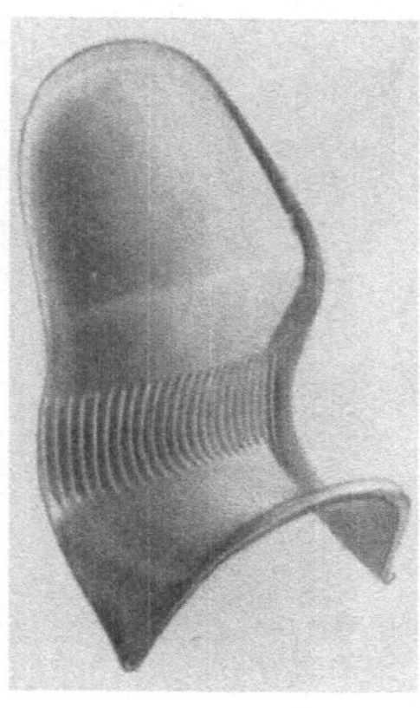

Abb. 197. Rippenversteifter Boden einer Schublade; Material: schlagfestes Polystyrol.

Abb. 198. Stuhl aus ABS mit starker Verrippung im gefährdeten Querschnitt.

Einige Konstruktionsbeispiele sind in Abb. 194 dargestellt. Die folgenden Abbildungen zeigen verschiedene Ausführungsbeispiele, bei denen Rippen die Steifigkeit der Spritzgußteile erhöhen. In Abb. 195 ist ein Gehäuse für eine elektrische Handbohrmaschine dargestellt. Durch die starke Verrippung wird erreicht, daß das Gehäuse selbsttragend ist und die gesamten Arbeitskräfte aufnehmen kann, ohne sich dabei nennenswert zu verformen. In vielen Fällen wird zusätzlich zur ohnehin schon dicken Wandung nochmals verrippt, wie das nächste Beispiel (siehe Abb. 196) zeigt. Abbildung 197 läßt den Boden einer Schublade erkennen. Um Massenanhäufungen zu vermeiden, wurden die Punkte, an denen die kreuzförmig angeordneten Rippen zusammenlaufen, als Kreisringe ausgebildet. Der Stuhl in Abb. 198 ist aus einem ASA-Kunststoff hergestellt. Die folgende Abb. 199 zeigt einen Stuhl aus glasfaserverstärktem Polyamid. Trotz hohen Glasgehalts genügte die Steifigkeit noch nicht, weshalb an der Stelle des maximalen Biegemoments nochmals Rippen eingezogen wurden.

Derartig stark verrippte Bezirke verhalten sich innerhalb des elastischen Ganzen wie starre Zonen mit reduzierter Verformungsfähigkeit. Bei Überlastung, wie

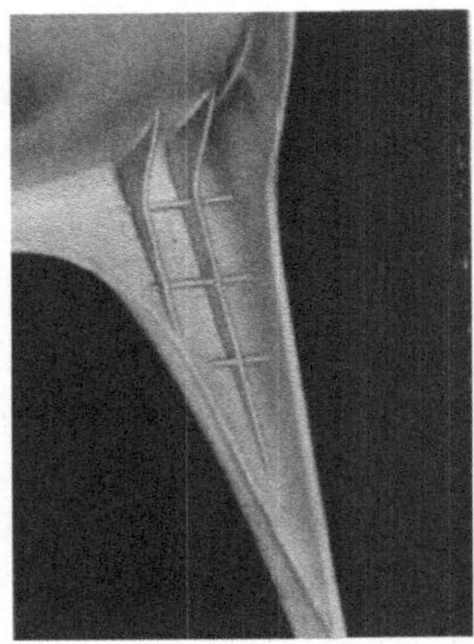

Abb. 199. Stark verrippte Partie in den Beinstreben eines Stuhles aus glasfaserverstärktem 6-Polyamid.

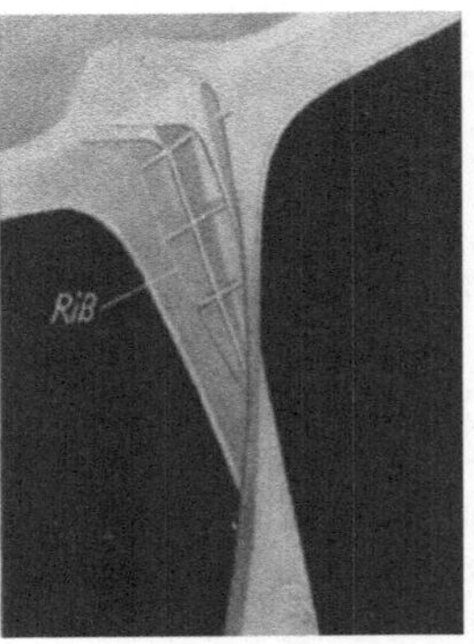

Abb. 200. Zu starke Verrippung vermindert das Arbeitsaufnahmevermögen, da die Teile zu starr ausfallen; Rißbildung am Rippenende.

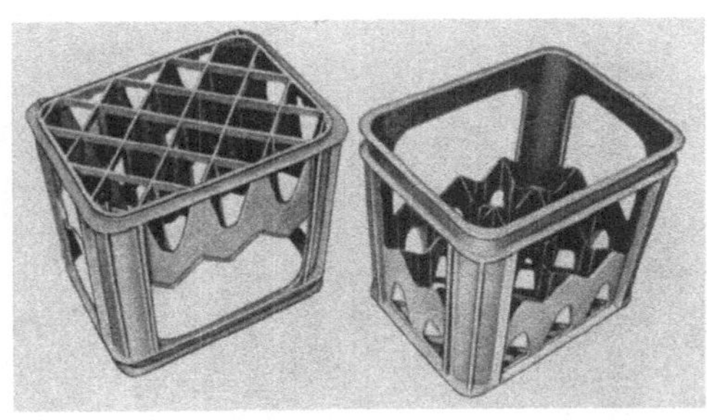

Abb. 201. Bierkästen mit verrippten Längsholmen aus Polyäthylen hoher Dichte.

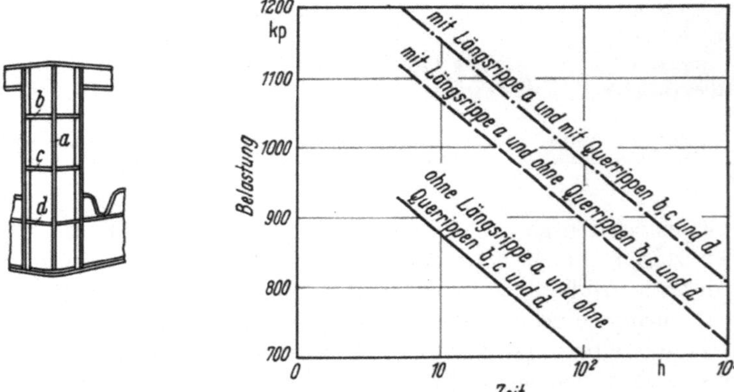

Abb. 202. Einfluß der Rippenanordnung im Eckbereich auf die Belastbarkeit von Flaschenkästen aus Polyäthylen hoher Dichte (nach *Ischebeck*).

Abb. 200 erkennen läßt, brechen die Bauteile u. U. dicht neben den versteiften Bezirken. Abhilfe ist dadurch möglich, daß entweder der verrippte Bezirk kontinuierlich in den unverrippten übergeführt wird, daß die Rippen also sehr gleichmäßig auslaufen oder aber, daß die Verrippung weniger weit getrieben wird auf Kosten der Steifigkeit. Bei schockartiger Beanspruchung nehmen verformbare Gebilde mehr Verformungsarbeit auf. Dieser Gesichtspunkt wird vielfach bei der Absicht, möglichst steife Teile zu erhalten, übersehen.

Beim Spritzgießen sind weitere Gestaltungsrichtlinien zu beachten. So müssen Rippen in Entformungsrichtung abgeschrägt sein. Eine Neigung von 1 : 100 ist bei den meisten Spritzgußmarken ausreichend. Auch bei Spritzgußteilen können zu hohe Rippen dadurch versagen, daß sie in der Druckzone ausbeulen. Abbildung 201 zeigt die Rippenanordnungen bei einem Flaschenkasten aus Polyäthylen hoher Dichte (HD–PE). Bei langdauernder Beanspruchung beulen sich die Längsrippen aus. Durch Querrippen, die die Längsrippen am Ausbeulen hindern, wird das Ergebnis, wie im Zeitstandsdiagramm Abb. 202 ersichtlich, um fast eine 10er-Potenz gegenüber der reinen Längsrippenversteifung verbessert. Die Ergebnisse gelten selbstverständlich nur für den untersuchten Flaschenkasten. Sie seien hier angeführt, um die Wirksamkeit kunststoffgerechter Formgebung – die immer das Zeitstandsverhalten berücksichtigen muß – deutlich zu machen.

Stichwortverzeichnis

Die in diesem Buch genannten Gegenstände als Beispiele für versteifte Konstruktionen sind nicht hierunter sondern im anschließenden Sachwortverzeichnis zu finden.

Sachwortverzeichnis

der in diesem Buch genannten Gegenstände als Beispiele für versteifte Konstruktionen
in Blech und in Kunststoff.